铋基异质结光催化材料构筑及性能研究

马凤延　唐艺旻　著

黑龍江大學出版社
HEILONGJIANG UNIVERSITY PRESS
哈尔滨

图书在版编目（CIP）数据

铋基异质结光催化材料构筑及性能研究 / 马凤延，唐艺旻著. -- 哈尔滨 : 黑龙江大学出版社, 2024.4（2025.3 重印）
ISBN 978-7-5686-1045-2

Ⅰ. ①铋… Ⅱ. ①马… ②唐… Ⅲ. ①异质结－光催化－材料－研究 Ⅳ. ① TB383

中国国家版本馆 CIP 数据核字 (2023) 第 188341 号

铋基异质结光催化材料构筑及性能研究
BI JI YIZHIJIE GUANG CUIHUA CAILIAO GOUZHU JI XINGNENG YANJIU
马凤延　唐艺旻　著

责任编辑　吴　非　刘群垚
出版发行　黑龙江大学出版社
地　　址　哈尔滨市南岗区学府三道街 36 号
印　　刷　三河市金兆印刷装订有限公司
开　　本　720 毫米 ×1000 毫米　1/16
印　　张　13
字　　数　219 千
版　　次　2024 年 4 月第 1 版
印　　次　2025 年 3 月第 2 次印刷
书　　号　ISBN 978-7-5686-1045-2
定　　价　52.00 元

本书如有印装错误请与本社联系更换，联系电话：0451-86608666。

前　言

近年来，作为一种绿色、高效的技术来解决当前能源和环境问题的半导体光催化技术受到越来越多的关注，但是在拓宽半导体光催化剂的光谱响应范围和提高其电荷分离效率方面，仍有许多问题需要解决，可通过开发新型、高效的光催化材料进一步解决上述问题。

TiO_2、ZnO 基光催化剂由于宽带隙和不合适的能带位置而无可见光活性，仅在占太阳光的不到 5% 的紫外线照射下具有活性，光催化活性差的主要原因可能是光生电子－空穴对（$e^- - h^+$）的剧烈重组，在半导体催化剂中，这是一种普遍的现象。光催化技术发展至今仍存在诸多问题，如量子效率低、可见光光电转换效率低、不易回收等。通过开发新型光催化体系来提高光生电荷载流子的分离效率，促进载流子的输运，是解决光催化瓶颈问题的热点方法之一。目前在我国，异质结体系光催化材料的研究尚不系统，基础理论仍待深入研究。

本书是笔者在多年从事光催化研究工作经验的基础上，整理分析国内外大量文献资料，结合笔者所在课题组近年来科研成果的基础上撰写的。全书共分为 8 章。第 1 章重点介绍了光催化理论基础、Ⅱ型异质结、PN 结、表面异质结、直接 Z 型异质结和 S 型异质结五种异质结光催化剂的基本原理，还介绍了异质结光催化剂的评价方法。第 2 章重点介绍目前常用的铋基光催化剂（Bi_2WO_6、Bi_2MoO_6、$Bi_2O_2CO_3$、BiOX、BiO_{2-x}和 Bi_2S_3）及合成方法，随后通过杂原子掺杂、固溶体、空位和缺陷引入、晶面工程、尺寸和形态控制等方法提高铋基光催化剂的光催化性能，强调了结构特征和光催化性能之间的关系。第 3 章重点介绍过去十年来金属有机骨架（MOF），尤其是铋基 MOF 在光催化应用中的成果和进展。首先表述了 MOF 光催化基础及 MOF 光催化剂的优点，其次概述了目前 MOF 的合成方法、提高 MOF 活性的改性策略，最后，简述了 MOF 在光催化的应用。第 4 章介绍了 Ag_3PO_4/Bi_2WO_6 异质结构对有机污染物降解的可见光催化活性和光稳定性的增强及等离子体 Z 型机制。第 5 章介绍了原位构建 Bi_2S_3/Bi_2MoO_6中空微球的全光谱光催化性能。第 6 章介绍了简单原位沉淀法制备 Ag_2O - Ag_2CO_3/$Bi_2O_2CO_3$ - Bi_2MoO_6纳米复合材料增强的光催化活性。第 7 章介绍了富含氧缺位的化学键合 Bi/BiOBr@ Bi - MOF 异质结光催化剂用于提高对抗生素的光催化效率。第 8 章介绍了Bi/BiO_{2-x} - $Bi_2O_2CO_3$/BiOCl@ Bi - MOF 复合材料的制备及其光催化性能研究。即后五章以通过各种方法构筑的多组分铋基异质结材料为实例,详细介绍了铋基光催化材料的合成、物理性质表征结果以及光催化机理和光催化性能的表征结果。本书涵盖了铋基复合光催化材料及其改性研究方面的新发展,书中章节结构设计合理,内容翔实。

本书是黑龙江省省属高等学校基本科研业务费青年创新人才项目(135309352,硫化物/铋基氧化物复合材料的可控构筑及宽光谱光催化性能研究)、黑龙江省教育厅基本科研业务专项(145309610,富含氧空位的化学键合多组分 Bi - MOF 基复合材料的可控构筑及其全光谱降解抗生素废水研究;130212222079,两性离子修饰的手性 COFs 材料的制备及其手性拆分性能研究)的资助项目。

本书由马凤延和唐艺旻共同撰写。第 1 章、第 4 章、第 5 章、第 6 章、第 8 章及部分辅文内容由马凤延负责撰写,共计约 13.4 万字;第 2、第 3 章和第 7 章及部分辅文内容由唐艺旻负责撰写,共计约 8.5 万字。虽然笔者在本书撰写过程中竭尽所能,但是由于时间和水平有限,书中难免存在疏漏之处,敬请各位读者批评指正。

目　　录

第1章 绪论

1.1 引言

光催化技术可将太阳能转化为化学能，被称为满足人类社会对能源需求的明天技术，被认为是解决能源与环境问题最有潜力的技术之一，其核心是光催化剂。自从 Fujishima 等人突破性地发现本多－藤岛效应以来，许多半导体如 TiO_2、$g-C_3N_4$、Cu_2O 等已经被研究和应用于光催化领域。然而，迄今为止，光催化技术的实际应用仍然受到严重阻碍，这主要由于半导体中光生电荷载流子的快速复合导致了光转换效率低。本章将从各种异质结光催化剂的基本原理和工作机制开始，介绍异质结光催化剂的典型表征方法，然后对异质结光催化剂的研究现状进行总结，并对今后的研究方向进行展望。

1.2 光催化降解机理

光催化反应是在光源和光催化剂的共同作用下发生的一种化学反应。该技术具有环境友好、污染物降解完全、无二次污染等优点。Koe 等人描述了光催化反应的基本原理，如图 1－1 所示。

从半导体光化学的角度来看，光催化是指光催化剂吸收光子产生电子 e^- 和空穴 h^+，从而分别引发还原反应和氧化反应的过程。半导体有一个由低能价带（VB）和高能导带（CB）组成的能带结构，VB 和 CB 之间的带隙（E_g）被称为禁带。当入射光的能量大于半导体的 E_g 时，VB 中的 e^- 被光子激发到 CB，同时在 VB 中产生相应的 h^+。随后，产生的 e^- 和 h^+ 被电场分离并迁移到半导体的表面。CB 中迁移到光催化剂表面的 e^- 参与还原反应，VB 中迁移到光催化剂

表面的 h^+ 参与氧化反应。在反应过程中，e^- 可以与 H^+ 和溶解在水溶液中的 O_2 形成过氧化氢（H_2O_2）或超氧自由基（$\cdot O_2^-$），h^+ 可以与氢氧化物反应产生羟自由基（$\cdot OH$）。此外，光生成的 h^+ 具有很强的氧化性，可以氧化吸附在半导体表面或溶液中的污染物上。最终，体系中的 $\cdot O_2^-$、$\cdot OH$ 和 h^+ 等活性物种将有机污染物降解成无机小分子、水和 CO_2。

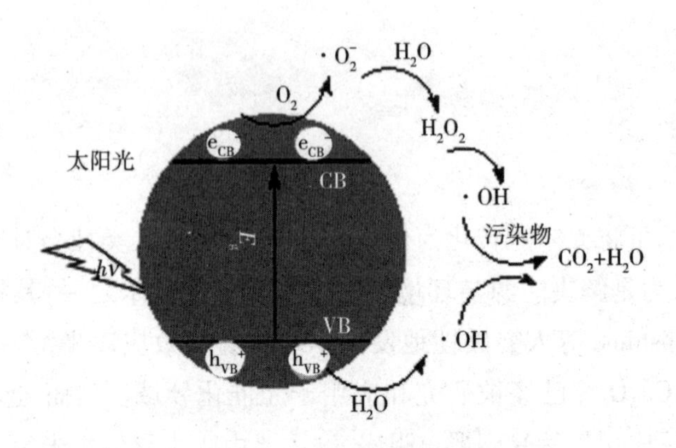

图 1－1 光催化反应的基本原理

1.3 异质结光催化剂的分类

在过去的几十年中，研究者们进行了许多工作，以促进光生电荷载流子的分离，包括异质结、杂质掺杂、金属负载等方面。其中，异质结光催化剂在促进电荷载流子分离以改善光催化性能方面显示出巨大的潜力。五种主要类型的异质结系统已用于光催化反应，包括Ⅱ型异质结、PN 结、表面异质结、直接 Z 型异质结和 S 型异质结，虽然它们在分离光生电子和空穴方面有着相似的作用，但它们的工作机制是不同的。

1.3.1 Ⅱ型异质结光催化剂

通常，通过组合具有不同 CB 和 VB 的两个半导体来获得异质结系统，引导电荷载流子迁移并穿过它们的界面。Wang 等人认为根据两种半导体之间的 CB 和 VB 差异，异质结系统可以分为三类，包括Ⅰ型（具有跨越间隙）、Ⅱ型（具有交错间隙)和Ⅲ型(具有间断间隙)异质结体系,如图 1-2 所示。在Ⅰ型异质结体系中,半导体 A 的 CB 和 VB 较高,而半导体 B 的 CB 和 VB 相对较低,引导光生电子和空穴从半导体 A 迁移到半导体 B 上。鉴于电子和空穴在单个半导体上的积累,半导体上的电荷载流子复合问题很难通过Ⅰ型异质结体系来解决。对于Ⅱ型异质结体系,半导体 A 具有比半导体 B 更高的 CB 和更低的 VB,分别允许半导体 A 上的光生电子迁移到半导体 B 的 CB 上,半导体 B 上的空穴迁移到半导体 A 的 VB 上。显然,光生载流子可以被有效地分离,使得Ⅱ型异质结体系中的光生载流子利用效率高。Ⅲ型异质结体系中,因两个半导体之间的费米能级差太大,电荷载流子不能跨半导体界面迁移,因此,Ⅲ型异质结体系几乎不能用于光催化。总之,在这三种经典的异质结体系中,Ⅱ型异质结体系在提高电荷载流子分离效率方面具有较大的潜力。

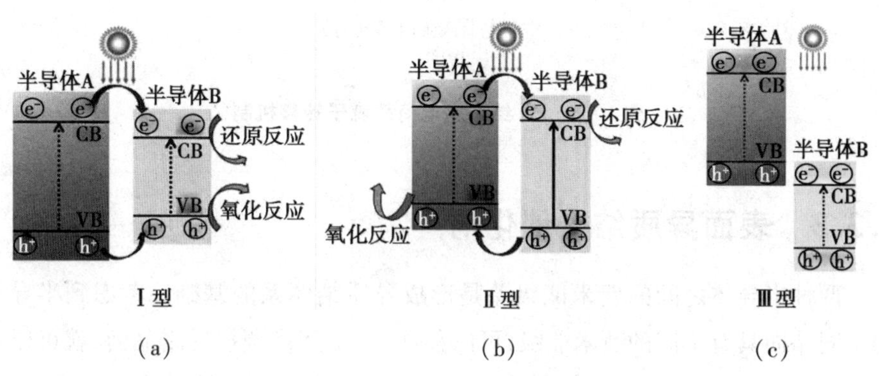

图 1-2　(a) Ⅰ型、(b) Ⅱ型和(c) Ⅲ型异质结体系的示意图

1.3.2　PN 结光催化剂

半导体上的电荷载流子复合是一个可在皮秒时间尺度上完成的超快过程。为了抑制电荷载流子复合,提出使用 PN 结光催化剂来加速两个半导体之间的电荷载流子转移。PN 结由 P 型和 N 型半导体组成,如图 1-3 所示。P 型和 N 型半导体分别具有接近其 VB 和 CB 的费米能级。当它们接触时,它们之间的费米能级差可以驱动负电荷从 N 型半导体迁移到 P 型半导体,同时正电荷将以相反的方式迁移。它们之间的这种电荷载流子转移将持续到达到费米能级平

衡，从而在它们的接触界面上形成具有从 N 型半导体到 P 型半导体方向的内部电场。在光照射下，该内部电场将引导光生电子和空穴分别在 N 型和 P 型半导体上积累，有效地分离光生电荷载流子。

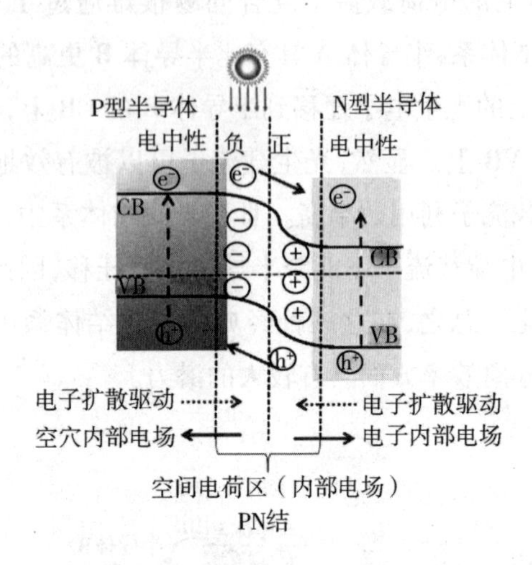

图 1－3 PN 结光生电荷载流子转移机制

1.3.3 表面异质结光催化剂

两种半导体之间的费米能级差是形成异质结体系的基础。考虑到半导体的不同晶面具有不同的费米能级，可以预期，如果严格调控暴露晶面，就可以在单个半导体上形成表面异质结。Yu 等人以锐钛矿型 TiO_2 为例进行了研究，如图 1－4(a)所示，TiO_2 通常暴露(001)和(101)晶面。与(101)晶面相比，(001)晶面具有更高的 CB 和 VB 位置，因此，精确调控暴露(001)和(101)晶面的最佳比可实现 TiO_2 纳米晶高效的电子－空穴对分离，进而获得优异的光催化性能。此外，与Ⅱ型异质结相比，表面异质结光催化剂表现出明显的优点：第一，可以使用单个半导体构建表面异质结光催化剂，降低光催化剂合成的经济成本和时间成本；第二，单个半导体上的两个不同晶面之间的费米能级差通常非常小，可以减少异质结上的氧化还原电位损失。

1.3.4　直接Z型异质结光催化剂

通常，必须权衡所有前述异质结光催化剂的氧化还原能力以实现有效的电荷载流子分离。为了解开这一限制，Grätzel 提出了一种由 WO_3和染料敏化 TiO_2组成的直接Z型异质结，如图1－4(b)所示。通常，在光照射下，染料敏化 TiO_2上的光生电子和 WO_3上的光生空穴可以分别促进水的还原和氧化反应。该异质结体系可以最大限度地提高光催化体系的氧化还原能力，提供了在单个异质结体系上实现整体光催化水解反应的可能，优化了光催化反应的氧化还原能力，光生电子和空穴分别在具有最高还原电位和最高氧化电位的半导体上积累。直接Z型异质结光催化剂在光催化方面表现出巨大的潜力。

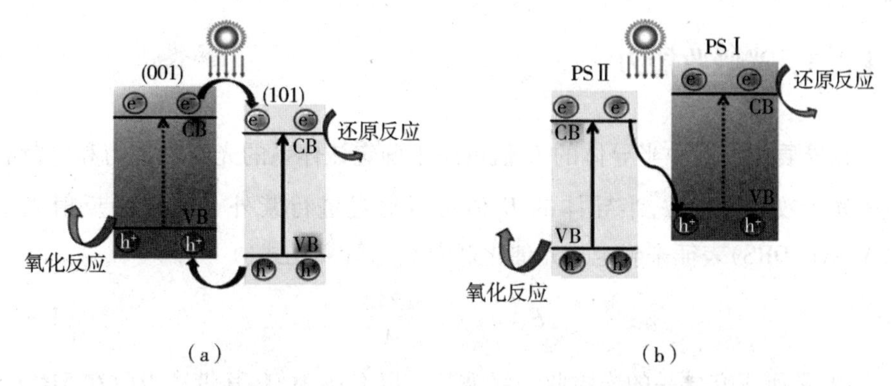

图1－4　(a)表面异质结和(b)直接Z型异质结的光生电荷载流子转移机制

1.3.5　S型异质结光催化剂

考虑到术语“直接Z型异质结光催化剂”可能不便于使其与其他Z型光催化体系(包括液相Z型和全固态Z型光催化剂)进行区分，Fu等人提出了术语“S型异质结光催化剂”，更易于理解和使用，以代替术语“直接Z型异质结光催化剂”。S型异质结的概念与直接Z型异质结的概念类似。在S型异质结中，当两个半导体A和B接触时，由于它们之间的费米能级差，半导体A上的负电荷将迁移到半导体B，在半导体A上留下正电荷。在达到费米能级(E_F)平衡后它们的接触界面上会形成一个内部电场，该体系的电荷载流子利用能力可以显著提高。

1.4 异质结光催化剂的评价方法

1.4.1 能带结构

在典型的光催化反应中,光生电荷载流子的迁移效率是影响迁移过程的主要因素之一,很大程度上取决于半导体的能带结构。此外,对于异质结光催化剂,异质结体系中半导体的能带结构对电荷载流子光生效率、氧化还原能力等有重要影响。因此,从 E_g 值和主要载流子的识别等电子性质的角度来评价所制备的异质结光催化剂的能带结构。

1.4.1.1 光吸收能力

在异质结体系中半导体的 E_g 值可用于确定该体系的光吸收能力和电荷载流子光生效率。通常,半导体的 E_g 值可以通过进行紫外 - 可见漫反射光谱(UV - vis DRS)表征来确定。光催化剂的 E_g 值计算见式(1 - 1)。

$$E_g(\mathrm{eV}) = \frac{1240}{\lambda} \tag{1-1}$$

式中,λ 是所研究样品的光吸收边缘波长。以 CdS 为例,其带边吸收在 516 nm 附近时对应的 E_g 值为 2.4 eV。应注意,半导体的 E_g 值应落在 1.6 ~ 3.2 eV,对应到达地球表面的太阳辐射中的最强照射范围(387.5 ~ 775.0 nm)。

除此之外,所获得的漫反射光谱也可以转化为 Tauc 曲线,根据 Kubelka - Munk 函数计算如下:

$$F(R) \propto \frac{\alpha}{S} = \frac{(1 - R^2)}{2R} \tag{1-2}$$

$$(\alpha h\nu)^{\frac{1}{n}} \propto (h\nu - E_g) \tag{1-3}$$

$$[f(R)h\nu]^{\frac{1}{n}} \propto (h\nu - E_g) \tag{1-4}$$

式中,R、α 和 S 分别是测试样品的反射系数、吸收系数和散射系数。通常,在测试期间,假设吸收系数非常大。样品的 n 值取决于半导体性质,其中直接和间接带隙半导体的 n 值分别为 2 和 1/2。E_g 可以通过在 $(\alpha h\nu)^{1/n}$ 与 $h\nu$ 的曲线图中取截距来获得。

1.4.1.2 氧化还原能力

氧化还原能力是在异质结光催化剂设计过程中必须考虑的一个重要方面。具体而言,在特定反应中使用的光催化剂的可行性主要由其氧化还原能力决定,例如光催化水分解需要光催化剂分别具有比 0 V[相对于参比氢电极(RHE)]更低的 CB 和比 1.23 V(相对于 RHE)更高的 VB,分别用于产生分子 H_2和 O_2,因此,必须谨慎选择异质结光催化剂中的组分。可通过确定半导体的 CB 和 VB 能级来确定其氧化和还原能力。在实验上,有几种方法可用来确定光催化剂的 CB 和 VB 能级,包括 Mott - Schottky 电化学测试和紫外光电子能谱(UPS)结合 UV - vis DRS。

例如,Kong 等人通过结合 UV - vis DRS 和 Mott - Schottky 电化学测试研究了 $ZnIn_2S_4$和 $AgFeO_2$的 CB 和 VB。$ZnIn_2S_4$和 $AgFeO_2$光催化剂分别是 N 型和 P 型半导体,因为曲线特征不同(正/负斜率)。通过 Mott - Schottky(M - S)曲线直线拟合的 x 截距估计每种半导体的平带电势(V_{FB})。$ZnIn_2S_4$和 $AgFeO_2$的费米能级值(E_F)分别约为 -0.65V 和 1.25 V[相对于饱和甘汞电极(SCE)]。通过能斯特方程

$$E_{NHE} = E_{SCE} + 0.244\ \text{V} \tag{1-5}$$

计算得到 $ZnIn_2S_4$和 $AgFeO_2$的 E_F[相对于标准氢电极(NHE)]分别为 -0.41 V 和 1.49 V。通常,对于大多数 N 型半导体,E_F比其 CB 电位(E_{CB})高约 0.2 V,而对于 P 型半导体,E_F比其 VB 电位(E_{VB})低约 0.2 V。因此,$ZnIn_2S_4$的 CB 位置和 $AgFeO_2$的 VB 位置分别被确定为 -0.61 V 和 1.69 V。同时,根据方程

$$E_{VB} = E_{CB} + E_g \tag{1-6}$$

分别得到 $ZnIn_2S_4$的 E_{VB}和 $AgFeO_2$的 E_{CB}为 1.89 V 和 0.08 V。

此外,UPS 还可用于研究半导体光催化剂的 VB 位置。例如,Wang 等人采用 UPS 表征来确认 Cu_2O 的 VB 位置。使用 21.22 eV 的单色光源测量 Cu_2O 样品的 UPS 图,如图 1 -5 所示。采用线性相交方法,根据式(1 -7)~式(1 -9)计算可估计的 VB 最大值(E_{VB})位置为 -5.32 eV(相对于真空能级)。

$$\Phi = h\nu - E_{scutoff} \tag{1-7}$$

$$E_F = E_{VAC} - \Phi \tag{1-8}$$

$$E_{VB} = E_F - E_{pcutoff} \tag{1-9}$$

式中，Φ、$h\nu$、$E_{pcutoff}$、$E_{scutoff}$、E_F和E_{VAC}分别是功函数、光子能量(在本书中为21.22 eV)、一次电子截止能量、二次电子截止能量、费米能级处和真空能级处的静止电子的能量(假定为0 eV)。结合从光吸收光谱测量的2.05 eV的E_g值，可以确认Cu_2O的CB最小值(E_{CB})约为-3.27 eV(相对于真空能级)。然后，通过式(1-10)可计算获得Cu_2O的VB和CB位置，其数值分别为0.88 eV和-1.17 eV。

$$E_{VAC} = -E^0 - 4.44\ \text{V} \tag{1-10}$$

式中，E_{VAC}和E^0分别是真空能级和NHE电位。

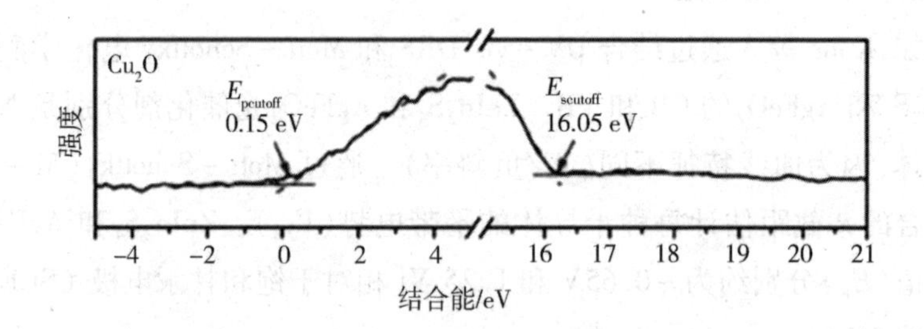

图1-5 Cu_2O的UPS图

1.4.2 电荷载流子分离效率

除了半导体的能带结构之外，电荷载流子分离效率是决定异质结系统的光催化性能的另一个关键因素。在典型的光催化反应中，由于电子和空穴之间存在的库仑力，光生电子-空穴对倾向于快速复合(在皮秒时间尺度)，产生无用的热并减少用于光催化反应的活性电荷载流子的数量。因此，研究光催化系统中的电荷载流子分离效率以优化其光催化性能是有意义的。三种主要的表征技术已经用于研究光催化系统中的电荷载流子迁移效率，包括电化学测试、光谱和光电压特性。本节将阐明电化学测试和光谱技术在确定光催化系统的载流子分离效率方面的工作机制。

1.4.2.1　电化学测试

电化学测试提供了两种主要方法来研究光催化系统的电荷载流子分离效率,包括电化学阻抗谱(EIS)测试和光电流测试。EIS 测试从电荷载流子迁移性能的角度研究电荷载流子分离效率。通常,EIS 测试中获得的数据首先被转换成奈奎斯特(Nyquist)图。对于许多半导体而言,电化学 Nyquist 曲线由半圆组成,其半径对应于所研究材料的电荷载流子迁移电阻。较小的半径表明材料上的电荷载流子迁移速率较快,表明更多的光生电荷载流子可以迁移到半导体表面以参与光催化反应。

1.4.2.2　光谱

光致发光(PL)效应是发生在半导体上的一种常见现象。在光照射下,半导体可以被光激发,产生电子 - 空穴对,电子 - 空穴对具有极强的反应性并且容易重新结合,从而发光。因此,研究样品在光照射下发出的光也是研究特定光催化剂上电荷载流子寿命的有效方法。例如,Kong 等人通过稳态 PL 谱研究了 $ZnIn_2S_4/AgFeO_2$ 异质结光催化剂的载流子分离效率。选择激发波长(通常比材料的带边吸收小 50 nm,在本书中为 390 nm)后光激发所选材料。通过观察来自材料的发射强度,可以确认其电荷载流子分离效率。发射强度越低,则电荷载流子分离效率越高。然而,稳态 PL 存在局限性,即使对于电荷分离效率较高的异质结光催化系统,由于电荷载流子的超快复合,也很难确定材料上电荷的实际寿命。为了解决这一问题,提出了时间分辨 PL 谱法,以更准确地研究光催化系统中的电荷载流子寿命。类似于稳态 PL 谱,必须选择激发波长用于光激发光催化剂。虽然 PL 谱是一个用于研究光催化系统中的电荷载流子迁移效率的强大的工具,但其应用仅限于组成系统的发光材料。相比之下,瞬态吸收表征是用于确定更宽范围的光催化系统的电荷载流子迁移效率的一种有效的光谱表征手段,它直接研究在光催化系统中捕获的电荷载流子的动力学。

第2章　传统铋基材料

2.1　引言

铋基光催化剂具有独特的能带结构和可控的形态，在可见光照射下具有良好的化学稳定性。铋基光催化剂的 VB 是由 O 2p 和 Bi 6s 轨道杂化形成的。此外，Bi 6s 轨道的孤对电子畸变导致 O 2p 和 Bi 6s 轨道的明显重叠，这有利于提高载流子的迁移效率和减小带隙。因此，铋基光催化剂的带隙通常小于 3.0 eV。考虑到 Bi^{3+} 的稳定性，Xu 等人认为大多数研究都集中在含 Bi^{3+} 的化合物上，如 Bi_2MO_6（M = Mo、W）、BiOX（X = Cl、Br、I）、$(BiO)_2CO_3$ 等。然而由于低 CB 能级和低电荷载流子分离效率，在可见光下，基于本体 Bi 的光催化剂的应用效果仍然不令人满意。为了进一步提高可见光催化性能，需要从结构设计、微结构控制和制备等方面进行研究。可通过以下方法努力提高铋基光催化剂的光催化性能：杂原子掺杂、固溶体、空位和缺陷引入、晶面工程、尺寸和形态控制等。

2.2　常见铋基材料

铋基材料的光催化性能与其晶体结构和电子结构密切相关。接下来将讨论已知的铋基光催化剂的晶体结构和电子结构及其对光催化性能的影响，这对完善高效光催化剂的制备策略具有重要意义，同时简单介绍铋基材料的合成策略。

2.2.1　钨酸铋

钨酸铋（Bi_2WO_6）晶体是一种重要的铋基材料，包括斜方晶相和单斜晶相。

Tian 等人研究发现，在 Bi_2WO_6中主要观察到斜方晶相，具有由[Bi_2O_2]$^{2+}$层之间的 WO_6八面体层组成的层状结构。电子结构和光催化作用由 W 和 Bi 离子的晶格畸变决定。密度泛函理论（DFT）计算表明，Bi_2WO_6的直接带隙能量为 2.75 eV，与 $BiVO_4$和 Bi_2MO_6相比，预测 Bi_2WO_6的 VB 电位更高，具有更强的光氧化能力，这有利于有机污染物的光催化氧化和水分解产生 O_2。Bi_2MO_6的带隙相对较宽，其特征光吸收主要在紫外线范围内。Walsh 等人研究发现 Bi_2MO_6的 VB 主要由 Bi 6s 能级和 O 2p 能级组成，CB 主要由 W 5d 能级组成。Bi 6s 轨道的孤对电子对减小带隙和提高 h^+电导率具有重要意义，因此，Bi 或 O 位点被认为是氧化位点，而 W 位点被认为是还原位点。从晶体结构和电子结构推断，Bi_2WO_6可能具有在可见光照射下降解有机污染物和分解水以产生 O_2的潜力。Bi_2WO_6光催化剂具有多种形貌，包括纳米花、纳米片、微球、纳米纤维和纳米板。归纳合适的合成方案是光催化研究的一个积极手段。水热法和溶剂热方法已被广泛用于获得 Bi_2WO_6结构，可以通过波动的反应环境获得不同的形貌。

2.2.2　钼酸铋

钼酸铋（Bi_2MoO_6）是一种多相催化材料，常被用于链状烯烃的选择性氧化或胺氧化，在石油化工领域中有较多应用，但对其光催化方面的研究相对较晚。

Bi_2MoO_6有两种晶相：斜方晶相和单斜晶相。Bi_2MoO_6的斜方晶相存在于低温（$T<960$ ℃）下，单斜晶相存在于高温（$T>960$ ℃）下。目前研究的 Bi_2MoO_6光催化剂主要集中在斜方晶相上。Bi_2MoO_6是奥里维里斯型氧化物家族中最简单的成员，这种结构的特点是以点相邻的 MoO_6八面体夹心在（Bi_2O_2）$^{2+}$单元中形成类似三明治的结构，由于 Bi 6s 轨道的孤对电子的不对称配位而保持天然晶格畸变，由于层间电荷的静电作用，表现出促进电荷分离、利于提高光催化活性的特点。密度泛函理论计算表明，Bi_2MoO_6的 VB 主要由 O 2p和 Bi 6s 轨道组成，CB 主要由 Mo 4d 轨道组成。这表明在光激发期间，O 2p ＋ Bi 6s 杂化轨道中的电荷将转移到 Mo 4d 轨道上。此外，由于 Bi 6s 轨道位于 O 2p 轨道上，Bi 6s 孤对电子具有空间活性，降低了氧化带隙能量，提高了 h^+电导率，导致 VB 的顶部在很大程度上孤立。虽然 Mo 通常为反应的还原位点，但可能出现 Bi 或 O 位点处的氧化。

近年来，研究者通过多种合成方法制备了多种形貌的 Bi_2MoO_6，如片状、棒状、颗粒状和花状等形貌。其中,三维有序结构纳米材料由于其特殊的孔道结构、大比表面积和容易回收利用等特点,受到了研究者的广泛关注。

2.2.3 $Bi_2O_2CO_3$

由于 $Bi_2O_2CO_3$ 为间接带隙半导体,E_g 值在 3.1 eV 左右,因此其具有潜在的光催化活性。Cheng 等人于 2010 年研究发现了 $Bi_2O_2CO_3$ 在紫外线下可以催化降解甲基橙(MO),开始了 $Bi_2O_2CO_3$ 在光催化领域的研究。

$Bi_2O_2CO_3$ 属于斜方晶系,其空间群为 *Imm*2,晶格参数为 $a=3.865$ nm、$b=3.865$ nm、$c=13.675$ nm。Tsunoda 等人研究发现 $Bi_2O_2CO_3$ 具有典型的"sillén"结构,是一种类似于奥里维里斯氧化物的层状结构,由正交排列的 $[Bi_2O_2]^{2+}$ 和 $[CO_3]^{2-}$ 层相互交替堆积而成。这些铋基氧化物光催化剂通常表现出层状结构,由于 Bi 6s 轨道的孤对电子的不对称配位,这种结构保持了天然晶格畸变,晶体结构的固有缺陷是其电子结构特有的,这可能会破坏其光催化活性。$Bi_2O_2CO_3$ 具有 3.1 eV 的间接带隙能量,其 CB 由 Bi 6p 轨道组成,VB 由 Bi 6s、C 2p 和O 2p轨道组成。由 C 2p 和 O 2s 轨道构成的 $[CO_3]^{2-}$ 会产生某些位于 VB 的最底部的离散态。Liu 等人认为费米能级以下的带隙能级主要由 $[CO_3]^{2-}$ 单元的 O 2p 态组成,与 $[Bi_2O_2]^{2+}$ 层无关。

$Bi_2O_2CO_3$ 的制备方法包括溶剂热法、水热法、模板法和共沉淀法等。在 $Bi_2O_2CO_3$ 的制备中,碳源主要通过以下途径获得:空气中的 CO_2,例如 Zhou 等人以大气中的 CO_2 为碳源,在室温下将 Bi_2O_3 在去离子水中连续搅拌数小时,得到了暴露(001)晶面的 $Bi_2O_2CO_3$ 纳米片;$CO_3{}^{2-}$,例如 Cheng 等人以碳酸钠为碳源,通过溶剂热法制备了 $Bi_2O_2CO_3$ 纳米棒;有机化合物中的碳,例如 Chen 等人以十六烷基三甲基溴化铵(CTAB)为碳源,通过共沉淀法制备了一种新型花状 $Bi_2O_2CO_3$;金属有机骨架(MOF)中的有机配体,例如 Yuan 等人发现 $HCO_3{}^-$ 可以破坏 MOF 中羧酸铋的 Bi—O 键,因此他们将 Bi－MOF 浸泡在 $KHCO_3$ 溶液中,从而将 Bi－MOF 原位转化为 $Bi_2O_2CO_3$。

$Bi_2O_2CO_3$ 具有许多优点,如制备工艺简单、成本低、无二次污染等。然而,$Bi_2O_2CO_3$ 宽带隙的缺陷(3.5 eV)限制了其可见光吸收范围和电子－空穴对的转移,导致其光催化效率有限。为此,研究者正在努力克服这一缺点,并最大限度地提高其光催化活性。例如,Wang 等人基于 Bi－MOF 衍生策略,以 Bi－

MOF为碳源和铋源，通过煅烧法构建了$Bi_2O_2CO_3$/g－C_3N_4异质结。通过PL、光电化学(PEC)和电子顺磁共振(EPR)测试证实，$Bi_2O_2CO_3$/g－C_3N_4异质结的形成促进了光生载流子的分离和迁移。光催化实验结果表明，最佳样品$Bi_2O_2CO_3$/g－C_3N_4－3在90 min内对磺胺二甲嘧啶(SMT)的降解效率为90.31%，分别是g－C_3N_4和$Bi_2O_2CO_3$的2.4倍和7.7倍。

2.2.4　BiOX(X＝Cl、Br、I)

铋基无机半导体具有出色的电子传输能力和典型的层状结构。卤氧化铋(BiOX，X＝Cl、Br、I)作为一种典型的可见光驱动光催化剂，具有化学稳定性高、无毒、耐腐蚀等特点。BiOX(X＝Cl、Br、I)通常由范德瓦耳斯力作用连接在一起，形成四方晶系，其空间群为*P4/nmm*，可以看作沿*z*轴方向由$[Bi_2O_2]^{2+}$层和双X^-层交替排列构成。Ding等人认为开放层晶体结构可以提供足够的空间来极化相关的原子和轨道，从而诱导垂直于$[Bi_2O_2]^{2+}$层和X^-层的内部静电场。此外，Di等人赞同在层之间形成的内部静电场可以促进光生电子－空穴对的有效分离，这对提高BiOX(X＝Cl、Br、I)的光催化性能起着关键作用。对于BiOX(X＝Cl、Br、I)，VB主要由O 2p和X *n*p(X＝Cl、Br、I，分别对应*n*＝3、4、5)轨道组成，CB主要由Bi 6p轨道组成。应该注意的是，随着Cl、Br和I元素原子序数的增加，X *n*s轨道的贡献显著增加，带隙能级的色散特性变得越来越显著，因此，BiOCl(3.2 eV)、BiOBr(2.7 eV)和BiOI(1.7 eV)的带隙依次变窄。

2.2.5　Bi_2S_3

硫化铋(Bi_2S_3)是一种典型的层状半导体材料。Bi_2S_3属于A_2X_3(A＝Sb、Bi、As，X＝S、Se、Te)型直接带隙层状半导体材料，其晶系为正交晶系，晶格参数分别为a＝1.1149 nm、b＝1.1304 nm、c＝0.3981 nm。由许多带状结构Bi_2S_3的高分子通过Bi和S之间的作用力连接在一起，平行于c轴(001)晶面方向，因此，其优先生长方向取决于Bi－S分子链之间的作用力或者正交晶系的层状结构。Bi_2S_3具有1.3～1.7 eV的窄带隙，在可见光和近红外光照射下，易被激发产生光生载流子，被广泛用作敏化剂。目前Bi_2S_3单体在光催化领域的应用研究并不多，这是由于当其单独使用时，光生电子－空穴对易复合严重影响了其光催化性能。更多的研究集中在构筑Bi_2S_3与其他材料偶联以形成异质结的高效复合光催化剂方面,取得了一系列研究进展。然而,这些制备方法大多存在条件苛刻、成本高以及对环境有害等缺点,目前还难以实现规模化生产,需要更深入的探索和研究。

2.2.6 BiO_{2-x}

与 BiOX 和 $Bi_2O_2CO_3$不同,非化学计量的 BiO_{2-x}(或 Bi_2O_{4-x})的带隙小于 1.9 eV,在近红外区域的光响应范围达 850 nm。由于存在 Bi^{3+} 和 Bi^{5+} 的混合价态,BiO_{2-x}光催化剂具有优异的性能,克服了单一价态化合物的宽带隙和光吸收范围窄的缺点。虽然 BiO_{2-x}已经被研究人员研究了很多年,但目前关于其合成、光学和光催化性能的信息非常有限。

BiO_{2-x}作为良好的光敏剂,所涉及的材料在有机污染物降解方面显示出良好的光催化性能。例如,Liu 等人通过简单的两步法制备了 BiOCl/BiO_{2-x}异质结复合材料。10 - BiOCl/BiO_{2-x}样品的光催化活性最高,其在可见光下对 MO 和苯酚(Phen)的光催化降解效率约为纯 BiO_{2-x}的 7.4 倍和 6.9 倍。Jia 等人采用水热法成功制备了具有 Z 型结构的 BiO_{2-x} - $(BiO)_2CO_3$光催化剂。可见光照射 60 min 后,BiO_{2-x} - $(BiO)_2CO_3$样品的降解效率(95%)远高于 BiO_{2-x}的降解效率(64%)和$(BiO)_2CO_3$的降解效率(37%)。BiO_{2-x} - $(BiO)_2CO_3$的速率常数为 0.0537 min^{-1},分别为 BiO_{2-x}和$(BiO)_2CO_3$的 3 倍和 19 倍。因此,将BiO_{2-x}和与之能带匹配的半导体构建异质结是提高光催化活性的有效方法。

2.3 合成方法

合成路线会影响光催化剂的形态、尺寸和比表面积,这对光催化剂的吸附性能和光催化性能起着决定性的作用。此外,合成路线的选择还需考虑环境影响、合成规模、生产成本和安全问题等方面。目前,水热法、溶剂热法、固体反应法和模板法是制备铋基光催化剂广泛应用的方法。

2.3.1 水热法、溶剂热法

水热法、溶剂热法是合成铋基光催化剂的主要方法。通过调节 pH 值、溶剂、反应时间和温度,可以制备不同晶面、表面缺陷、形貌和尺寸的铋基光催化剂。一般来说，与干法制备相比，通过水热法、溶剂热法制备的光催化剂具有更好的性能，更适合专业应用。然而，产率低是水热法、溶剂热法的一个明显缺点，主要原因是所使用的特殊高压釜会导致生产时间长和生产批量性差。水热法、溶剂热法主要存在纳米颗粒泄漏到水中的风险，溶剂热法还存在危险溶剂泄漏的风险。

Sarkar 等人使用不同的溶剂和表面活性剂，通过溶剂热法合成了多种尺寸和形状的 Bi_2S_3纳米颗粒。由油胺和三辛基氧化膦的混合物合成的 Bi_2S_3纳米颗粒由于具有大的比表面积而表现出比其他纳米颗粒更好的光催化性能。除此之外，铋基光催化剂的表面缺陷可以通过还原溶剂来实现。Ye 等人制备的橄榄绿少层 BiOI 具有更大的(001)晶面间距和更多的氧缺位(OVs)，可以促进 CO_2的光还原。

2.3.2 固体反应法

水热法、溶剂热法合成铋基光催化剂具有许多优点，尤其是可控纳米结构。因为通过水热法、溶剂热法制备商业铋基光催化剂需要大量的水，所以不用水的固体反应法适合大规模生产，且不需要采用昂贵的有机溶剂，具有潜在的优势。然而固体反应法并不完全环保，且控制生产过程的难度更大。

2.3.3 模板法

Joo 等人认为模板法是控制合成具有高度各向异性结构、中空结构或高度有序多维结构的铋基光催化剂的有效途径，而直接合成方法极难获得以上结构。根据模板的类型，模板法可分为硬模板法、软模板法和自模板法。模板法的成本受模板的合成和去除，以及模板法的时间密集性影响。尽管 SiO_2等模板成本低，易于制备和改性，但去除模板通常需要腐蚀性极强的酸或碱，需要采取相应措施来保护环境。可利用柯肯德尔效应(Kirkendall effect)实现微棒向中空分级结构的转变。WO_4^{2-} 先通过阴离子交换过程与铋前驱体微棒中的 NO_3^- 进行交换。随后，在水热条件下，$Bi_6O_5(OH)_3^{5+}$ 与 WO_4^{2-} 反应产生 Bi_2WO_6。表面上最初形成的Bi_2WO_6将作为成核位点，随后内部形成的 Bi_2WO_6物种将在成核位点上向表面扩散。最后，由于质量输运的差异，形成 Bi_2WO_6微棒。

2.4 铋基光催化剂的结构设计

2.4.1 杂原子掺杂

杂原子掺杂一直被认为是通过调节电子结构来优化光催化性能的有效方法,这极大地影响了光催化剂的光吸收响应和电荷载流子分离效率。杂原子掺杂对光催化剂电子结构的影响是导致带隙中存在分散掺杂能级。轨道杂化发生在掺杂轨道和光催化剂的分子轨道之间,导致分散掺杂能级高于 VB 或低于 CB。杂原子掺杂可以调节铋基光催化剂的电子结构,以增强可见光响应。然而,光生电荷载流子的利用效率低是这些铋基光催化剂需要解决的主要问题。因此,人们关注的焦点之一是通过引入掺杂来有效地提高载流子分离的效率。

2.4.2 固溶体

杂原子掺杂会导致带隙中存在分散掺杂能级,与杂原子掺杂不同,固溶体的形成可连续调节光催化剂的带隙。在固溶体光催化剂中,通过引入外来元素,在整个组成范围内选择性地取代主体半导体的阴离子或阳离子,以使它们的带隙位于原始半导体的带隙之间,随后调整电子结构以优化光催化性能。

BiOX(X = Cl、Br、I)固溶体由于其类似的层状结构和原子排列而被广泛研究。Qin 等人研究发现,所制备的纳米片组装的三维 $BiOCl_{1-x}Br_x$ 分级微球比单一的 BiOCl 和 BiOBr 表现出更好的性能。随着 Br^- 与 Cl^- 的物质的量比逐渐增大,$BiOCl_{1-x}Br_x$ 的带隙逐渐增大,同时伴随着 VB 电位的增大。$BiOCl_{1-x}Br_x$ 的带隙和 VB 电位之间的平衡对光催化性能起着至关重要的作用。$BiOCl_{1-x}Br_x$ 的带隙减小可以增加用于光催化反应的光生电子 - 空穴对的量。然而,VB 最大值的提升降低了对硝基苯酚(PNP)和四溴双酚 A(TBBPA)的氧化能力。所制备的具有适当带隙结构的 $BiOCl_{0.3}Br_{0.7}$ 可以显示出较好的光催化性能。

2.4.3 空位和缺陷引入

空位和缺陷在光催化过程中起着重要作用,因为它们可以改变铋基光催化剂的相关电子结构,从而影响光催化性能。OVs 可以拓宽光催化剂的光吸收范围,作为活性位点增加光催化剂的吸收能力,并降低非均相催化反应的吉布斯自由能。此外,OVs 与光催化剂的电子结构、电荷传输和表面性质密切相关,对光催化性能有极其显著的影响。因此,控制氧空位的产生和精确地调节浓度有望显著提高不同光催化体系的光催化活性。

Zhong 等人研究发现可见光下富含 OVs 的 BiOCl 对罗丹明 B(RhB)和盐酸四环素(TC)有着优异的光催化降解性能,氧空位富集的 BiOCl 纳米片的活性比纯 BiOCl 纳米片高约 19.5 倍。光催化活性的提高主要归因于较强的光热效应、电子结构的调谐以及 OVs 诱导的良好可见光吸收性能。

2.4.4　晶面工程

表面结构对光催化行为至关重要,光催化剂的晶面与光催化性能密切相关。不同的晶面具有不同的原子排列和表面结构,表现出固有的表面物理化学性质。一般来说,具有更高表面能的暴露面支持更高的光催化性能,因此,合成具有高反应性晶面的晶体是优化铋基光催化剂性能的有效方法。根据上述策略,Wu 等人通过调节水热系统的 pH 值,制备了具有完全暴露的(001)、(B001)、(010)和(B010)晶面的 BiOBr 纳米片。(B001)晶面纳米片对大肠杆菌 *E. coli* K-12 表现出比(B010)晶面纳米片高得多的光催化灭活活性,这是由于(B001)晶面纳米片可更有效地分离电荷载流子以及产生更多的 OVs。

2.4.5　尺寸和形态控制

将光催化剂尺寸缩小到纳米级可以揭示不同的特性。暴露于催化剂表面的原子或离子百分比的显著增长导致比表面积增大,从而有利于光催化剂活性位点的增加。例如,Li 等人通过调控水热条件制备了一系列具有不同尺寸的 BiOCl 纳米片,以探索光催化剂的尺寸和性能之间的关系。随着 $BiOCl(H_2O)$ 的平均厚度从 106.42 nm 减小到 3.47 nm,其催化活性显著提高,这是因为比表面积的增加为催化反应提供了更多的活性中心。

第3章　铋基MOF材料

3.1　引言

自从Fujishima在1972年首次发现用于光催化分解水的TiO_2电极以来，光催化技术已经引起了研究人员的极大兴趣。Lin等人认为，光催化过程涉及的主要步骤如图3－1所示，包括光催化剂的光吸收，光激发电荷（电子－空穴对）产生，光生电子－空穴对的分离、迁移、捕获，以及光生电子和空穴向光催化剂表面的转移所引发的氧化还原反应。这些过程影响光催化剂的光催化性能。窄带隙光催化剂由于光吸收的增强，加速形成光生电子－空穴对。同时，窄带隙由于光生电子复合速率高也降低了电子－空穴对的分离效率，因此，光催化效率与电荷分离、迁移及复合过程之间的竞争密切相关。电子－空穴对的分离、迁移效率低导致光催化剂性能差。选择合适的光催化剂材料，合理调控其组成、结构和能带结构具有重要意义。

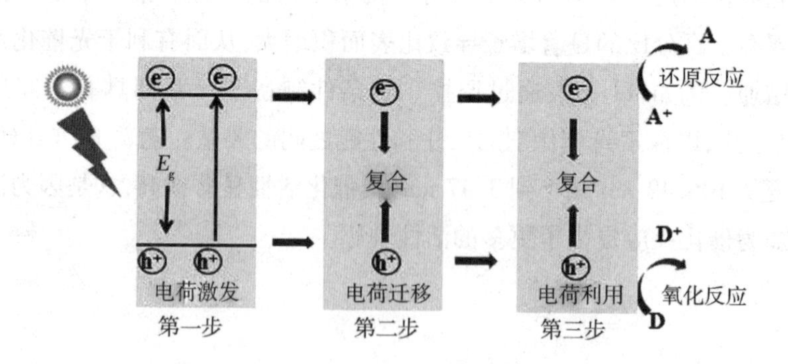

图3－1　光催化过程的主要步骤示意图

MOF 是一类结晶多孔材料，由有机配体和金属离子（团簇）通过配位键组装形成的二维和三维结构构建而成。与其他多孔材料相比，MOF 具有比表面积大、孔隙度高、负载效率高、孔径可调（从微孔到中孔）、易于功能化和合成后改性等优点。这些特性使其结构和性质可以微调，应用于气体储存、分离、催化，化学传感和光催化等。值得注意的是，在半导体 MOF 中被有机连接体分开的金属中心可以被认为是量子点（QD），这种短的载流子扩散距离有助于提升光催化反应期间的催化性能。此外，人们广泛探索可剪裁的有机配体、金属中心以调节 MOF 的带隙。可以通过修饰 MOF 的孔以构建各种功能性 MOF。尽管已经制备了许多功能性 MOF，但只有少数耐久性 MOF 可以应用于光催化，主要原因在于大多数 MOF 没有活性中心或光活性中心。MOF 在溶液中存在热或化学不稳定性，也限制了 MOF 在光催化中的应用。因此，合理设计和合成具有优异光催化活性的耐用 MOF 仍然是一个很大的挑战。本章将重点介绍过去十年来 MOF，尤其是铋 MOF 在光催化应用中的成果和进展。首先，介绍 MOF 光催化基础及 MOF 光催化剂的优点；其次，概述目前 MOF 的合成方法、提高 MOF 活性的改性策略；最后，简述了 MOF 在光催化的应用。

3.2　MOF 光催化基础

3.2.1　MOF 的类半导体行为

尽管近年来有关 MOF 光催化的研究迅速增多，但关于 MOF 能否作为周期性组装的半导体或分子实体的问题仍存在很大争议。目前，人们普遍认为半导体有三个特点：它们的电导率随温度的升高而增加；掺杂可以改变它们的导电性；具有光电导性，即半导体在光照下可以产生载流子。在一项早期的工作中，Silva 等人比较了 MOF 与沸石的光致电荷分离行为，得到支持 MOF 是半导体的结论。Xu 等人通过 EPR 研究发现，光生电子和空穴分别定位在 Zr－oxo 原子簇和 PCN－222 配体上，这进一步证实了 MOF 的电荷转移行为。能带弯曲是一种重要的半导体行为，它是半导体复合材料界面电荷转移的驱动力。最近，Zhang 等人通过表面光电压（SPV）谱证实了 MOF 中的能带弯曲行为。将MIL－125－NH_2与 MoO_3和 V_2O_5的金属氧化物整合，分别获得 MoO_3/MIL－125－NH_2

和 V_2O_5/MIL－125－NH_2。能级差驱使电子从 MOF 的最高占据分子轨道(HOMO)迁移到金属氧化物的 CB 最小值(CBM),导致能带向上弯曲,大大增强了光催化性能。与母体 MOF 相比,两种复合材料都显示出明显更强的 SPV 信号,表明 MOF 表面空穴积累浓度的增加。上述研究揭示了 MOF 的能带弯曲行为,这是基于能带理论的典型的半导体特征。

半导体是一种电导率(k)随温度升高呈指数增长的材料,服从范托夫定律:

$$k = k_0 e^{\frac{-\Delta H}{RT}} \tag{3-1}$$

式中,ΔH 为传导焓,R 为摩尔气体常数,T 为温度。根据这一定义,一些研究结果支持 MOF 的半导体性质。就半导体性质和 IUPAC 的定义而言,MOF 确实可以被认为是一种半导体,或者至少 MOF 具有类似半导体的表现。

另外,Santaclara 等人认为,MOF 中被公认的电荷转移过程,如配体－金属电荷转移跃迁(LMCT),揭示了 MOF 的局域能带结构,表明 MOF 更可能是分子催化剂,而不是经典的半导体。同时理论与实验之间甚至存在零星的矛盾情况。例如,可采用 LMCT 过程来解释 UIO－66 的电荷转移过程,EPR 谱也证明了这一点。然而,理论计算证明 UIO－66 的 HOMO 和最低未占据分子轨道(LUMO)都位于配体中,即配体－配体电荷转移跃迁(LLCT)过程应该发生在 UIO－66 上。综上所述,一些理论上的不确定性仍有待处理,需要进一步的研究来了解 MOF 与经典半导体和分子催化剂相比更可能具有的双重性质。

3.2.2 MOF 光催化剂的优点

MOF 作为一种新兴的光催化剂,与半导体光催化剂相比有许多独特的优点。首先,多种多样的有机配体、金属中心以及 MOF 的网状特征使其结构具有很高的可变性。Sun 等人通过改变或配置有机配体和金属中心,可以将光敏范围从紫外光扩展到可见光,甚至红外光。另外,可以定向调节 HOMO 和LUMO 位置,从而影响 MOF 的氧化还原能力,调控反应选择性。Liu 等人认为 MOF 结构是高度相容的,这有利于不同客体物种的掺入或与不同物质的整合。光敏剂或活性位点可以灵活地被 MOF 骨架固定或封装到 MOF 孔隙中。其次,光催化剂中的结构缺陷作为电子－空穴复合中心,会导致光催化性能降低。在 MOF 中,缺陷较少的完美晶体结构有利于抑制电子－空穴复合。再次,与其他光催化剂相比,MOF 的多孔结构和大的比表面积具有显著的优势,在光催化中提供了更多暴露的活性中心和底物传输通道。特别是孔隙率有利于电荷载流子与底物的及时氧化还原反应,从而减小电荷扩散距离,抑制电子和空穴的体内复合。基于米氏散射理论,空心纳米结构的内腔可以通过多次反射和散射大大增强光捕获能力。类似地,研究表明 MOF 可以增强光吸收能力,这可能是由于光在 MOF 多孔结构中的多次反射和散射。此外,作为多孔材料,MOF 的密度远低于传统的无机半导体,有利于实现器件的轻量化和大规模应用。最后,MOF 的明确和可定制的结构特征使其成为理解构效关系的理想平台。

3.3 MOF 的合成

考虑可能的拓扑结构、配体分子的功能、典型的金属配位环境或典型无机配体的形成条件对于设计 MOF 的合成路线是必要的。选择正确的合成方法是获得所需 MOF 的第一步。MOF 的合成是在不分解有机配体的情况下产生确定的无机配体。此外,Udourioh 等人提出结晶动力学的运用必须适当,以促进 MOF 晶体的生长。更常见的是在溶剂中合成 MOF,温度范围为室温到大约 250 ℃。通常采用传统的电加热或电位、电磁辐射和机械波(超声波)等替代方法来引入能量。能量来源与引入系统的时间、压力和每个分子的能量密切相关,每一个参数都能对产物的形态和性质产生强烈的影响。

3.3.1 水热法/溶剂热法合成

水热法或溶剂热法是指在密封加热的水溶液或有机溶剂中,在适当的温度(100 ~ 1000 ℃)和压强(1 ~ 100 MPa)下通过化学反应合成物质的方法。水热反应和溶剂热反应通常在溶剂的亚临界或超临界条件下,在特殊的密封容器或高压釜中进行。水热法在合成过程中使用水作为溶剂,溶剂热法在合成过程中使用非水(有机)溶剂。这些技术已广泛应用于常规和先进材料的合成。这种方法合成的 MOF 是将可溶性前驱体的产物在密封空间或聚四氟乙烯衬里高压釜内,在特定操作温度的自生压力下自组装生成晶体。这些方法制备的 MOF 具有形貌和粒径可控、熔点低、蒸气压高、热稳定性低等特点。最近,Rojas - Buzo 等人证明了通过简单地控制在溶剂热合成期间加入的溶剂来调节 Hf - MOF - 808 材料的路易斯/布朗斯特催化性能,所用溶剂类型的重要影响也得到证实。在水热和溶剂热条件下成功合成了新型二维微孔 Al－MOF(CYCU－7和CAU－11)。与水热法合成的 MOF 相比,通过乙醇溶剂热法合成的 MOF 显示出较大程度的配体缺失。

3.3.2 微波辅助合成

微波是一种能加速化学反应的低能量电磁辐射。它们能促进分子的旋转,导致它们的碰撞加剧,并最终产生热量。微波加热本质上是节能的,因为只在反应混合物中施加功率(直接和均匀地在材料中产生能量,而不是来自外部的热传导)。这些特性使微波辅助合成成为一条可行的改进路线,而单一的溶剂热法通常需要较长的反应时间(几天到几周)和相应的高能耗。

微波辅助合成方法可以对关键参数(微波功率、反应时间、内部温度等)进行控制,这些参数对 MOF 的合成效率至关重要。此外,产物的相纯度和最终形态在很大程度上取决于这些参数的可控性,进而可能影响 MOF 的化学反应活性。微波辅助合成方法具有以下优点:能量效率高、结晶迅速(增加成核位点)、相选择性高、产率高、形貌变化及粒径可控、温度较低和反应时间短。在这些优点中,反应时间短似乎是最佳的优点,尤其是与溶剂热法相比。虽然这些优点主要归因于微波过程中的热效应,但也存在与此方法相关的非热效应(例如,产生的电场与反应介质中特定分子的相互作用)。Udourioh 等人认为对于这些非热效应的确切贡献尚需进一步研究。

大量的研究表明,与溶剂热法相比,通过微波辅助合成方法制备的 MOF 纳米颗粒的尺寸更小。然而,Liu 等人通过微波辅助合成方法(1.5 μm)合成的 MOF(Zr－fum－fcu－MOF)的晶体尺寸比通过溶剂热法(400 nm)合成的要大,这表明微波加热不会引发新的均匀成核。虽然较小的晶体尺寸有利于催化、分子分离和非平衡吸附,但较大晶体尺寸可能对平衡吸附有意义。因此,要实现最终应用,对颗粒大小的控制至关重要。

3.3.3 超声化学合成

超声化学合成方法利用超声波能量来增加溶剂中金属中心和有机配体之间的反应。所产生的超声波引起声空化,引起气泡的形成和增长,然后气泡在液相中内爆坍缩。这一系列事件在极端温度和压力条件下通过微晶核的形成引发了快速的化学反应，导致 MOF 的演化。然而，与这种空化有关的较快的升温和降温速率（ $>10^{10}$ K/s）只引起反应溶液温度的轻微升高，而压力保持在通常的大气水平。超声波可将能量均匀地分散在反应溶液中，使晶体的尺寸均匀。而微波辅助合成方法已被证明会在微波反应器中产生不均匀的热分布。超声化学合成方法具有以下优点：合成时间短、能耗低、制备简便、晶化位点可控、结构性能改善、缺陷位点易形成、适用性广、大规模生产潜力大。可以使用超声浴或通过超声探头进行超声化学合成。Amaro – Gahete 等人已经证明，与超声浴相比，通过探针可以形成更小的颗粒（比表面积更小）。由于探针的输入是均匀和集中的，因此被认为对均质化更为有效。

3.3.4 电化学合成

电化学合成方法包括直接法和间接法。根据电化学反应中 MOF 的生成位置，直接法可以进一步分为阳极（氧化）电合成和阴极（还原）电合成。直接法通常是在电化学反应的电极表面形成 MOF，间接法需要一系列过程，以得到所需的 MOF。电泳沉积、电偶置换和自模板合成等是间接法中的常用方法。直接法允许实时有效地调节电化学条件，从而调节 MOF 的合成。

在阳极电合成期间，将电流或电位施加到浸没在包含有机配体和电解质的混合溶液中的电极上。施加的阳极电压使溶液中的金属氧化为离子。这些离子被释放到有机配体溶液中。此外，金属在靠近电极的区域具有与有机配体反应以产生薄层 MOF 的趋势。由于该方法不需要金属盐，所生产的 MOF 的性能不依赖于前驱体，因此，金属前驱体不影响 MOF 的生成动力学。此外，通过改变电化学条件，可以很容易地控制 MOF 的性能。

阳极电合成 MOF 的性能与溶剂性质、外加电压、电解质浓度、电沉积时间和电极之间的距离等因素有关。质子溶剂促进对电极上氢的析出而不是金属离子的还原，是阳极电合成的首选溶剂。建议使用具有足够大的过电位的对电极来促进氢的析出，或者使用被还原的牺牲剂来代替金属离子。

3.3.5 机械力化学合成

采用水热或溶剂热技术制备 MOF 通常需要较长的反应时间和大量的有机溶剂，易对环境构成威胁，而机械力化学合成法在合成过程中不存在有害溶剂，通过机械力诱导化学反应,且反应在室温下进行,反应时间较短(10～60 min)。在某些情况下,机械力化学合成方法中使用金属氧化物作为前驱体,从而生成水作为唯一的反应产物。机械力化学合成 MOF 的方法可分为三种不同类型:纯研磨法、液体辅助研磨法和离子液体辅助研磨法。纯研磨法是一种无溶剂工艺,液体辅助研磨法使用少量的液体来提高试剂的流动性,离子液体辅助研磨法使用带有微量盐添加剂的催化液体来加速 MOF 的形成。

3.4 铋基 MOF 材料

3.4.1 铋基 MOF 材料简介

区别于传统的多孔无机材料,MOF 是一种新型的大比表面积和高孔隙率的多孔晶体材料。Wang 等人认为,MOF 具有由金属离子(团簇)和有机配体通过配位键自组装构成的三维晶格结构。MOF 具有易于调节的孔隙结构、丰富的配位不饱和位点和活性位点,使其在催化领域具有广阔的应用前景。Liu 等人认为目前过渡金属(如 Fe、Cu、Zn 等)和镧系金属(如 Ce、La 等)构建的 MOF 比较成熟。与主族金属 Sn 和 In 相比,铋的成本和对环境的影响较低,Bi^{3+}的配合物通常显示出高配位数,可以无限拓展,形成棒状或层状结构。相比于过渡金属,Bi^{3+}周围的非配位环境使铋配位聚合物趋于形成致密相。因此,Bi－MOF 脱颖而出,并可以作为用于环境修复的高效光催化材料。

铋基 MOF 的合成一般采用溶剂热法。将 Bi^{3+}和有机配体混合在溶剂中,随后通过控制温度、pH 值等因素来控制 Bi^{3+}和有机配体之间的组装。到目前为止,已有许多基于 Bi^{3+}的有机配位化合物,如羧酸盐、酚类等。其中,大多数为羧酸盐,从二羧酸盐到四羧酸盐。Bi 原子和 O 原子的强配位使铋基 MOF 具有良好的稳定性,并且其孔隙大小和功能更易于调控。

3.4.2 铋基 MOF 材料的催化降解机理

铋基 MOF 材料具有半导体材料的性质,并表现出与半导体光催化剂相同的性质。与普通的半导体材料类似,铋基 MOF 材料也具有类似的 VB、CB、E_g等。其中,铋基 MOF 材料的 HOMO 对应于半导体材料的 VB,LUMO 对应于半导体材料的 CB。图 3－2 描述了铋基 MOF 材料的光催化降解机理。

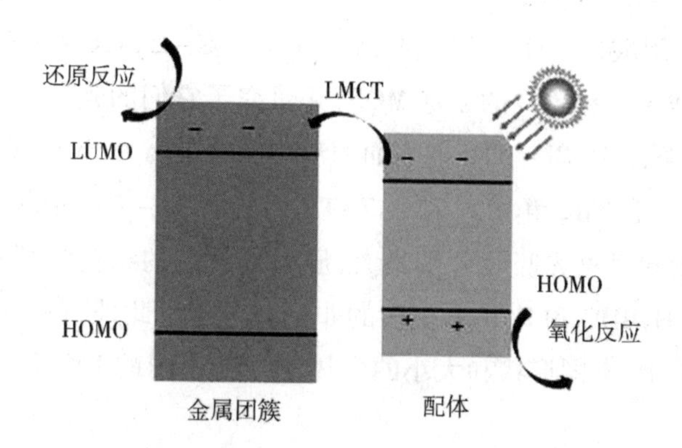

图 3－2　铋基 MOF 的光催化降解机理

Yue 等人提出光催化过程主要分为三个部分：光吸收、光生载流子分离和迁移、催化剂表面的还原或氧化反应。光吸收是整个光催化过程的前提。当光能大于等于铋基 MOF 的带隙（$h\nu \geqslant E_g$）时，铋基 MOF 可以有效地吸收太阳光中的大部分光子。随后，在光的激发下，由于有机配体和金属团簇的紧密结合和刚性共轭，e^- 从 HOMO（有机配体）跃迁到 LUMO（金属团簇），实现了 LMCT。同时，在 HOMO（有机配体）中留下一个 h^+。铋基 MOF 中产生了光生载流子的分离和迁移。最后，铋基 MOF 表面的光生 e^- 和 h^+ 分别与 O_2 和 H_2O 发生还原和氧化反应，生成 $\cdot O_2^-$ 和 · OH 活性物种。

3.4.3　铋基 MOF 材料催化性能的改进策略

虽然铋基 MOF 被认为是光催化领域中一种很有前途的材料，但仍存在一些需要解决的固有难题。例如，大多数铋基 MOF 的带隙较宽，致使其光吸收区域较窄，只能被紫外光激发。电子－空穴对的分离效率低也是限制其光催化性能的重要原因之一。因此，利用铋基 MOF 在形态、光学和化学性质方面优异的可调性，对铋基 MOF 进行修饰，是提高其光催化性能的重要手段。

3.4.3.1　配体功能化

配体功能化是调节铋基 MOF 带隙和增加可见光吸收的一种有效方法。采用不同形状和大小的有机配体，可以使铋基 MOF 达到不同的 LMCT 激发态，从而提高光催化活性。例如，Nguyen 等人分别用 1，4 - 苯二羧基（H_2BDC）、1，3，5 - 均苯三甲酸（H_3BTC）和 4，4′，4″ - s - 三嗪 - 2，4，6 - 三烷基三苯甲酸（H_3TATB）合成了三种不同的铋基 MOF，并研究了它们的光催化活性差异。在 N_2 吸附 - 脱附测试中，Bi - BTC 的表面积最小。这是因为 Bi - BTC 的粒径大于 Bi - BDC 和 Bi - TATB。由 Bi^{3+} 和 H_3TATB 构成的 Bi - TATB 的表面 OVs 量最大，光吸收强度和可见光吸收范围最大，原因是它们的结构特征不同，H_3TATB 配体中含有比 H_2BDC 和 H_3BTC 更多的非定域电子。此外，在三种不同晶体结构的铋基 MOF 中，不同形状和大小的配体诱导了不同的 LMCT，导致了不同的 RhB 降解效率。

3.4.3.2 离子掺杂

通过离子掺杂在禁带中引入杂原子是提高铋基 MOF 性能最常见和最有效的方法之一。一方面，离子掺杂可以改变铋基 MOF 的电荷分布，增加其载流子的数量。另一方面，离子掺杂可以形成离子阱，减少电子 - 空穴对的重组。例如，Du 等人采用溶剂热法成功将 Gd^{3+} 原位掺杂到 Bi - BTC 中，获得了一种新型材料 $Bi_{1-x}Gd_x$ - BTC。Bi^{3+} 和 Gd^{3+} 之间的高效电荷转移使局部电子结构发生变化，减小了带隙。同时，Gd^{3+} 的原位掺杂使 $Bi_{0.97}Gd_{0.03}$ - BTC 中的电子 - 空穴对复合速率降低。在 RhB 降解实验中，$Bi_{1-x}Gd_x$ - BTC（$x=0.03$ 和 $x=0.05$）在可见光照射 60 min 后的降解效率最高，为 71%。

3.4.3.3 半导体复合

铋基 MOF 与半导体复合提高光催化性能的实质是，一个材料产生的光生 e^- 或 h^+ 迁移到另一个材料的 CB 或 VB，使光生电子 - 空穴对分离，从而有效抑制载流子的重组。另外，铋基 MOF 与其他光活性半导体结合还可以形成电子捕获位点，拓宽 MOF 的光吸收范围，从而提高光催化反应速率。例如，Liu 等人通过在铋基 MOF（CAU - 17）表面原位卤化，生成了 MOF - BiOCl 复合材料，然后将其与 MoS_2 耦合，构建 MOF - BiOCl/MoS_2 三元复合材料。研究结果表明，与

Bi－MOF相比，MOF－BiOCl/MoS_2具有更宽的可见光吸收范围。

3.4.3.4　形貌调控

不同形貌的催化剂暴露的不同晶面对反应活性有重要影响。不同的形貌可以产生不同的表面积效应、尺寸效应、载流子扩散效应等。其中，表面积效应和载流子扩散效应可以显著提高材料的光催化性能。因此，调节形貌是改善铋基 MOF 光催化性能的有效途径之一。例如，Wang 的课题组分别通过水热法和超声振动处理法合成了不同形貌的 CAU－17（棒）和 FCAU－17（薄片）。通过扫描电子显微镜（SEM）和 PL 测试可知，较大尺寸的 CAU－17（棒）可能比 FCAU－17（薄片）具有更多的 e^- 和 h^+ 重组，导致其光催化活性相对较低。因为 FCAU－17 中光激发电子－空穴对的分离效率较高，所以 FCAU－17 的光催化效率略高于 CAU－17。

3.4.3.5　缺陷工程

缺陷工程是促进材料光催化性能的一种有效方法。Ding 等人通过制造缺陷来调整光催化剂的几何结构、原子配位数和电子结构，从而对光吸收、电荷分离以及表面活性位点产生积极影响。Nguyen 等人分别用溶剂热法和微波辅助溶剂热法合成了同一种铋基 MOF 材料（Bi－BDC）。与溶剂热法相比，微波辅助溶剂热法可以使材料具有更高的 OVs 含量。由于氧缺陷含量的增加，Bi－BDC－MW 的 PL 光谱位移更大，峰强度更低，证明 Bi－BDC－MW 中电子－空穴对的分离效率更高。此外，在降解 RhB 实验中，Bi－BDC－MW 的光催化效率明显高于 Bi－BDC－ST。这主要是由于 Bi－BDC－MW 具有更多的氧缺陷和更高的电子－空穴对分离效率。

3.5　铋基 MOF 材料的光催化应用

铋基 MOF 的光催化应用主要包括四个部分：光降解污染物、光解水制 H_2、

光还原 CO_2 和光催化固氮。

3.5.1 光催化降解污染物

工业废水通常包括石油物质、反应助剂、酸碱性物质、纤维杂质、染料和无机盐等。工业废水一般难以降解。目前,工业废水的分解方法主要是生物法、化学方法和物理方法。但是,这些方法并不能将废水处理完全。与上述废水处理方法相比,光催化技术可以从根本上去除废水中的有机污染物和无机污染物,并且具有很好的降解效果。因此,光催化技术作为一种新型高效节能的现代污水处理技术,在污水处理中具有诸多优势。在处理过程中,具有优异吸附性的光催化剂是必不可少的。由于比表面积大、孔隙率高、活性位点多等特点,MOF 已被广泛地研究并用于污染物光催化降解。其中,由于低毒和低成本的特点,近年来铋基 MOF 受到越来越多的关注。

有研究者研究了 Bi－BDC 光催化降解两种阳离子染料[孔雀石绿(MG)和亚甲蓝(MB)]和两种阴离子染料[考马斯亮蓝(CBB)和伊红(eosin)]的性能。在 60 min 内,四种染料(10 mg/L)的光催化降解效率分别为 98.18%(MG)、99.72%(MB)、97.23%(CBB)和 99.80%(eosin),表明 Bi－BDC 对阳离子染料和阴离子染料均具有优异的光催化降解效果。随后,通过捕获实验可知,· OH 是染料光催化降解的主要活性物质,$\cdot O_2^-$ 也起着辅助作用。

3.5.2 光解水制 H_2

光催化分解水产生 H_2 是一种潜在的可再生能源转换手段。光催化分解水包括两个半反应,即析氧反应(OER)和析氢反应(HER)。这是一个吸能反应,应该克服 1.23 eV 的能量屏障。为了实现整体的水分解,原则上 MOF 的 E_g 应大于 1.23 eV 以满足热力学要求,光催化剂的 LUMO(对应 CB 最小值,CBM)和 HOMO(对应 VB 最大值,VBM)应分别高于质子还原电位($E_{H_2/H^+}=0$ V,pH = 0)和低于水氧化电位($E_{H_2O/O_2}=1.23$ V,pH = 0)。除了热力学要求之外,光催化分解水还存在动力学挑战。光生载流子的产生、分离和转移通常发生在飞秒到纳秒的时间尺度上,然而表面氧化还原反应需要长得多的时间(微秒到秒),光生电荷载流子快速复合。为了解决这一问题,通常需要引入更容易与光生载流子反应的牺牲剂。需要注意的是,一些牺牲剂也可以通过光重整释放 H_2。此外,需要引入适当的助催化剂以降低过电位。

3.5.3 光催化还原 CO_2

光催化的 CO_2还原过程主要包括三个步骤:吸收光,光生载流子的分离和迁移,吸附和活化 CO_2分子进行反应。通常,用于光催化还原 CO_2的高性能纳米材料应具有较大的比表面积、适当的孔隙结构和大量的活性位点,具有这些特点的材料更有利于 CO_2的吸附和化学转化。MOF 是 CO_2还原应用中最有前景的候选材料之一。近年来,MOF 由于其良好的 CO_2捕获能力、光化学性质和结构性质,在光催化还原 CO_2领域得到了广泛的应用。在铋基 MOF 中,铋作为配体间电荷转移的电子穿梭通道,其 LMCT 机制可以延长光生载流子的寿命。这使铋基 MOF 在光催化中具有显著的应用优势。

3.5.4 光催化固氮

与光解水制 H_2和光催化还原 CO_2相比,MOF 光催化固氮的研究仍处于发展阶段。在铋基 MOF 中,CAU - 17 具有六方、四方和三角形孔道结构,能够快速地吸附小分子,有利于固氮反应的发生。例如,张聪敏结合铋元素的优势,利用元素掺杂的方法,向铋基 MOF 引入铈元素,合成了双金属Bi(Ce) - MOF材料。铋基 MOF 几乎不能光催化还原 N_2生成氨,而随着铈元素的掺杂,Bi(Ce) - MOF 的固氮性能明显增强。铈掺杂量为 30% 的 Bi(Ce) - MOF - 3 具有最高的固氮产量,为 342 $\mu mol \cdot g^{-1} \cdot h^{-1}$。随着光照时间增加,氨产量也增加。结果表明,铋基 MOF 可以作为一种良好的前驱体用于光催化固氮。

第4章　Ag_3PO_4/Bi_2WO_6异质结构对有机污染物降解的可见光催化活性和光稳定性的增强及等离子体Z型机制

4.1　引言

铋基半导体材料，如Bi_2WO_6、$BiVO_4$、Bi_2MoO_6、$Bi_2Mo_2O_9$、$Bi_{24}O_{31}Br_{10}$、BiOBr等，因其具有带隙窄、无毒、化学惰性、稳定性好等优点，在光催化应用中引起了广泛的关注。在铋基半导体材料中，半导体Bi_2WO_6作为一种典型的奥里维里斯型氧化物，因其独特的层状结构特征和较高的可见光催化活性而被认为是理想的光催化材料之一。然而，Huang等人认为单体Bi_2WO_6的光催化活性受到光生电子－空穴对的高复合率和低可见光吸收能力的限制。因此，在光催化反应中如何提高光生电子－空穴对的分离效率成为开发Bi_2WO_6基光催化剂的关键问题。

本书基于以下几点引入Ag_3PO_4：Ag_3PO_4是一种窄带隙半导体（E_g = 2.4 eV），它的引入有助于将Bi_2WO_6的光响应扩展到更大的波长区域，从而减小带隙；两种半导体具有匹配的能带结构、相似的带隙和合适的物质的量比，可形成有效的异质结构，促进光生电子－空穴对的有效分离，从而提高量子效率；部分Ag_3PO_4在初始光催化反应中被还原为金属Ag，这部分Ag可以作为固态电子介质，通过Z型体系加速电荷分离，防止Ag_3PO_4继续还原分解，增强其稳定性。耦合Bi_2WO_6与Ag_3PO_4形成异质结被认为是提高光催化剂（Bi_2WO_6或Ag_3PO_4）可见光催化性能的最有前景的方法之一，异质结构不仅扩大了可见光的光谱响应范围，而且加速了电荷分离，这被 Lin 等人的研究所证实。

在众多理想异质结光催化剂中，全固态 Z 型光催化体系可提高光生电子－空穴对的分离效率，增强了光催化剂的稳定性。一般来说，全固态 Z 型光催化体系由两种不同的半导体材料和一种电子介质组成。金属 Ag 作为固态电子介质有助于构建 Z 型光催化体系。最近，Shi 等人成功制备了 $Ag_3PO_4/CuBi_2O_4$光催化剂，并在光催化降解过程中形成了 $Ag_3PO_4/Ag/CuBi_2O_4$光催化剂，Z 型光催化体系的形成增强了光催化剂的光催化活性和稳定性。Li 等人采用一种简单的沉积沉淀法，通过光还原 Ag^+ 形成金属 Ag，设计了一种新颖的可见光驱动 $Ag/Ag_3PO_4/WO_3$ Z 型异质结构。$Ag/Ag_3PO_4/WO_3$ 显示出优异的光催化降解 RhB 效率，表明形成的 Z 型异质结构可有效地促进光生电子－空穴对的分离和迁移。因此，Bi_2WO_6 与 Ag_3PO_4 的耦合是构建 Z 型光催化体系的一种有效的策略。

通过引入 Ag_3PO_4来实现 Bi_2WO_6基异质结的报道较少。例如，Jonjana 等人制备的 Ag_3PO_4/Bi_2WO_6在可见光照射 80 min 后对 RhB (5 mg/L)的降解效率可达到 100%。这对实际应用来说还不够，有必要进一步提高 Ag_3PO_4/Bi_2WO_6的光催化活性。此外，基于等离子体 Z 型机制的 Ag_3PO_4/Bi_2WO_6对污染物的去除方面也没有相应的研究。因此，将 Ag 纳米粒子的表面等离子体共振(SPR)效应应用到杂化复合材料中来设计基于 Z 型电荷转移机制的高效、可见光驱动的光催化剂是十分有意义的。

本章通过自组装与水热技术相结合的方法成功地制备了 Ag_3PO_4/Bi_2WO_6异质结。在可见光照射下，Ag_3PO_4/Bi_2WO_6异质结对有机污染物[包括 RhB、Phen、MO、结晶紫(CV)和 MB]的降解表现出较强的光催化性能。随后，系统地研究了 Ag_3PO_4/Bi_2WO_6异质结的微观结构、表面化学态、比表面积、光学和光电化学性能。同时，提出了 Ag_3PO_4/Bi_2WO_6异质结可见光诱导光催化机理。

4.2 实验部分

4.2.1 光催化剂的制备

4.2.1.1 Bi_2WO_6单体的制备

在实验中所有用到的试剂均为分析纯,使用时无须进一步提纯。将0.972 g $Bi(NO_3)_3 \cdot 5H_2O$ 和 0.329 g Na_2WO_4 分别溶于乙酸(HAc,10 mL)和 H_2O(10 mL),室温搅拌 0.5 h。将 Na_2WO_4溶液逐滴加入 $Bi(NO_3)_3$溶液中,室温条件下继续搅拌 4 h。将悬浮液转移到反应釜中,以 2 ℃/min 的速率从室温升温到 150 ℃,保持恒温 20 h 后冷却至室温。用 H_2O 洗涤数次,然后 80 ℃恒温干燥 24 h,得到淡黄色 Bi_2WO_6粉末。

4.2.1.2 Ag_3PO_4/Bi_2WO_6的制备

将 1.092 g $AgNO_3$和 0.762 g Na_3PO_4分别溶于去离子水(10 mL)中搅拌 30 min,再将 Na_3PO_4溶液滴入 $AgNO_3$溶液中,形成黄色沉淀,在室温下继续搅拌 2 h。向悬浮液中加入一定量的 Bi_2WO_6,超声处理 10 min,使其均匀分散,室温继续搅拌 4 h,在 60 ℃下干燥 24 h。用 H_2O 洗涤数次,于 60 ℃下保持 48 h,得到橄榄绿色 Ag_3PO_4/Bi_2WO_6 粉末。得到的样品命名为 Ag_3PO_4/Bi_2WO_6-x,其中 x 表示 Bi_2WO_6与 Ag_3PO_4的物质的量比。除了不加入 Bi_2WO_6,Ag_3PO_4单体的制备过程与上述过程类似。

4.2.2 光催化剂的表征

在 Cu Kα 辐射下,采用 Bruker AXS D8 型 X 射线衍射仪测定晶体结构。在 300 W Al Kα辐射下,采用 ESCALAB 250Xi 型 X 射线光电子能谱仪测试 X 射线光电子能谱(XPS)。采用 3H-2000PS2 型比表面积及孔径分析仪在 77 K 条件下对样品进行 N_2吸附-脱附等温线分析。采用 Hitachi S-4300 型扫描电子显微镜(SEM)、Hitachi H－7650 型透射电子显微镜(TEM)和 JEM－2100F 型高分辨透射电子显微镜(HRTEM)对合成的样品进行形貌分析。采用 TU－1901 型紫外－可见分光光度计在 200～800 nm 波长范围内,以 $BaSO_4$为反射标准材料,记录UV－vis DRS。采用 PE 傅里叶变换红外(FT－IR)分光光度计记录 FT－IR 光谱。采用 Hitachi F－7000 型荧光分光光度计在 360 nm 激发波长下获得 PL 谱。所有样品在样品架中压成片状。

4.2.3　光催化实验

通过监测有机污染物 RhB、Phen、MO、CV 和 MB 的降解来研究 Ag_3PO_4/Bi_2WO_6异质结构的光催化活性。光催化实验在装有水套的空心圆柱形光反应器中进行。400 W 氙灯(λ >410.0 nm)作为可见光源,采用 11 号玻璃制成的内套来过滤氙灯的紫外光。氙灯放置在光反应器的内部,冷却水通过围绕氙灯的耐热玻璃夹套循环,以保持室温。将 200 mg 催化剂放置到 220 mL 染料(50 mg/L)或 Phen (25 mg/L)溶液中,超声处理 10 min,并在黑暗中磁力搅拌 1 h,以使催化剂与有机污染物之间达到吸附－脱附平衡。然后在可见光下照射悬浮液,同时磁力搅拌。每间隔一段时间收集 4 mL 悬浮液,用离心机离心,并稀释上层清液。采用 TU－1901 型紫外－可见分光光度计在最大吸收波长处分析染料浓度。采用 Elite P230Ⅱ型高效液相色谱(HPLC)仪[C_{18}柱,紫外检测器(λ =270 nm),甲醇(CH_3OH)∶水(50∶50,体积比),1 mL/min]来监测 Phen 浓度的变化。

4.2.4　光电化学测试

光电化学测试在 CHI660E 型电化学工作站上进行。以铟锡氧化物(ITO)透明电极(1 cm^2)、饱和甘汞电极(SCE)和铂片分别作为工作电极、参比电极和对电极。样品与 Nafion 离子交联聚合物混合,溶于乙醇水溶液,得到 5 mg/L 悬浮液。然后将悬浮液均匀滴涂在干净的 ITO 透明电极表面,在室温下干燥。以氙灯为光源,Na_2SO_4溶液(0.01 mol/L)为电解液。所有实验均在室温(约 25 ℃)下进行。在 400 W 氙灯的周期照射下测量光电流。电化学阻抗研究在 1 Hz～100 kHz 的频域内进行,正弦扰动电位为 5 mV。

4.3 结果与讨论

4.3.1 Ag_3PO_4/Bi_2WO_6的微观结构分析

为了研究Ag_3PO_4、Bi_2WO_6、Ag_3PO_4/Bi_2WO_6复合材料的晶体结构，对样品进行了X射线衍射(XRD)测试，结果如图4-1(a)所示。Ag_3PO_4在2θ为21.7°、29.7°、33.3°、36.5°、47.8°、52.6°、54.9°、57.2°、61.8°和71.8°处出现了Ag_3PO_4立方晶相的特征衍射峰，分别对应(110)、(200)、(210)、(211)、(310)、(222)、(320)、(321)、(400)和(421)晶面。Bi_2WO_6位于28.3°、32.8°、32.9°、47.1°、56.0°、58.5°、68.8°、75.9°和78.5°的特征衍射峰，分别对应斜方晶相Bi_2WO_6的(131)、(200)、(002)、(202)、(133)、(262)、(400)、(193)和(204)晶面。Ag_3PO_4/Bi_2WO_6复合材料均具有立方晶相Ag_3PO_4和斜方晶相Bi_2WO_6的混相。随着Bi_2WO_6负载量的增加，Bi_2WO_6特征峰的强度增强，Ag_3PO_4特征峰的强度减弱，然而，Ag_3PO_4的峰位置没有显著变化，表明Bi_2WO_6未掺入Ag_3PO_4晶格。此外，在XRD谱图中未发现Ag和其他杂质的衍射峰。

FT-IR光谱证实Ag_3PO_4/Bi_2WO_6复合材料中存在Ag_3PO_4和Bi_2WO_6。如图4-1(b)所示，位于577.8 cm^{-1}、731.6 cm^{-1}和1384 cm^{-1}的特征峰分别属于B—O、W—O和W—O—W桥连伸缩振动模式，表明Bi_2WO_6的存在。对于纯Ag_3PO_4而言，位于543.1 cm^{-1}的较强峰归因于O═P—O的弯曲振动。位于859.9 cm^{-1}和1076.4 cm^{-1}的吸收带分别对应于P—O—P环的对称和不对称伸缩振动。引入Bi_2WO_6后，Ag_3PO_4/Bi_2WO_6复合材料中Bi—O、W—O和W—O—W伸缩振动模式对应的特征峰变弱，并向低值移动。与纯Ag_3PO_4相比，P—O—P对称和不对称伸缩振动的波数分别向低值偏移至817.6 cm^{-1}和1017.5 cm^{-1}，同时，O═P—O对应的特征峰的波数由543.1 cm^{-1}变为559.3 cm^{-1}，此外，位于3400 cm^{-1}和1654 cm^{-1}的谱带与光催化剂表面吸附H_2O的—OH的伸缩振动有关。这些结果进一步验证了Bi_2WO_6与Ag_3PO_4之间的相互作用，意味着Bi_2WO_6成功修饰了Ag_3PO_4。

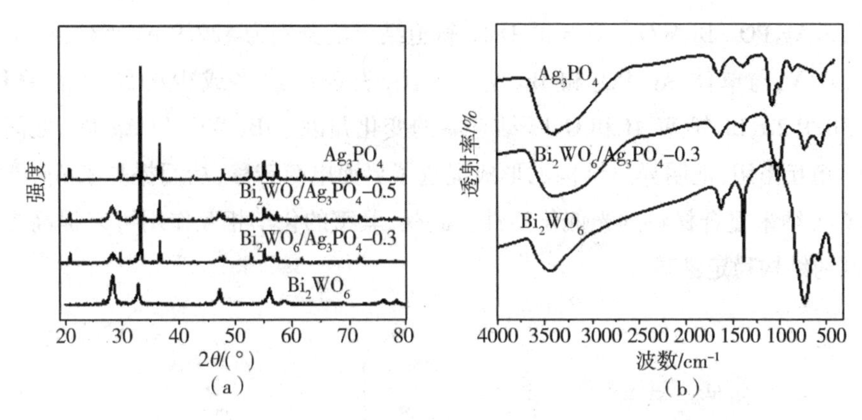

图 4 - 1　Ag_3PO_4、Bi_2WO_6和 Ag_3PO_4/Bi_2WO_6复合材料的 (a) XRD 谱图和 (b) FT - IR 光谱图

采用 XPS 作为表面分析技术检测 Ag_3PO_4、Bi_2WO_6及 Ag_3PO_4/Bi_2WO_6复合材料的电子结构。图 4 - 2(a)为 Ag_3PO_4和 Ag_3PO_4/Bi_2WO_6复合催化剂 Ag 的高分辨率 XPS 图。Ag 3d 的结合能位于 368. 0 eV (Ag $3d_{5/2}$) 和 374. 0 eV (Ag $3d_{3/2}$)的特征峰对应 Ag_3PO_4中的 Ag^+,这与 Cui 等人的研究一致。引入 Bi_2WO_6后,自旋轨道 Ag 3d 的结合能在 368. 3 eV 和 374. 3 eV 处分裂为两个特征峰,比 Ag_3PO_4的 Ag 3d 的结合能高 0. 3 eV。Ag_3PO_4和 Ag_3PO_4/Bi_2WO_6表面均未发现 Ag 纳米晶的特征峰,说明催化剂制备过程中未形成 Ag^0。与纯 Ag_3PO_4相比,Ag_3PO_4/Bi_2WO_6的 P 2p 结合能由 132. 8 eV 变为更高的 133. 8 eV,如图 4 - 2(b)所示。

如图 4 - 2(c)所示,Bi_2WO_6和 Ag_3PO_4/Bi_2WO_6的 Bi $4f_{7/2}$和 Bi $4f_{5/2}$的结合能分别位于 159. 3 eV、164. 6 eV 和 159. 9 eV、165. 2 eV,说明复合材料中的 Bi 元素以 Bi^{3+}的形式存在。W $4f_{7/2}$(35. 98 eV)和 W $4f_{5/2}$(37. 98 eV)的特征峰表明 Ag_3PO_4/Bi_2WO_6中 W^{6+}的氧化态。与纯 Bi_2WO_6相比,复合材料中 W $4f_{7/2}$和 W $4f_{5/2}$均有 0. 2 eV 和 0. 1 eV 的偏差,如图 4 - 2(d)所示。样品的 O 1s 高分辨率 XPS 图如图 4 - 2(e)所示。Bi_2WO_6(Ag_3PO_4)的 O 1s XPS 图有三个独立的峰,其结合能分别为 530. 2 eV[530. 2 eV,记为 O 1s(1)]、531. 6 eV[531. 3 eV,记为 O 1s(2)]和 533. 1 eV[533. 1 eV,记为 O 1s(3)],分别归因于 Bi_2WO_6(Ag_3PO_4)中的晶格氧、外部羟基以及复合材料表面吸附的氧,这与 Qian 等人的研究

一致。Ag_3PO_4/Bi_2WO_6 -0.3 的 O 1s 轨道结合能分别为 529.9 eV、531.4 eV 和 533.1 eV，与单体 Ag_3PO_4 和 Bi_2WO_6 相比，表现出或多或少的结合能偏移。Ag 3d、P 2p、Bi 4f、W 4f 和 O 1s 结合能的变化归因于 Bi_2WO_6 与 Ag_3PO_4 之间的化学相互作用，证明异质结构的形成促进了界面电荷转移，从而提高了 Ag_3PO_4/Bi_2WO_6 纳米复合材料的光催化活性。此外，紧密的化学相互作用可以提高光催化剂的结构稳定性。

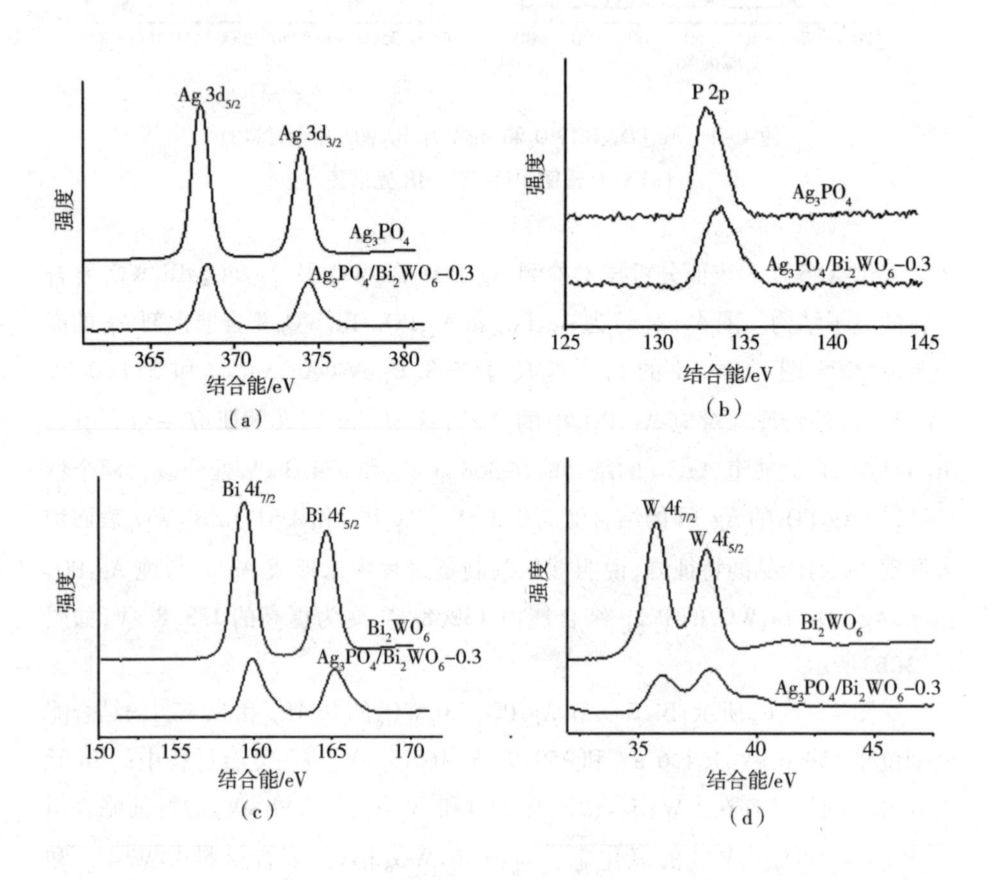

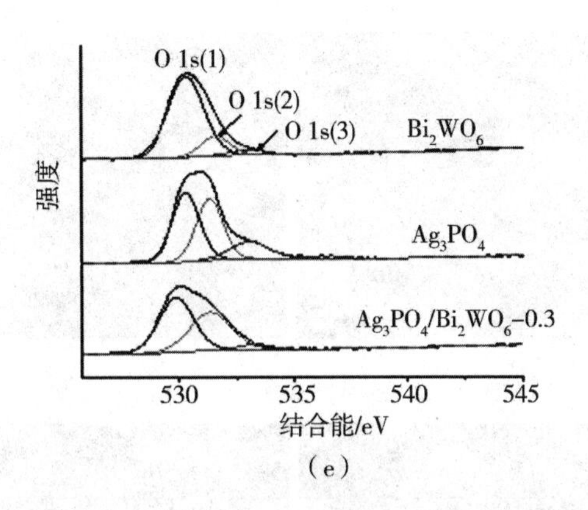

(e)

图4-2 Ag_3PO_4、Bi_2WO_6和Ag_3PO_4/Bi_2WO_6-0.3复合材料的高分辨率XPS图

(a) Ag 3d; (b) P 2p; (c) Bi 4f; (d) W 4f; (e) O 1s

通过SEM表征Ag_3PO_4、Bi_2WO_6和Ag_3PO_4/Bi_2WO_6复合材料的典型形貌。由图4-3(a)可知，Ag_3PO_4呈不规则球形，直径为100~180 nm。Bi_2WO_6呈现出典型的纳米片结构，由粒径为50~250 nm的纳米颗粒组成，如图4-3(b)所示。图4-3(c)为Ag_3PO_4/Bi_2WO_6-0.3的典型SEM图，不规则球形Ag_3PO_4纳米颗粒分散在Bi_2WO_6纳米片表面，这些微小颗粒相互交织，表明Ag_3PO_4纳米颗粒可以抑制Bi_2WO_6纳米片的团聚。

通过TEM和HRTEM对Ag_3PO_4/Bi_2WO_6进行了形貌和显微结构表征。如图4-3(d)所示，Ag_3PO_4不规则分散在Bi_2WO_6纳米片表面，这与前面的SEM观测相吻合。从Ag_3PO_4/Bi_2WO_6-0.3的HRTEM图可以测得Bi_2WO_6的(131)晶面和Ag_3PO_4的(211)晶面的晶格距离分别为0.315 nm和0.245 nm，与XRD结果吻合较好，如图4-3(d)插图所示。为了进一步证明异质结构的形成，对Ag_3PO_4/Bi_2WO_6-0.3进行了能量色散X射线谱(EDS)元素映射分析。如图4-4所示，Ag_3PO_4和Bi_2WO_6的分散相对均匀，连接良好，这与SEM图和TEM图吻合。上述结果表明Bi_2WO_6与Ag_3PO_4之间形成了异质结构。

(a) (b)

(c) (d)

图 4－3 (a) Ag_3PO_4、(b) Bi_2WO_6、(c) $Ag_3PO_4/Bi_2WO_6-0.3$ 的 SEM 图及 (d) $Ag_3PO_4/Bi_2WO_6-0.3$ 的 TEM 图和 HRTEM 图

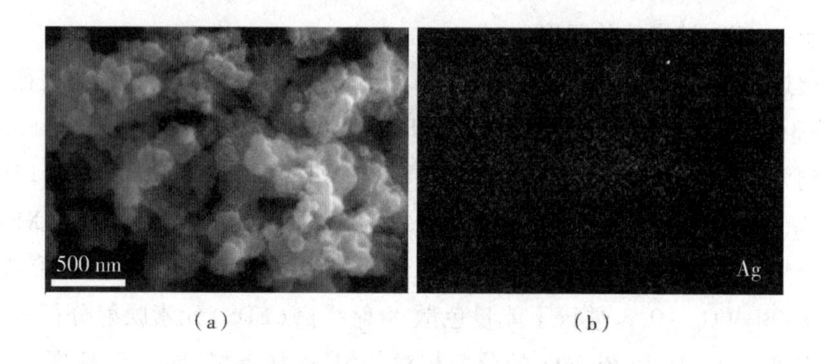

(a) (b)

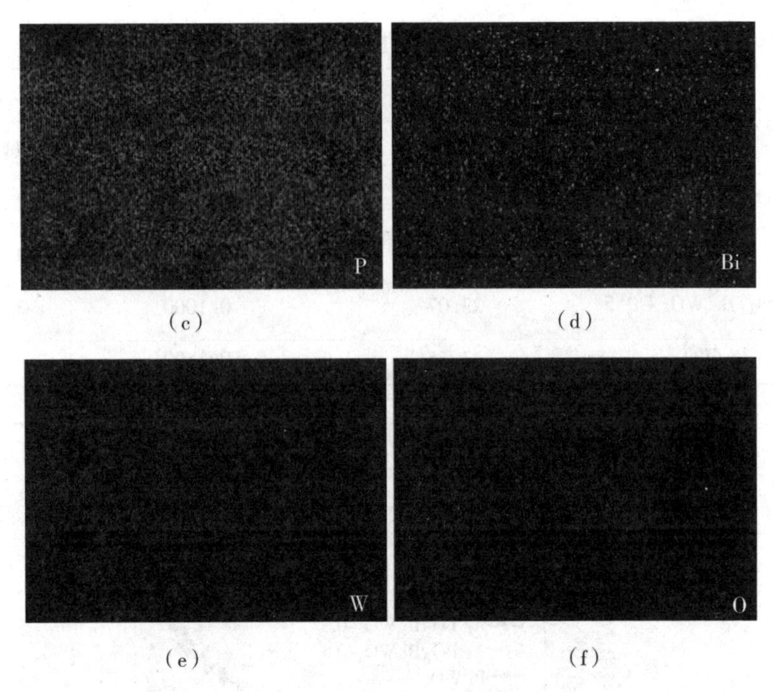

(c)　(d)

(e)　(f)

图 4-4　(a) Ag_3PO_4/Bi_2WO_6-0.3 异质结的 SEM 图及(b) Ag、(c) P、(d) Bi、(e) W 和(f) O 的 EDS 元素映射图

通过 N_2吸附-脱附等温线对样品的 BET(Brunauer-Emmett-Teller)比表面积和孔隙结构进行分析，结果见表 4-1，S_{BET}表示 BET 比表面积，V_p表示孔体积，D_p表示平均孔径。如图 4-5(a)所示，所制备样品的 N_2吸附-脱附等温线均为Ⅳ型等温线，具有 H3 型滞后环，表明存在 2~50 nm 大小的介孔，孔径分布分析进一步证明了这一结果，如图 4-5(b)所示。纯 Ag_3PO_4、Ag_3PO_4/Bi_2WO_6-0.3、Ag_3PO_4/Bi_2WO_6-0.5、Bi_2WO_6 的 S_{BET} 分别为 8.06 m^2/g、14.50 m^2/g、18.21 m^2/g、43.55 m^2/g。掺入 Bi_2WO_6后，BJH(Barrett-Joyner-Halenda)吸附累积 V_p 由 0.038 cm^3/g 增加到 0.070 cm^3/g。结果表明，与 Ag_3PO_4 相比，随着 Bi_2WO_6负载量的增加，Ag_3PO_4/Bi_2WO_6的 S_{BET}和 V_p略有增加，但不同样品的 S_{BET}和 V_p变化不明显，这对增强 Ag_3PO_4/Bi_2WO_6复合材料光催化活性的作用较小。

表 4-1 制备样品的孔隙率参数

样品	S_{BET}/($m^2 \cdot g^{-1}$)	V_p/($cm^3 \cdot g^{-1}$)	D_p/nm
Ag_3PO_4	3.78	0.0064	11.43
Ag_3PO_4/Bi_2WO_6-0.1	7.72	0.0440	14.10
Ag_3PO_4/Bi_2WO_6-0.3	16.99	0.0660	11.53
Ag_3PO_4/Bi_2WO_6-0.5	23.07	0.1000	13.65
Bi_2WO_6	43.55	0.1600	11.36

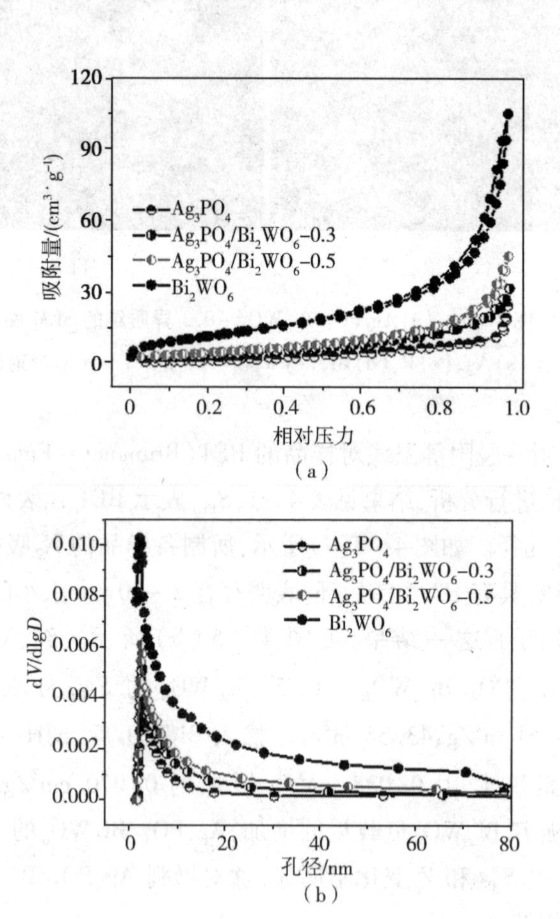

图 4-5 样品的(a)N_2吸附-脱附等温线和(b)孔径分布曲线

4.3.2 光吸收性质

利用UV－vis DRS测定Ag_3PO_4、Bi_2WO_6和Ag_3PO_4/Bi_2WO_6复合材料的光吸收性质和带隙能量，结果如图4－6所示。从图4－6(a)中可以看出，纯Bi_2WO_6由于其固有带隙跃迁，在450 nm以下的波长范围内具有较高的吸光度，而Ag_3PO_4的带边吸收在553 nm，在整个可见区都有光吸收，这与Lin等人的研究结果一致。与Bi_2WO_6相比，Ag_3PO_4/Bi_2WO_6复合材料的波长向可见光区延伸。此外，随着Ag_3PO_4负载量的增加，红移现象更加明显，说明复合材料吸收了更多的可见光，产生了更多的电子－空穴对，进一步提高了光催化活性。

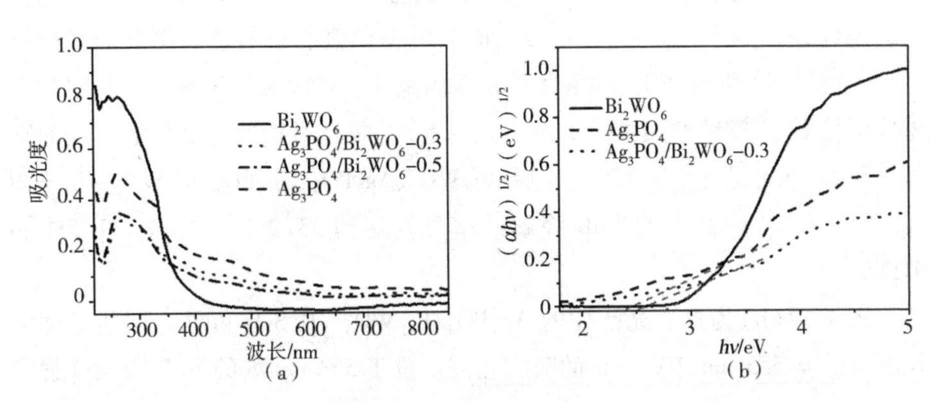

图4－6 Bi_2WO_6、Ag_3PO_4和Ag_3PO_4/Bi_2WO_6光催化剂的(a)UV－vis DRS图和(b)带隙能量$(\alpha h\nu)^{1/2}$随光子能量的变化曲线

光催化剂的带隙能量按下式计算：

$$(\alpha h\nu)=A\ (h\nu-E_g)^{n/2} \tag{4-1}$$

式中，A、α、h、$h\nu$和E_g分别为常数、吸收系数、普朗克常数、入射光子能量和带隙。对于直接带隙半导体和间接带隙半导体，n分别为1和4。Bi_2WO_6和Ag_3PO_4的n均为1。通过计算，Bi_2WO_6和Ag_3PO_4的带隙分别为2.90 eV和2.45 eV。光催化剂的能带边缘位置可由经验方程确定：

$$E_{VB}=X-E^e+0.5E_g \tag{4-2}$$

$$E_{CB}=E_{VB}-E_g \tag{4-3}$$

式中，E_{VB}为价带边电位，E_{CB}为导带边电位，X为由各组分原子的电负性几何平均值（Bi_2WO_6为6.21 eV，Ag_3PO_4为5.97 eV）得到的半导体电负性，E^e为氢电极的自由电子能量(4.5 eV),E_g为半导体带隙能量。因此,计算出 Bi_2WO_6的 E_{VB}和 E_{CB}分别为 3.34 eV 和 0.44 eV,Ag_3PO_4的 E_{VB}和 E_{CB}分别为 2.69 eV 和 0.24 eV。

4.3.3 光催化性能

通过在可见光照射下光催化剂对 RhB 的降解来评价其光催化活性。如图 4-7(a)所示,吸附实验表明,光催化剂和 RhB 形成的悬浮液在暗处搅拌 1 h 后均达到吸附-脱附平衡。观察样品的可见光催化活性,结果表明:在不加催化剂的情况下,可见光照射 180 min,RhB 没有发生降解,说明 RhB 在长时间照射下具有较高的稳定性;在存在催化剂和光照射的情况下,RhB 降解效率大大提高。与纯 Bi_2WO_6和 Ag_3PO_4相比,Ag_3PO_4/Bi_2WO_6复合材料具有更高的光催化活性。此外,随着 Ag_3PO_4/Bi_2WO_6的物质的量比从 0 增加到 0.3,复合材料的光催化活性增强,继续增加物质的量比至 0.5 时,复合材料的光催化活性反而降低。例如,在可见光照射 120 min 后,Bi_2WO_6、Ag_3PO_4、Ag_3PO_4/Bi_2WO_6-0.3 和 Ag_3PO_4/Bi_2WO_6-0.5 的 RhB 降解效率分别达到 43.2%、51.4%、97.5%和 91.4%。

图 4-7(b)为具有光活性的 Ag_3PO_4/Bi_2WO_6-0.3 在可见光照射下降解 RhB(λ_{max} = 553 nm)UV-vis 的吸收光谱。位于 553 nm 处的 RhB 吸收峰强度随着光照时间的延长而迅速降低,在可见光照射 120 min 后几乎消失,结果与图 4-7(a)一致。另外,在 553 nm 处的吸收峰有明显的蓝移,这与去乙基化过程相对应。因此,RhB 发色团共轭结构的断裂导致 RhB 的吸收峰强度迅速降低,这表明 RhB 在降解过程中会形成中间产物,然后降解为小分子,这和 Huang 的研究结果一致。

为了消除染料敏化的影响,选择无色化合物 Phen 作为模型分子,进一步研究 Ag_3PO_4/Bi_2WO_6在可见光照射下的光催化性能。Phen(λ_{max} = 270 nm)在可见区无光吸收,无光敏性。图 4-7(d)和图 4-7(e)为 Bi_2WO_6、Ag_3PO_4和 Ag_3PO_4/Bi_2WO_6-0.3 存在时 Phen 的相对浓度(c_t/c_0)和 $-\ln(c_t/c_0)$与光照时间的关系曲线。如图 4-7(d)所示,在整个可见光照射过程中,Phen 的直接光解作用可忽略,表明 Phen 是一种稳定的污染物。在 Bi_2WO_6、Ag_3PO_4和 Ag_3PO_4/Bi_2WO_6-0.3存在时,Phen 的降解效率分别为 7.1%、63.5%和 83.1%,它们对应的速率常数分别为0.00033 min^{-1}、0.00634 min^{-1}和0.00999 min^{-1}。Phen降解结果与RhB降解结果一致，上述结果证实$Ag_3PO_4/Bi_2WO_6-0.3$的光催化性能由光催化剂激发而不是敏化机理引起的。

为了测试Ag_3PO_4/Bi_2WO_6光催化剂的广泛适应性，采用阴离子染料（MO）和阳离子染料（RhB、MB和CV）作为目标污染物。如图4-7(f)所示，MO、RhB、MB和CV在可见光照射后均可有效降解，说明Ag_3PO_4/Bi_2WO_6光催化剂在可见光下降解污染物的效率很高，尤其是对阳离子染料。Ag_3PO_4/Bi_2WO_6对有机污染物具有优异的光催化活性是因为其良好的异质结构，拓宽了对可见光的光谱响应范围，有效地促进了电荷分离。此外，过量的Ag_3PO_4可能作为重组中心，覆盖Bi_2WO_6表面的活性位点，导致光生载流子的分离效率降低，这解释了为什么$Ag_3PO_4/Bi_2WO_6-0.3$比$Ag_3PO_4/Bi_2WO_6-0.5$表现出更高的光催化活性。

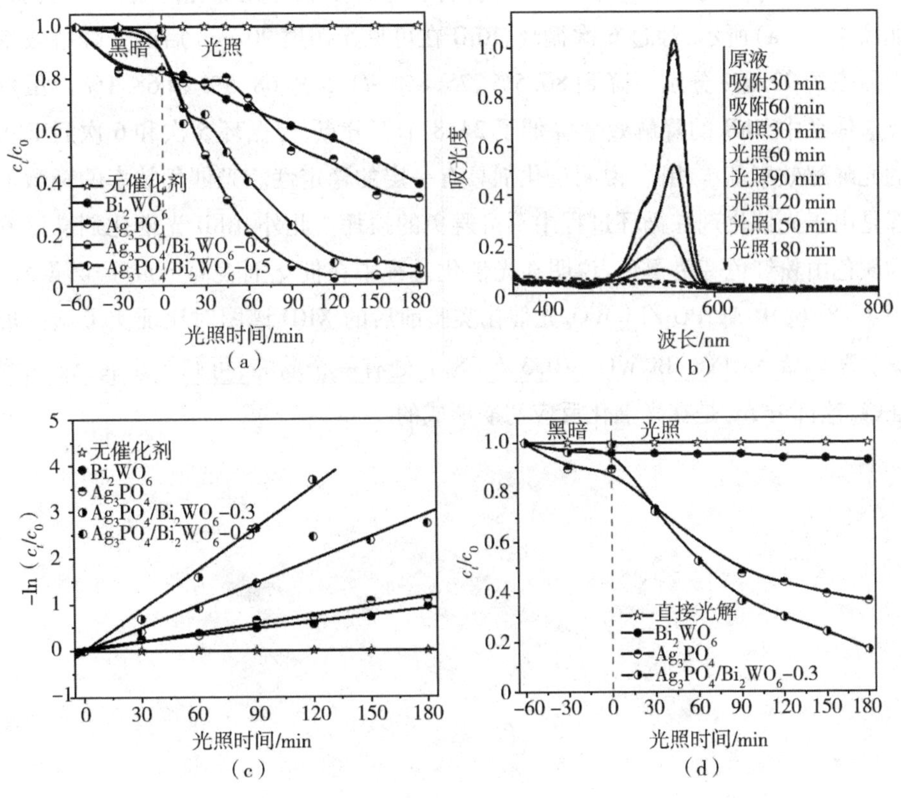

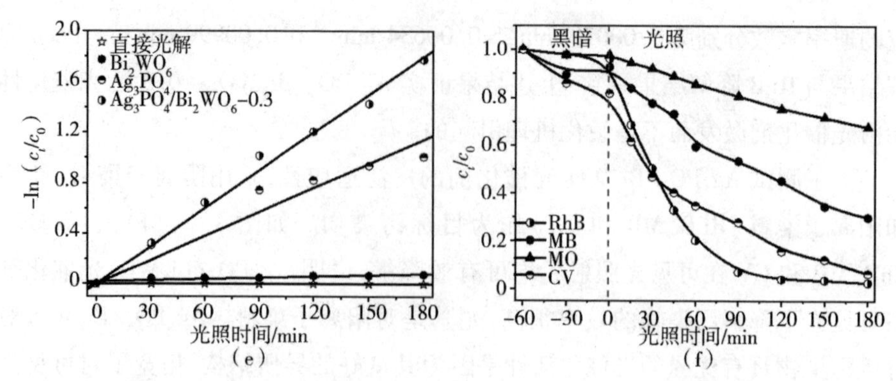

图 4-7 可见光照射下不同光催化剂对(a)RhB、(d)Phen、(f)不同有机染料的光催化降解活性;(b)可见光照射下 Ag_3PO_4/Bi_2WO_6 -0.3 悬浮液降解 RhB 的 UV-vis 吸收光谱;可见光照射下不同光催化剂光催化降解(c)RhB 和(e)Phen 的动力学拟合曲线图

光催化剂的光稳定性对实际应用至关重要。为了研究光催化剂的可重复使用性,对 Ag_3PO_4/Bi_2WO_6 -0.3 复合材料进行了循环光催化降解 RhB 实验。如图 4-8(a)所示,经过 6 次循环,RhB 在可见光照射 90 min 后的光降解效率由原来的 92.9% 分别下降到 86.5%、75.8%、71.5%、68.5% 和 68.1%。虽然反应体系中 RhB 的降解效率降低了 24.8 个百分点,但循环 5 次和 6 次后 RhB 的光降解效率基本相同,说明催化剂具有一定的稳定性。光催化效率的轻微下降是由于光催化剂在循环过程中不可避免的损耗。此外,RhB 光催化剂悬浮液的颜色由粉红色变为黑色,说明在光催化过程中在催化剂表面形成了金属 Ag,图 4-8(b)中 Ag_3PO_4/Bi_2WO_6 光催化实验前后的 XRD 谱图对比证实了这一现象。循环后 Ag_3PO_4/Bi_2WO_6 -0.3 在 38.1°处有一个弱峰,可归为金属 Ag 的特征峰,这部分 Ag 是在光催化反应初期形成的。

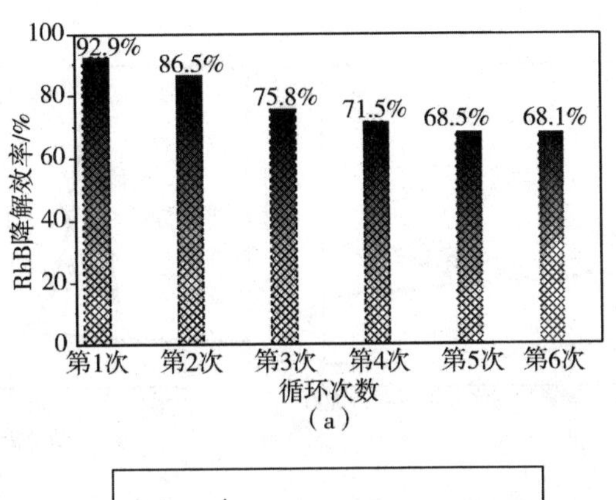

(a)

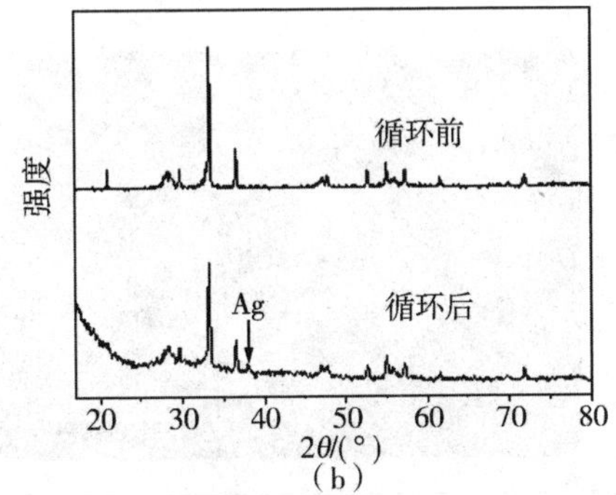

(b)

图 4-8　Ag_3PO_4/Bi_2WO_6-0.3(a)循环光催化降解 RhB 的降解效率和(b)循环降解实验前后的 XRD 谱图

Ag_3PO_4/Bi_2WO_6-0.3 反应后的 UV-vis DRS 图、Ag 3d 的高分辨率 XPS 图以及 Ag_3PO_4/Bi_2WO_6-0.3 的 SEM 图如图 4-9 所示。如图 4-9(a)所示，经过循环降解实验，Ag_3PO_4/Bi_2WO_6-0.3 在可见光区表现出增强的光吸收。特别是，由于 Ag 纳米粒子的表面等离子体共振(SPR)效应，在 450~800 nm 的可见光区观察到显著的光吸收。图 4-9(b)为循环后 Ag_3PO_4/Bi_2WO_6-0.3 的 Ag 的高分辨率 XPS 图。结合能位于 368.8 eV 和 374.9 eV 处的特征峰属于 Ag^0，结合能位于 367.8 eV 和 373.8 eV 处的特征峰属于 Ag^+。根据 XPS 结果，循环后的 Ag^0 含量约为 30%。如图 4-9(c)所示，虽然光催化反应后 Ag_3PO_4/Bi_2WO_6-0.3 的聚集现象更加明显，但仍然保持其形态。这些结果进一步证明，引入 Bi_2WO_6构建 $Ag_3PO_4/Ag/Bi_2WO_6$ Z 型异质结可以提高 Ag_3PO_4的抗光腐蚀性能和稳定性。

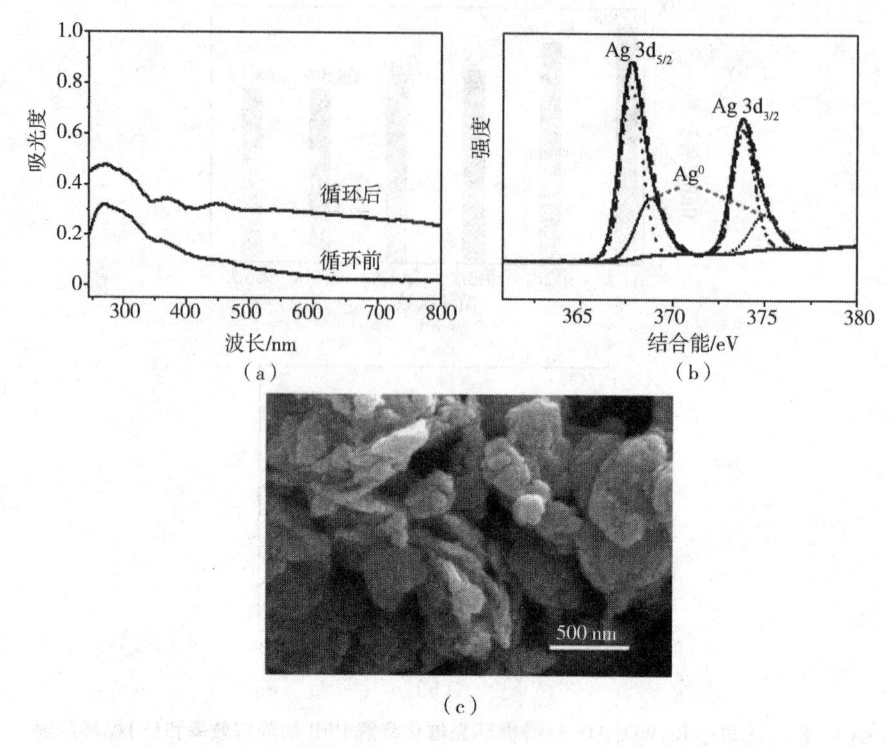

图 4－9 循环降解实验后(a) Ag_3PO_4/Bi_2WO_6－0.3 的 UV－vis DRS 图；(b) Ag 3d 的高分辨率 XPS 图和(c) SEM 图

4.3.4 光催化机理探讨

4.3.4.1 自由基和空穴捕获实验

根据 Kaur 等人的研究可知，e^- 和 h^+ 等载流子的运动是产生 $\cdot O_2^-$、$\cdot OH$ 和 h^+ 等活性物种的关键因素。在各种捕获剂，如叔丁醇（t－BuOH，$\cdot OH$ 捕获剂，1 mmol/L）、乙二胺四乙酸二钠（EDTA－2Na，h^+ 捕获剂，1 mmol/L）和苯醌（BQ，$\cdot O_2^-$ 捕获剂，1 mmol/L）等存在的情况下，可通过自由基和空穴捕获实验鉴定 Ag_3PO_4/Bi_2WO_6－0.3 光降解 RhB 过程中产生的活性物种。图 4－10 描述了各种捕获剂对 RhB 降解的影响。t－BuOH 的加入几乎不能抑制 RhB 的降解，说明·OH对光催化过程影响不大。然而，当EDTA－2Na和BQ加入反应体系后，Ag_3PO_4/Bi_2WO_6－0.3的光催化活性明显降低。RhB的光降解效率由原来的100%分别降至6.6%和45.1%。上述结果表明，h^+和·O_2^-是降解过程中的主要活性物质。

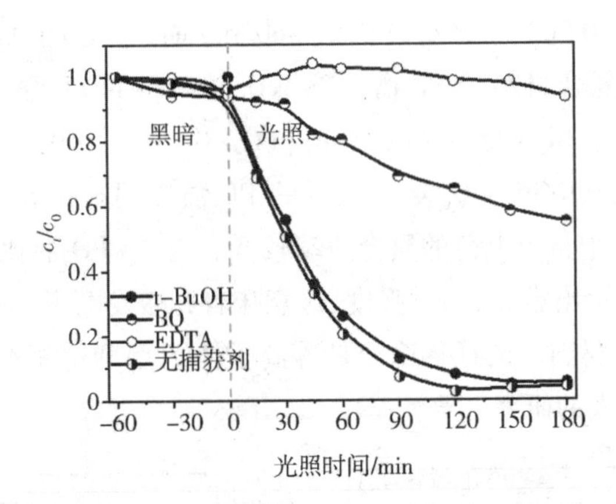

图4－10　不同捕获剂对Ag_3PO_4/Bi_2WO_6－0.3复合材料光降解RhB的影响图

4.3.4.2　光电化学实验

光电化学实验可用于监测Ag_3PO_4/Bi_2WO_6体系中光生电子和空穴的产生、转移和有效分离。图4－11(a)记录了Bi_2WO_6、Ag_3PO_4和Ag_3PO_4/Bi_2WO_6－0.3在偏置电压为1 V时可见光照射下数个开关周期的瞬态光电流响应。经实验发现，当灯关闭后，被测样品工作电极的光电流响应迅速减小到零，而当灯打开后，光电流响应迅速增加。同时，在开关间歇照射周期中，当灯再次打开后，光电流响应恢复到前次水平。此外，与Bi_2WO_6和Ag_3PO_4相比，Ag_3PO_4/Bi_2WO_6－0.3表现出增强的光电流。光电流的顺序与光催化剂的光催化活性顺序一致。这表明，在Ag_3PO_4/Bi_2WO_6复合材料中，Bi_2WO_6和Ag_3PO_4之间的界面上发生了更小的重组和更有效的光生电子－空穴对分离。

电化学阻抗谱(EIS)可用于研究光催化剂中固体/电解质界面的电荷转移电阻和光生电子－空穴对的分离。图4－10(b)为可见光照射下Bi_2WO_6、Ag_3PO_4和Ag_3PO_4/Bi_2WO_6－0.3的EIS Nyquist图。可以清楚地看到，$Ag_3PO_4/$

Bi_2WO_6 -0.3的 EIS Nyquist 图弧半径最小，这意味着与 Bi_2WO_6和 Ag_3PO_4相比，它具有最快的界面电子转移速率和更高的光生电子－空穴对分离效率。这是 Ag_3PO_4/Bi_2WO_6 -0.3 复合材料表现出最高光催化活性的原因。

PL 谱也是揭示半导体中光生电子－空穴对迁移、转移和复合过程的有效工具。通常，较低的 PL 强度表明载流子的复合速率较低，光催化剂的光催化活性较高。图 4－10(c)为激发波长为 360 nm 时，制备的 Ag_3PO_4、Bi_2WO_6和 Ag_3PO_4/Bi_2WO_6复合材料的 PL 谱。Bi_2WO_6基材料的 PL 强度遵循以下顺序：Bi_2WO_6 > Ag_3PO_4/Bi_2WO_6 － 0.5 > Ag_3PO_4/Bi_2WO_6 － 0.3 > Ag_3PO_4。与纯 Bi_2WO_6相比，Ag_3PO_4/Bi_2WO_6复合材料的 PL 强度明显降低，表明在 Ag_3PO_4/Bi_2WO_6异质结构中自由电荷的复合速率较低。与 Ag_3PO_4相比，Ag_3PO_4/Bi_2WO_6纳米复合材料显示出更高的 PL 强度，这意味着光激发电子－空穴对在Ag_3PO_4/Bi_2WO_6纳米复合材料中的迁移途径是等离子体 Z 型理论而不是异质结能带理论，这和 Tang 等人的研究一致。

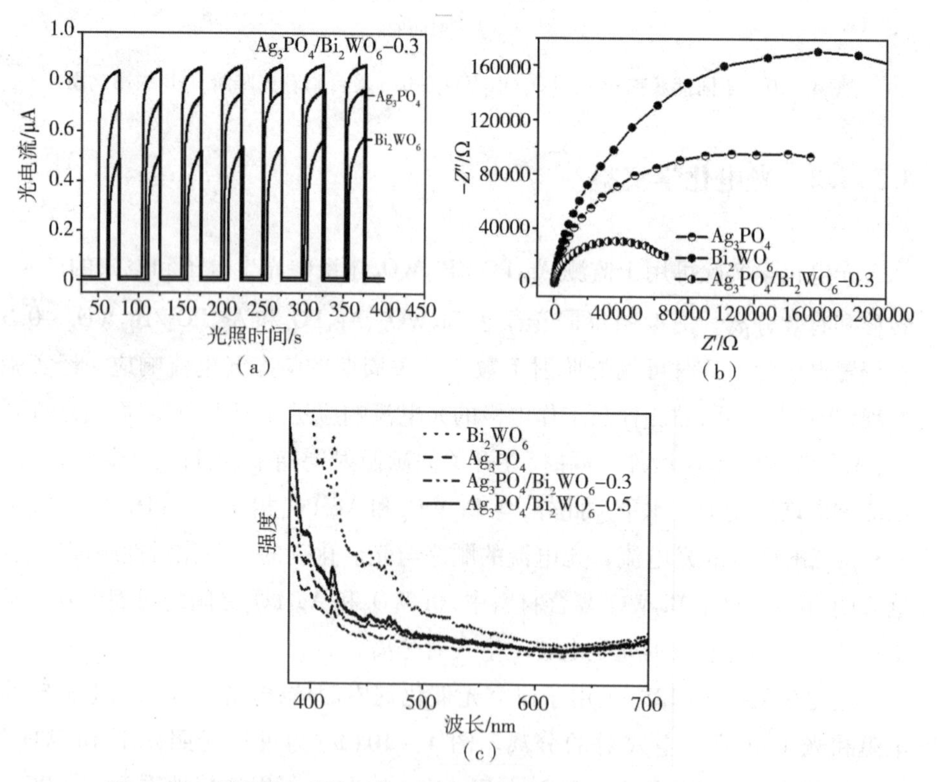

图 4－11 样品的(a)瞬态光电流响应图、(b)EIS Nyquist 图和(c)PL 谱

如4－12(a)所示，在可见光照射下，Bi_2WO_6和Ag_3PO_4均具有可见光响应，二者同时被激发产生e^-和h^+。一方面，在初始光催化过程中，部分Ag_3PO_4被光还原为Ag^0，由于Ag纳米粒子的偶极性和SPR效应，Ag纳米粒子能够吸收可见光并诱导电子－空穴对，Ag_3PO_4的CB中的光生电子转移到Ag纳米粒子中等离子体吸收产生的光生空穴中，从而导致更高的PL强度。另一方面，Ag纳米粒子局域SPR产生的等离激元热电子可以捕获水中溶解的O_2来形成$\cdot O_2^-$，同时，等离子体热电子直接从Ag纳米粒子转移到Bi_2WO_6的CB上，而光生空穴仍在Ag_3PO_4和Bi_2WO_6的VB中。因此，光生载流子在空间上可有效分离，从而延缓了Ag_3PO_4的光腐蚀。在h^+和$\cdot O_2^-$两种主要活性物质的辅助下，水体中的有机污染物可被有效降解。如图4－12(b)所示，从异质结能带理论来看，Ag_3PO_4的VB电势(2.68 eV)比Bi_2WO_6的VB电势(3.08 eV)更低，导致h^+从Bi_2WO_6向Ag_3PO_4迁移。由于Ag_3PO_4的CB电位(0.24 eV，相对于NHE)比Bi_2WO_6的CB电位(0.44 eV)更低，来自Ag_3PO_4的光致电子迁移到Bi_2WO_6的CB，然后转移到Ag^0。由于Bi_2WO_6的CB电位大于生成$\cdot O_2^-$的氧化还原电位($E_{O_2/\cdot O_2^-}=-0.33$ eV)，光生电子不能还原O_2生成$\cdot O_2^-$因此，这一现象不能解释$\cdot O_2^-$对RhB的降解有较强的影响。综上所述，对于Ag_3PO_4/Bi_2WO_6的光催化机理而言，等离子体Z型理论更为合理。

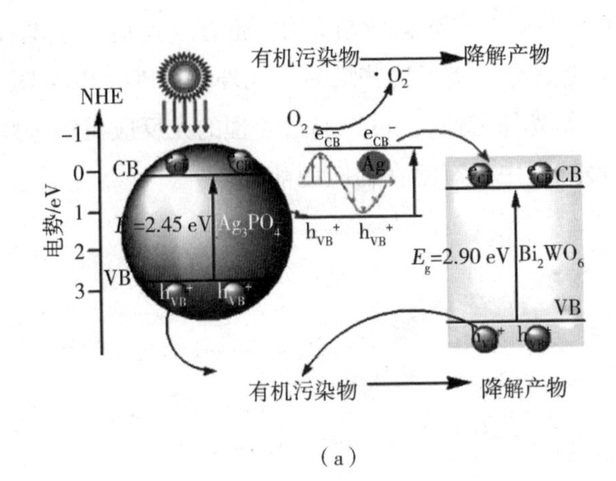

(a)

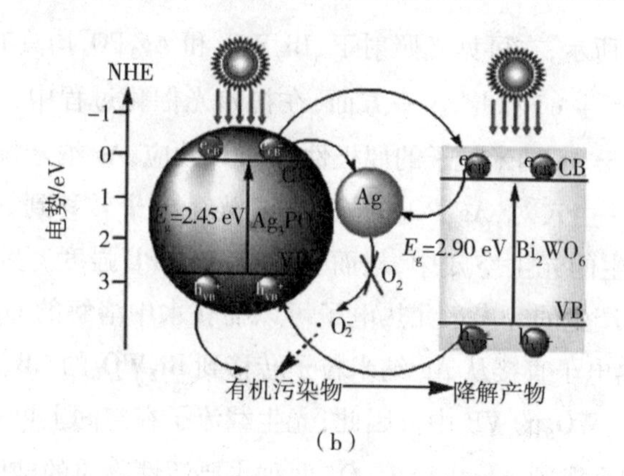

(b)

图 4-12 基于等离子体(a)Z 型理论和(b)异质结能带理论的 Ag_3PO_4/Bi_2WO_6 的异质结构中光生电荷载流子在可见光照射下的分离和转移示意图

4.4 小结与展望

通过将 Ag_3PO_4 不规则纳米球自组装在 Bi_2WO_6 纳米片上,成功合成了新型 Ag_3PO_4/Bi_2WO_6 异质结构材料。Ag_3PO_4/Bi_2WO_6-0.3 对有机污染物的降解表现出明显的可见光催化活性。自由基和空穴捕获实验表明,h^+ 和 $\cdot O_2^-$ 是降解过程中产生的两种主要活性物质。简而言之,光催化活性的增强是由于异质结构的形成,拓宽了对可见光的光谱响应范围,还有效地促进了电荷分离。光电流响应、EIS 和 PL 谱有力证实了这些结果。此外,Ag_3PO_4/Bi_2WO_6-0.3 对 RhB 的降解表现出较高的光稳定性,这可以通过合理的光反应机制来解释。Bi_2WO_6 基异质结构在环境修复中具有潜在的应用前景。

第5章 原位构建 Bi_2S_3/Bi_2MoO_6 中空微球的全光谱光催化性能

5.1 引言

Sudhaik 等人认为可以通过基于半导体的光催化过程使太阳能转化为化学能。Jiang 等人认为现有的光催化系统仅活跃在紫外区和可见光区,其仅占太阳光谱的56%,占太阳光谱44%的近红外光谱(NIR)尚未得到充分利用。因此,需要开发具有全光谱吸收和更高量子效率的光催化剂。

Liu 等人认为,在众多光催化剂中,Bi_2MoO_6作为典型的奥里维里斯氧化物,以其无毒、低成本、高化学稳定性和独特的层状结构被认为是可见光催化降解污染物的重要候选者。Bi_2MoO_6由萤石状$(Bi_2O_2)^{2+}$层和位于其间的$(MoO_4)^{2-}$钙钛矿层组成,这种独特的层状结构使Bi_2MoO_6表现出2.5~2.8 eV 的窄带隙和可见光催化性能。然而,Bi_2MoO_6可以吸收500 nm 以下的光,仅占太阳光谱的小部分。此外,电子-空穴对的快速复合阻碍了载流子传输,影响量子效率,导致光催化活性低,限制了实际应用。因此,如何提高其量子效率已成为开发具有全光谱光响应的铋基催化剂的关键问题。

Huang 等人认为,缺陷特别是 OVs 可引入到半导体中以提高光催化活性。因为 OVs 的形成会产生缺陷能级,所以具有较低形成能的 OVs 可以有效地调节半导体的电子结构和物理化学性质。同时,Liu 等人报道了 OVs 可以作为反应位点捕获 e^-或 h^+,来抑制它们的复合,从而导致表面反应速率发生变化,这取决于光诱导载流子的转移。此外,OVs 可以聚集大量电子并吸附氧或水分子以产生活性氧物种,进一步氧化有机污染物并提高光催化效率。

引入氧缺陷的方法有很多,如还原气氛中的高温煅烧、化学还原、真空活化、紫外线照射、等离子蚀刻、锂诱导转化等。特别是还原气氛中的高温煅烧和化学还原需要高温或氢气气氛,需要苛刻的操作条件。同时,这些方法在调控氧缺陷浓度方面具有挑战性。因此,必须采用温和、简单、安全、低成本、可控的合成方法制备 Bi_2MoO_6 - OVs。

在众多铋基光催化剂中,Bi_2S_3因其良好的生物相容性、优异的光热性能、高光敏性和独特的层状结构而引起了 Wang 等人的研究兴趣。Bi_2S_3 具有 1.2~1.7 eV的窄带隙,在可见光和近红外区域具有较大的吸收系数和优异的光敏性,表明它在光催化领域具有广阔的前景。此外,Bi_2S_3具有以下缺点:纳米粒子不稳定、易团聚和光腐蚀;光生载流子复合严重,导致 Bi_2S_3单体催化活性低;在循环实验中,单体的光催化性能明显下降,缩短了催化剂的使用寿命,且难以循环回收,是限制实际应用的主要因素。因此,如何克服这些缺点成了一个亟待解决的问题。

考虑到 Bi_2MoO_6、OVs 和 Bi_2S_3光敏剂的优缺点,构建 Bi_2S_3/Bi_2MoO_6 - OVs 异质结对解决上述问题具有重要意义。一方面,Bi_2S_3光敏剂可以将光响应扩展至 NIR。另一方面,Bi_2S_3和 OVs 可以促进光生电荷载流子的分离。因此,构建具有全光谱光响应的 Bi_2S_3/Bi_2MoO_6异质结至关重要。目前,具有较高全光谱(可见光和近红外)光降解效率的 OVs 的 Bi_2S_3/Bi_2MoO_6空心微球复合材料的研究较少。

本章采用原位离子交换和水热技术相结合的方法制备了新型的具有氧缺陷的 Bi_2S_3/Bi_2MoO_6空心球复合材料。Bi_2S_3紧密分布在具有氧缺陷的 Bi_2MoO_6空心微球表面,形成 Bi_2S_3/Bi_2MoO_6 - OVs 异质结。通过多种测试技术进一步对复合材料的形貌、结构、物理化学性能和光吸收性能进行了详细和充分的表征。同时,在全光谱光、可见光和近红外光照射下,Bi_2S_3/Bi_2MoO_6 - OVs 对水中污染物均表现出较高的降解效率。此外,根据实验结果和数据分析,推测出复合材料增强的全光谱光催化性能及可能的光催化降解污染物的机理。

5.2　实验部分

5.2.1　光催化剂的制备

5.2.1.1　Bi_2MoO_6空心球的制备

采用典型的含 OVs 的 Bi_2MoO_6空心球的合成方案。将 2 mmol 作为铋源的 $Bi(NO_3)_3 \cdot 5H_2O$ 和 1 mmol 作为钼源的 $Na_2MoO_4 \cdot 2H_2O$ 分别溶解在 5 mL 乙二醇溶液中并搅拌 0.5 h。将 Na_2MoO_4溶液缓慢滴加到 $Bi(NO_3)_3$溶液中，形成透明溶液，室温搅拌 0.5 h。将 20 mL 乙醇加入上述溶液中搅拌 1.5 h，然后将悬浮液转移至聚四氟乙烯衬里高压釜（50 mL）中，密封，并在 180 ℃ 下保持 24 h。用去离子水和乙醇洗涤数次，然后在 60 ℃ 真空干燥箱中干燥 24 h，得到黄色 Bi_2MoO_6空心球。

5.2.1.2　Bi_2S_3/Bi_2MoO_6 – OVs 的合成

通过原位阴离子交换法合成具有 OVs 的 Bi_2S_3/Bi_2MoO_6空心球，使用水热法制备的 Bi_2MoO_6空心球作为载体。

将一定量的硫代乙酰胺（TAA）作为硫源溶解在 30 mL H_2O 中，室温搅拌 0.5 h。将 0.5 g Bi_2MoO_6空心球放入上述反应溶液中，超声处理 10 min，磁力搅拌 2 h。将悬浮液（30 mL）转移到聚四氟乙烯衬里高压釜（50 mL）中，在 180 ℃（加热速率为 2 ℃/min）下保持 12 h。将样品用去离子水和乙醇洗涤后，在 50 ℃的真空干燥箱中干燥 24 h。通过调节 TAA 的含量（2.6 mg、5.2 mg、10.5 mg和 46.0 mg）来调控生成的 Bi_2S_3量。得到的样品用 Bi_2S_3/Bi_2MoO_6 – OVs – x 表示，其中 x 表示 Bi_2S_3和 Bi_2MoO_6的物质的量比，分别为 0.015、0.030、0.060 和 0.250，在名称中，x 分别简写为 0.015、0.03、0.06 和 0.25。

5.2.1.3 Bi_2S_3的合成

为了与纯 Bi_2MoO_6和 Bi_2S_3/Bi_2MoO_6进行比较，制备了 Bi_2S_3。将 2 mmol 作为铋源的 $Bi(NO_3)_3 \cdot 5H_2O$ 和 3 mmol 作为硫源的 TAA 分别溶解在 5 mL 乙二醇溶液中，搅拌 0.5 h。将 TAA 溶液缓慢滴加到 $Bi(NO_3)_3$溶液中，形成透明溶液，室温搅拌 0.5 h。将 20 mL 乙醇加入上述溶液中搅拌 1.5 h，然后转移到聚四氟乙烯衬里高压釜(50 mL)中，保持 180 ℃(加热速率为 2 ℃/min)12 h。用去离子水和乙醇洗涤黑色沉淀物，然后在 60 ℃真空干燥箱中干燥 24 h。

5.2.2 光催化剂的表征

采用 Bruker AXS D8 型 X 射线衍射仪(条件：Cu Kα 辐射，波长为 0.15406 nm，工作电压为 45 kV，电流为 200 mA)对制备的样品进行 XRD 分析。采用Hitachi S－4300 型 SEM 和 Hitachi H－7650 型 TEM 观察样品的形貌。采用JEOL 2100F 型 HRTEM对样品的微观结构进行研究。采用 Bruker A300 型 EPR 波谱仪获得 EPR 谱。利用 ESCALAB 250Xi 型 X 射线光电子能谱仪(条件:Al Kα 辐射)获得 XPS。采用 3H－2000PS2 型比表面积及孔径分析仪对样品的多孔结构进行测试。使用 Lambda 750 型紫外－可见－近红外分光光度计测试光催化剂的紫外－可见－近红外漫反射光谱(UV－Vis－NIR DRS)。采用 Hitachi F－7000 型荧光分光光度计获得 PL 谱(激发波长为 500 nm)。采用 Shimadzu 总有机碳分析仪(TOC－VCPH)对降解的 RhB 溶液的矿化进行分析。此外，通过液相色谱－质谱法(LC/MS)鉴定降解 RhB 的可能中间体。

5.2.3 光电化学测试

在 PEC1000 型光电化学测试系统上对光催化剂的电化学性能进行测试。工作电极的制作方法：将 0.1 g 掺有 Nafion 离子交联聚合物的催化剂放入 5 mL 乙醇中，超声处理 10 min，搅拌成均匀悬浮液；将悬浮液均匀滴涂在干净的泡沫镍(1 cm × 4 cm)表面，然后在 50 ℃的干燥箱中干燥 30 min。在该系统中，将在泡沫镍(1 cm × 4 cm)上的样品、金属铂线和 Ag/AgCl 电极分别作为工作电极、对电极和参比电极。将三个电极的一部分插入 0.1 mol/L Na_2SO_4电解液中，测量工作电极在可见光源(300 W氙灯)周期性开关条件下的光电流响应。同时,在0.5 mol/L Na_2SO_4电解液、0 V 开路电压、10^{-2} ~ 10^5 Hz 频域,利用电化学工作站获得光催化材料的 EIS。

5.2.4　光催化实验

在全光谱光、可见光和近红外光照射下,通过降解 RhB 溶液来评价 Bi_2S_3/Bi_2MoO_6 - OVs 的光催化性能。RhB 溶液的浓度分别为 25 mg/L(全光谱模式下)和 10 mg/L(可见光和近红外模式下)。使用输出波长为 190 nm 到 1100 nm 的氙灯来获得全光谱光。使用 420 nm 和 700 nm 滤光片,分别获得可见光和近红外光。进入催化剂的实际光辐照度由 CEL - NP2000 型强光光功率计测定。当光源与 RhB 溶液固定在 10 cm 处时,全光谱光、可见光和近红外光的平均辐照度分别为 375.0 mW/cm^2、350.5 mW/cm^2和 287.5 mW/cm^2。

将光催化剂粉末(50 mg)加入 RhB 水溶液(100 mL)中,在石英光反应器中形成悬浮液。通过超声处理 10 min,黑暗条件下搅拌 0.5 h 来研究催化剂和 RhB 反应分子的吸附 - 脱附行为。然后开灯,同时通过水循环冷却外部石英套来使反应温度维持在室温。随后,每隔一段时间取悬浮液(5 mL),并进行离心分离。收集上层溶液并加以稀释。用紫外 - 可见分光光度计(TU - 1901)分析初始和残留的 RhB 溶液,其最大吸收波长 λ_{max} = 554 nm。抗生素的光催化降解实验与上述污染物相似。使用 TU - 1901 型紫外 - 可见分光光度计分析初始和残留的抗生素溶液,其最大吸收波长分别为 277 nm(环丙沙星,CIP)和 358 nm (TC)。

根据朗伯 - 比尔定律,降解效率(%)按式(5 - 1)计算:

$$\frac{A_t}{A_0} = \frac{c_t}{c_0} \tag{5-1}$$

式中,$A_0(c_0)$是溶液的初始吸光度(浓度),$A_t(c_t)$是反应时间 t 时刻的吸光度(浓度)。

5.3 结果与讨论

5.3.1 组成与结构信息

通过 XRD 测试确定样品的组成和晶相。图 5-1(a)为具有不同 Bi_2S_3 含量的 Bi_2S_3/Bi_2MoO_6 异质结构、纯 Bi_2MoO_6 和 Bi_2S_3 的 XRD 谱图。对于纯 Bi_2MoO_6 和 Bi_2S_3，特征峰都归因于正交相的 Bi_2MoO_6 和 Bi_2S_3 的特征峰，这与 Zhang 等人的研究结果类似。随着 Bi_2S_3/Bi_2MoO_6 物质的量比从 0.015 增加到 0.250，Bi_2S_3/Bi_2MoO_6 异质结构显示出 Bi_2MoO_6 和 Bi_2S_3 的混合相，同时，Bi_2S_3 的特征峰强度逐渐增大。XRD 结果表明，以 Bi_2MoO_6 为活性载体，通过原位阴离子交换法结合水热法成功合成了 Bi_2S_3/Bi_2MoO_6 异质结。

通过 EPR 谱研究 Bi_2MoO_6-OVs 和 Bi_2S_3/Bi_2MoO_6-OVs-x 复合材料的 OVs。如图 5-1(b)所示，在 $g=2.003$ 时观察到不同的 EPR 信号，这对应于样品的 OVs，Xue 等人也发现了类似的现象。此外，Bi_2S_3/Bi_2MoO_6-OVs-x 的 EPR 强度高于 Bi_2MoO_6-OVs，表明通过 TAA 和 Bi_2MoO_6-OVs 之间的阴离子交换形成 Bi_2S_3，致使 Bi_2S_3/Bi_2MoO_6-OVs 具有更多的氧空位。此外，Bi_2S_3/Bi_2MoO_6-OVs-x 的 EPR 信号强度也随着 Bi_2S_3 和 Bi_2MoO_6 的物质的量比从 0.015增加到 0.250 而升高。这些结果进一步证实了 TAA 的引入确实可以产生更多的氧缺陷并调节氧缺陷含量。

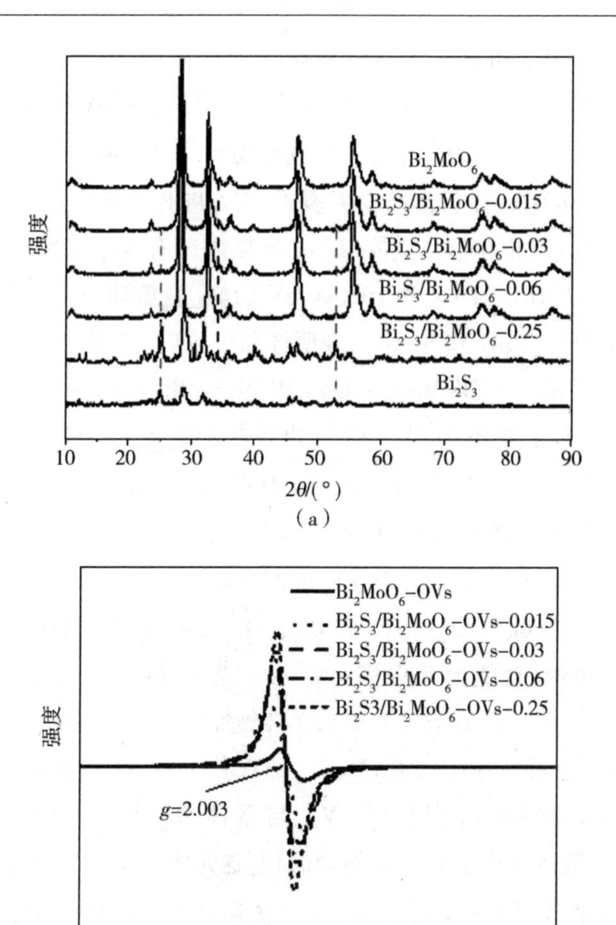

图 5 - 1　样品的(a)XRD 谱图和(b)EPR 谱图

采用 XPS 技术研究了光催化材料中元素的表面组成和化学态。所有元素都以结合能为 284.8 eV 的 C 1s 为参考进行了校正。图 5 - 2(a) ~ (d)分别为 Bi 4f、S 2p、Mo 3d 和 O 1s 的高分辨率 XPS 图。以 Smart 类型作为背景,使用表面分析软件 AVANTAGE 5.41 获得这些拟合峰。

从图 5 - 2(a)的样品的高分辨率 Bi 4f XPS 图可以看出,位于 159.08 eV 和 164.38 eV 的 Bi 4f 的两个特征峰对应 Bi_2MoO_6 中 Bi(Ⅲ)的氧化态。将硫引入 Bi_2MoO_6 载体后,Bi_2S_3/Bi_2MoO_6 - OVs 的 Bi 4f 峰进一步分为两组峰。一组为

Bi_2MoO_6中Bi^{3+} $4f_{7/2}$和Bi^{3+} $4f_{5/2}$自旋轨道的特征峰，结合能为159.19 eV和164.48 eV。另一组为Bi 4f的弱峰，结合能为158.20 eV和163.51 eV，这与Bi_2S_3/Bi_2MoO_6 - OVs - 0.03表面的较低价态$Bi^{(3-x)+}$有关。这一结果证实了在将硫引入Bi_2MoO_6载体后会形成更多的OVs，将Bi^{3+}还原为$Bi^{(3-x)+}$，该实验结果与Ye的研究结果相似。此外，Bi 4f区域内还有两个弱峰。图5-2(b)为放大的弱峰，位于161.01 eV和162.40 eV的峰[自旋轨道双峰分裂能(ΔE)为1.4 eV]分别对应S $2p_{3/2}$和S $2p_{1/2}$，表明样品中S以-2价存在。

图5-2(c)显示了Bi_2MoO_6 - OVs和Bi_2S_3/Bi_2MoO_6 - OVs光催化剂的高分辨率Mo峰。对于纯Bi_2MoO_6 - OVs，出现在232.39 eV、235.54 eV、231.43 eV和234.61 eV处的特征峰，分别可归因于Mo^{6+} $3d_{5/2}$、Mo^{6+} $3d_{3/2}$、$Mo^{(6-x)+}$ $3d_{5/2}$、$Mo^{(6-x)+}$ $3d_{3/2}$。在将硫引入Bi_2MoO_6 - OVs基体后，Mo峰的结合能迁移至更高值(232.54 eV、235.67 eV、231.58 eV和234.74 eV)。

图5-2(d)为Bi_2MoO_6 - OVs和Bi_2S_3/Bi_2MoO_6 - OVs的O 1s高分辨率峰。Bi_2MoO_6 - OVs的结合能为529.92 eV[标记为O 1s(1)]、531.24 eV[标记为O 1s(2)]和532.66 eV[标记为O 1s(3)]，分别对应于Bi—O键、Mo—O键和羟基(或吸附氧)。对于Bi_2S_3/Bi_2MoO_6 - OVs，O 1s特征峰的结合能分别为529.94 eV、531.07 eV和532.16 eV。与单体Bi_2MoO_6 - OVs相比，硫引入Bi_2MoO_6 - OVs基体减小了Bi—O的峰面积，这是由于TAA和Bi_2MoO_6 - OVs之间的阴离子交换形成了Bi_2S_3。这导致部分Bi原子从Bi—O键中脱离，进一步验证了OVs的形成。此外，Bi $4f_{7/2}$和Bi $4f_{5/2}$(5.30 eV)、S $2p_{3/2}$和S $2p_{1/2}$(1.40 eV)、$Mo^{6+}3d_{5/2}$和Mo^{6+} $3d_{3/2}$(3.20 eV)峰之间的自旋轨道分离现象，表明最终产品中存在Bi_2S_3和Bi_2MoO_6 - OVs。此外，元素Bi、Mo、S和O的特征峰位置的变化揭示了Bi_2MoO_6 - OVs和Bi_2S_3之间存在强烈的化学相互作用。

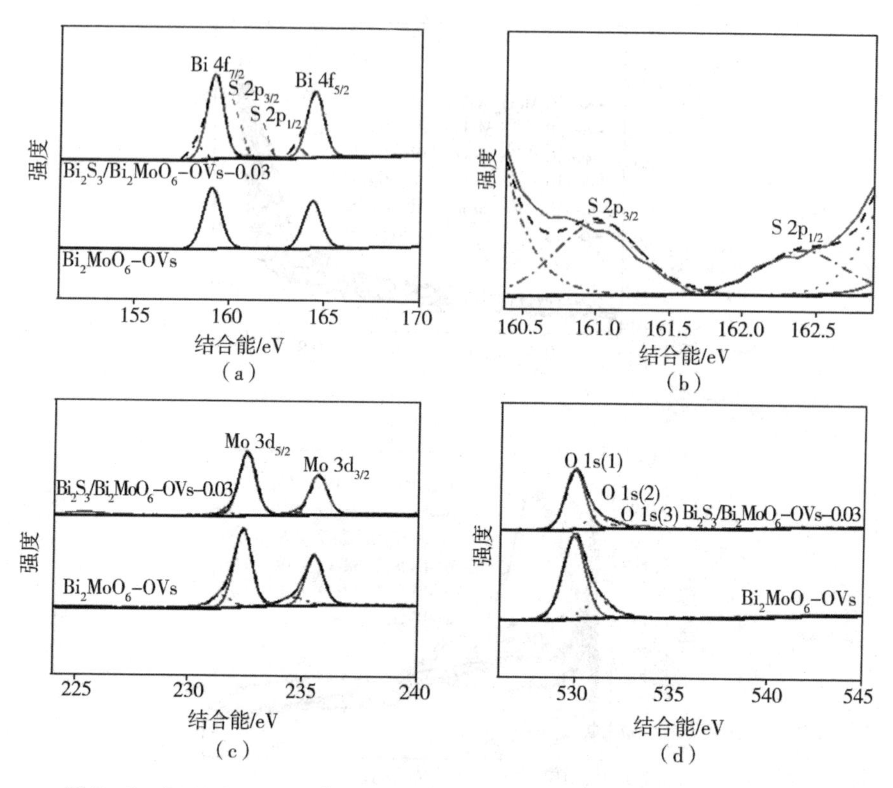

图5-2 Bi_2MoO_6-OVs 和 Bi_2S_3/Bi_2MoO_6-OVs-0.03 的高分辨率 XPS 图

(a) Bi 4f;(b) 放大的 S 2p;(c) Mo 3d;(d) O 1s

通过 BJH 方法获得的 N_2 吸附-脱附等温线用于研究光催化剂的多孔结构。从图5-3(a)可以看出,所有光催化剂都显示了Ⅳ型 N_2 吸附-脱附等温线,表现出 H3 型滞后环,这是介孔材料(2~50 nm)的特征,采用图5-3(b)中的孔径分布做进一步证明。此外,这些介孔材料可以通过非刚性纳米粒子的聚集形成。表5-1 显示了更详细的多孔结构信息,包括 S_{BET}、V_p 和 D_p。Bi_2S_3/Bi_2MoO_6-OVs复合材料的 S_{BET} 为 32.9~35.8 m^2/g,分别略低于和高于 Bi_2MoO_6-OVs(40.2 m^2/g)和 Bi_2S_3(22.8 m^2/g)。原因可能是将硫引入 Bi_2MoO_6-OVs 基体后形成 Bi_2S_3 改变了 Bi_2MoO_6-OVs 的多孔结构。此外,不同物质的量比(Bi_2S_3:Bi_2MoO_6-OVs)的 Bi_2S_3/Bi_2MoO_6-OVs 的孔结构参数变化不大。结合 SEM 和 TEM 结果可以推测,多孔结构有利于通过将物质和光传输到异质结构中来提升光催化活性。

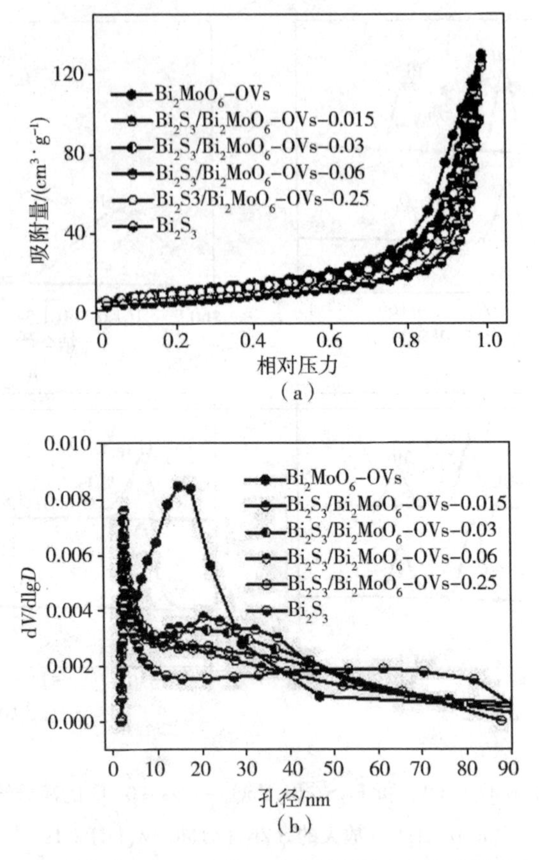

图 5-3 样品的(a) N_2 吸附-脱附等温线和(b)孔径分布曲线

表 5-1 各种铋基材料的结构参数

样品	S_{BET}/($m^2 \cdot g^{-1}$)	V_p/($cm^3 \cdot g^{-1}$)	D_p/nm
Bi_2MoO_6-OVs	40.2	0.20	13.7
Bi_2S_3/Bi_2MoO_6-OVs-0.015	32.9	0.15	13.9
Bi_2S_3/Bi_2MoO_6-OVs-0.03	33.7	0.19	14.8
Bi_2S_3/Bi_2MoO_6-OVs-0.06	33.9	0.20	15.2
Bi_2S_3/Bi_2MoO_6-OVs-0.25	35.8	0.17	14.8
Bi_2S_3	22.8	0.17	18.1

通过 SEM 观察不同催化剂的形貌。图 5-4(a)表明 Bi_2MoO_6 呈中空花形

微球形态，由大量的纳米片组装而成。如图 5－5(a)所示，Bi_2S_3 由大量纳米片组成。将硫引入 Bi_2MoO_6 载体后，Bi_2S_3/Bi_2MoO_6－OVs－0.03 也呈现出中空花形微球形态，没有明显变化。这表明，由于硫含量较低，Bi_2S_3 的形成不会破坏 Bi_2MoO_6 的形貌，如图 5－4(b)所示。此外，采用 SEM 元素映射进一步研究复合材料中的元素分布。如图 5－4(c)～(f)所示，所选区域中的所有元素，包括 Bi、Mo、S 和 O，均匀地分布在整个样品中，这证明成功制备了 Bi_2S_3/Bi_2MoO_6 异质结。

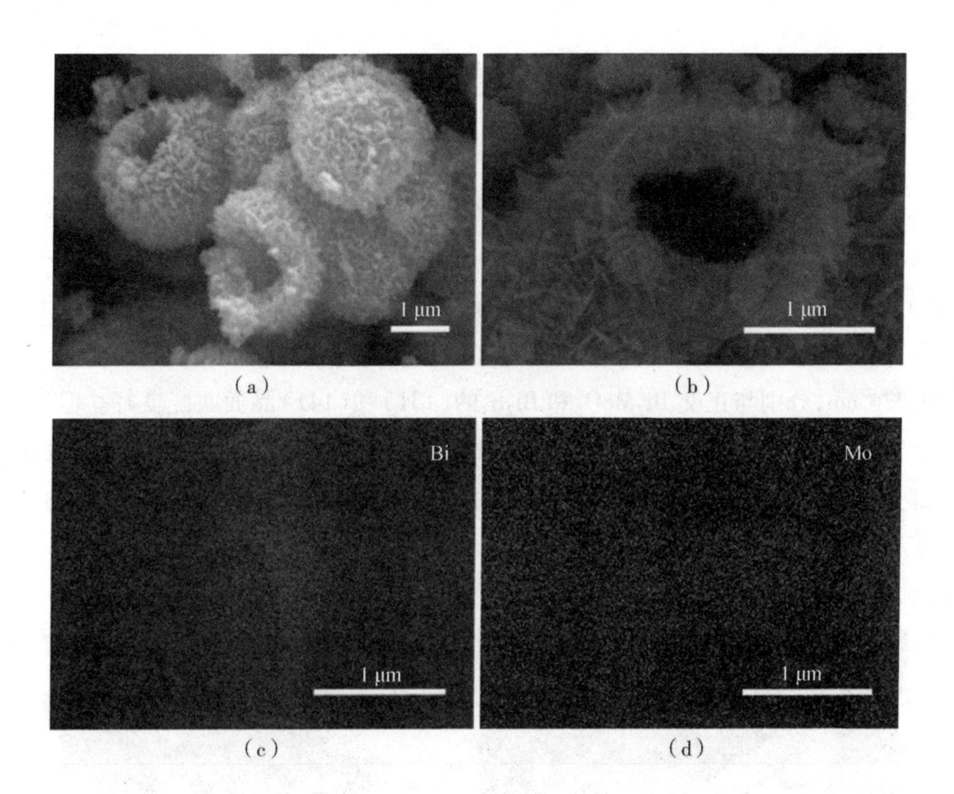

(a)　(b)
(c)　(d)

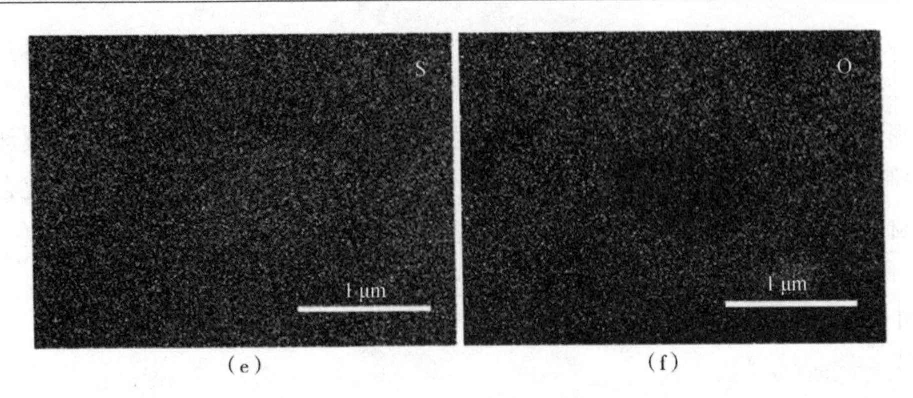

(e) (f)

图 5-4 (a) Bi_2MoO_6-OVs 和(b) Bi_2S_3/Bi_2MoO_6-OVs-0.03 的 SEM 图和(c)~(f)相应的元素映射图

通过 TEM 和 HRTEM 研究了 Bi_2S_3/Bi_2MoO_6-OVs-0.03 的形貌和微观结构。Bi_2S_3呈现纳米片形态，如图 5-5(b)所示，这与 SEM 结果一致。图 5-6(a)进一步证实了 Bi_2S_3/Bi_2MoO_6-OVs-0.03 呈现出中空结构。图 5-6(b)为 Bi_2S_3/Bi_2MoO_6-OVs-0.03 的 HRTEM 图。晶格条纹间距为 0.315 nm 和 0.224 nm，分别与正交 Bi_2MoO_6和 Bi_2S_3的(131)和(141)晶面匹配良好。但是，由于更多的表面 OVs 形成破坏了 Bi_2MoO_6的表面结构，Bi_2MoO_6的晶格边缘在部分区域变得模糊和无序。Bi_2S_3形成并均匀分散在 Bi_2MoO_6的内外表面，构建了 Bi_2S_3/Bi_2MoO_6-OVs-0.03 异质结。

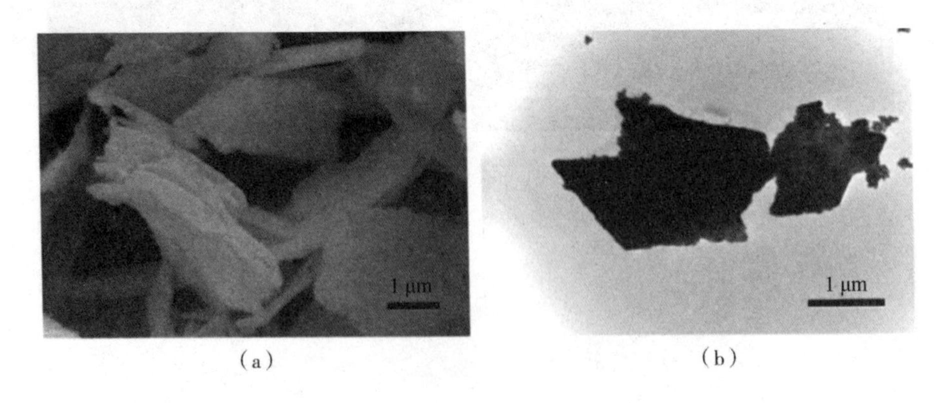

(a) (b)

图 5-5 Bi_2S_3样品的(a) SEM 图和(b) TEM 图

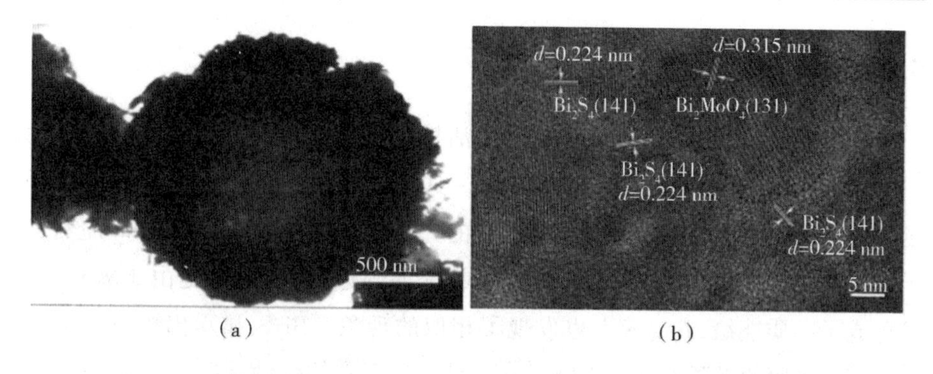

图5-6 Bi_2S_3/Bi_2MoO_6-OVs-0.03的(a)TEM图和(b)HRTEM图

根据以上分析,推测含OVs的 Bi_2S_3/Bi_2MoO_6 空心球异质结的形成机理如图5-7所示。以 $Bi(NO_3)_3$ 和 Na_2MoO_4 为原料,通过水热反应合成了具有OVs的 Bi_2MoO_6 空心球。将TAA作为硫源引入具有OVs的 Bi_2MoO_6 空心球载体,与 Bi_2MoO_6(溶度积常数 $K_{sp}=1.8\times10^{-31}$)相比,Bi_2S_3 的溶解度较低($K_{sp}=1\times10^{-91}$),部分 Bi_2MoO_6 转化为 Bi_2S_3,形成 Bi_2S_3/Bi_2MoO_6 异质结。同时,Bi_2S_3/Bi_2MoO_6 异质结的形成导致Bi氧化物$[Bi_2O_2]^{2+}$单元中的部分Bi离子被去除,然后化合物系统建立新的电中性平衡,并在相对松散的类钙钛矿$(MoO_4)^{2-}$层中出现OVs。更多具有OVs的 Bi_2S_3/Bi_2MoO_6 空心球异质结的形成,预示着复合材料体系具有更高的光催化效率。

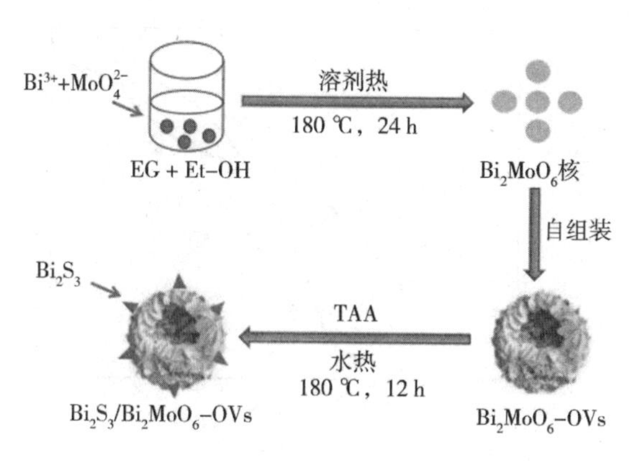

图5-7 Bi_2S_3/Bi_2MoO_6-OVs的合成过程示意图

5.3.2 光吸收性质

样品的光吸收性能是决定光催化活性的关键因素之一。图 5 - 8(a)为 Bi_2MoO_6 - OVs、Bi_2S_3 和 Bi_2S_3/Bi_2MoO_6 - OVs 复合材料的 UV - vis - NIR DRS 图。Bi_2MoO_6 - OVs 空心球表现出更宽的光谱,可见区范围在 497 nm 左右,这源于带隙跃迁。Bi_2MoO_6 - OVs 将其吸收扩展到近红外区,这是由于氧缺陷诱导形成了杂质能级,Jing 等人也发现了相似的现象。Bi_2S_3 显示出更宽的 UV - vis - NIR 光吸收范围(200 ~ 1000 nm),对应其固有的带隙吸收。与 Bi_2MoO_6 - OVs 相比,Bi_2S_3/Bi_2MoO_6 - OVs 的光谱范围有明显的红移。随着 Bi_2S_3 与 Bi_2MoO_6 - OVs 的物质的量比从 0.015 增加到 0.250,Bi_2S_3/Bi_2MoO_6 - OVs 的红移更加明显。

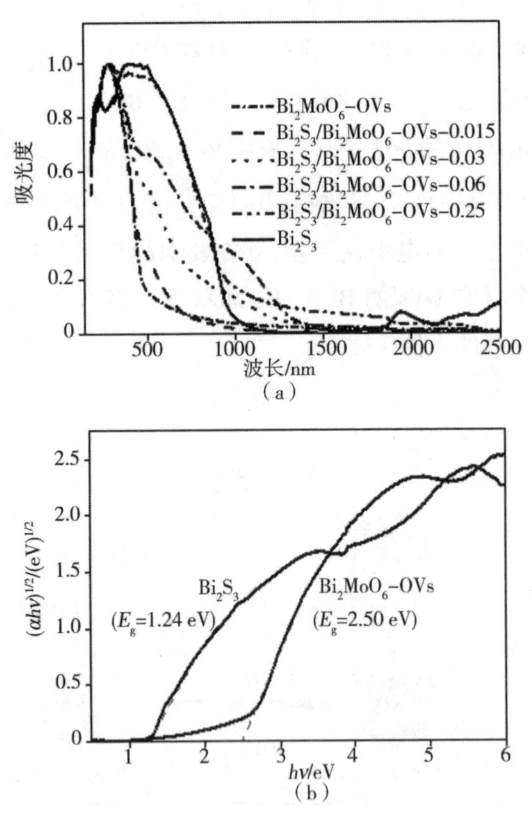

图 5 - 8 Bi_2S_3、Bi_2MoO_6 - OVs 和 Bi_2S_3/Bi_2MoO_6 - OVs 复合材料的(a)UV - vis - NIR DRS 图和(b)对应的 Kubelka - Munk 函数与能量

通过应用 Kubelka - Munk 函数估计制备样品的带隙能量 E_g：$\alpha h\nu = A(h\nu - E_g)^{n/2}$。在该方程中，$\alpha$、$h\nu$ 和 A 参数分别表示吸收系数、光子能量和常数。对于 Bi_2S_3 和 Bi_2MoO_6 的直接带隙，n 值均为 1。通过计算，Bi_2S_3 和 Bi_2MoO_6 - OVs 的 E_g 值分别为 1.24 eV 和 2.50 eV，如图 5 - 8(b) 所示。同时，Bi_2S_3/Bi_2MoO_6 - OVs - 0.015、Bi_2S_3/Bi_2MoO_6 - OVs - 0.03、Bi_2S_3/Bi_2MoO_6 - OVs - 0.06 和 Bi_2S_3/Bi_2MoO_6 - OVs - 0.25 的 E_g 值分别为 2.42 eV、2.00 eV、1.65 eV 和 1.28 eV，如图 5 - 9 所示。随着 Bi_2S_3 与 Bi_2MoO_6 的物质的量比从 0.015 增加到 0.250，Bi_2S_3/Bi_2MoO_6 - OVs 复合材料的 E_g 值显著降低。这一结果进一步揭示了 Bi_2MoO_6 - OVs 和 Bi_2S_3 之间的相互作用在 Bi_2S_3/Bi_2MoO_6 - OVs 的固有性质中起关键作用，由于带隙小和吸收系数大，从可见光到近红外光的光吸收范围大大拓宽。

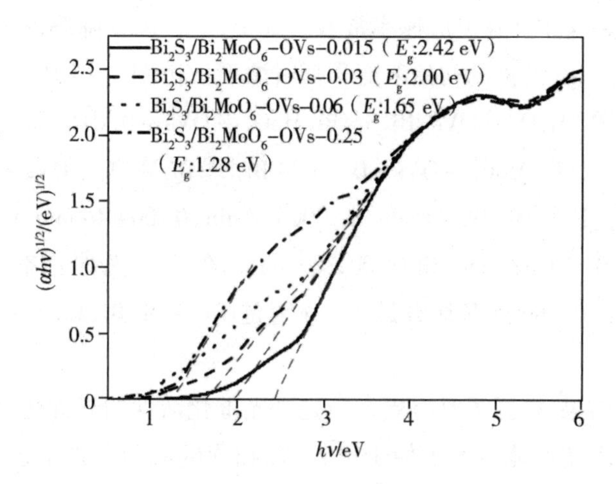

图 5 - 9　Bi_2S_3/Bi_2MoO_6 - OVs 样品的 Kubelka - Munk 函数与能量

5.3.3　光催化性能

通过监测在不同模式下光催化降解 RhB 的情况来评价光催化剂 Bi_2MoO_6 - OVs、Bi_2S_3 和 Bi_2S_3/Bi_2MoO_6 - OVs 的光催化性能。不同模式包括全光谱光（190 ~ 1100 nm）、可见光（ >420 nm）和近红外光（ >700 nm）。

图 5 - 10(a) 显示了在全光谱光（190 ~ 1100 nm）照射下不同光催化剂对

RhB 降解的光催化性能。可知由光催化剂和 RhB(25 mg/L)染料组成的混合物在黑暗中搅拌 30 min 后达到吸附 - 脱附平衡。同时,在空白试验(RhB 无催化剂)中,全光谱光照 120 min 后,RhB 的光降解效率达到 9.6%。此外,随着 Bi_2S_3与 Bi_2MoO_6的物质的量比从 0.015 增加到 0.060,Bi_2S_3/Bi_2MoO_6复合材料对 RhB 降解的光催化活性单调增加。然而,进一步将 Bi_2S_3与 Bi_2MoO_6的物质的量比增加到 0.250 会导致光催化活性明显下降。例如,全光谱光照约 120 min,RhB(25 mg/L)的降解效率分别为 48.0%(Bi_2MoO_6 - OVs)、24.7%(Bi_2S_3)、60.8%(Bi_2S_3/Bi_2MoO_6 - OVs - 0.015)、71.3%(Bi_2S_3/Bi_2MoO_6 - OVs - 0.03)、55.6%(Bi_2S_3/Bi_2MoO_6 - OVs - 0.06)和 30.6%(Bi_2S_3/Bi_2MoO_6 - OVs - 0.25)。与纯 Bi_2S_3和 Bi_2MoO_6相比,Bi_2S_3/Bi_2MoO_6 - OVs 复合材料表现出更高的光催化活性。

为了更好地研究上述催化剂的光催化性能差异,通过郎缪尔 - 欣谢尔伍德机理 $-\ln(c_t/c_0)=kt$ 计算反应速率常数。式中,k 是 RhB 降解的表观一级速率常数;c_0和 c_t是 RhB 溶液的初始浓度和瞬时浓度。由图 5 - 10(b)可知,RhB 直接光解、Bi_2S_3、Bi_2MoO_6 - OVs、Bi_2S_3/Bi_2MoO_6 - OVs - 0.015、Bi_2S_3/Bi_2MoO_6 - OVs - 0.03、Bi_2S_3/Bi_2MoO_6 - OVs - 0.06 和 Bi_2S_3/Bi_2MoO_6 - OVs - 0.25 的一级动力学常数分别为 0.00075/min、0.00033/min、0.00440/min、0.00740/min、0.00933 /min、0.00588/min 和 0.00135/min。在这些光催化剂中,Bi_2S_3/Bi_2MoO_6 - OVs - 0.03 的速率常数最大,分别是 Bi_2S_3和 Bi_2MoO_6的 28.27 倍和 2.12倍。

基于上述结果,选择了具有更高全光谱光催化活性的光催化剂来研究可见光和近红外光催化性能。为了便于比较,在相同的实验条件下进行单体测试。图 5 - 10(c)和(e)分别显示了催化剂暴露于可见光和近红外光 RhB 溶液(10 mg/L)的光降解效率图。例如,在可见光照射 150 min 后,RhB 的降解效率分别达到 8.9%(无催化剂)、75.6%(Bi_2MoO_6 - OVs)、88.5%(Bi_2S_3/Bi_2MoO_6 - OVs - 0.03)和 31.4%(Bi_2S_3)。近红外光照射 8 h 后,在没有光催化剂的情况下,RhB 的降解效率可以忽略不计。同时,在 Bi_2MoO_6 - OVs、Bi_2S_3/Bi_2MoO_6 - OVs - 0.03 和 Bi_2S_3存在时,RhB 的降解效率分别达到 65.3%、78.2%和 26.9%。与 Bi_2MoO_6 - OVs 和 Bi_2S_3相比,Bi_2S_3/Bi_2MoO_6 - OVs - 0.03 在三种不同光源(全光谱、可见光和近红外模式)下的光催化效率最高。此外,

Bi_2S_3/Bi_2MoO_6 - OVs - 0.03 在不同光源下对 RhB 降解的光催化效率遵循以下顺序：全光谱光 > 可见光 > 近红外光。

图 5 - 10(d)和(f)显示了光催化材料在可见光和近红外光下对 RhB 降解的速率。在可见光(近红外光)光照一段时间后，Bi_2MoO_6 - OVs、Bi_2S_3/Bi_2MoO_6 - OVs - 0.03 和 Bi_2S_3 的速率常数分别为 0.006940/min (0.12300/h)、0.01210/min(0.20000/h)和 0.00063/min(0.00419/h)。在上述光源照射下，光催化剂的速率常数遵循以下规律：Bi_2S_3/Bi_2MoO_6 - OVs - 0.03 > Bi_2MoO_6 - OVs > Bi_2S_3。这些结果与图 5 - 10(c)和(e)一致。

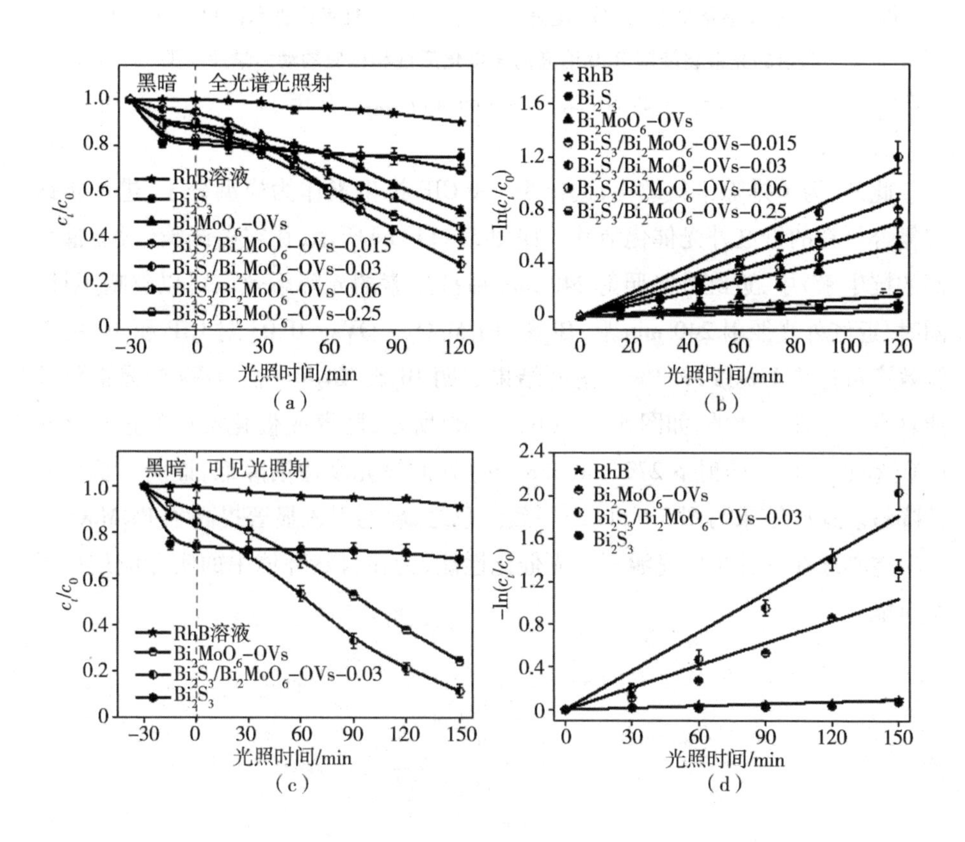

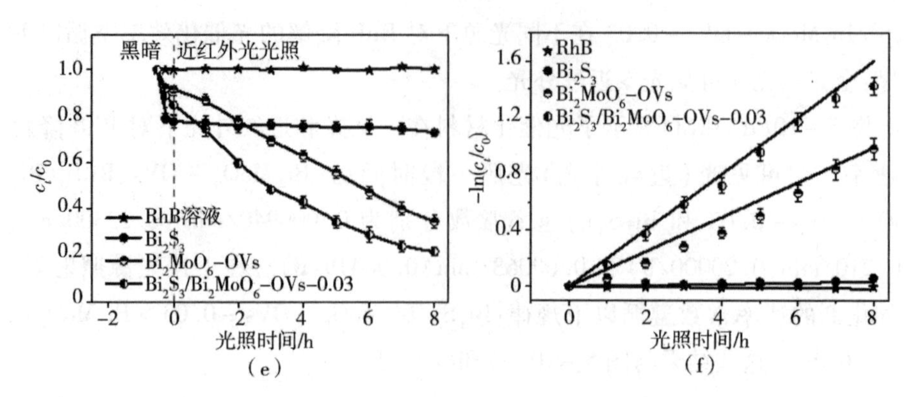

图 5-10　不同催化剂在(a)(b)全光谱模式下、(c)(d)可见光和(e)(f)近红外光照射的光催化降解 RhB 溶液的光催化活性和相应的动力学速率图

(c_{RhB} = 25 mg/L、V = 100 mL 和 $m_{催化剂}$ = 0.05 g)

此外,为了排除染料敏化,选择 TC 和 CIP 抗生素作为模型分子,进一步研究复合材料的近红外光催化活性。如图 5-11(a)所示,在空白试验(没有催化剂的抗生素)中,近红外光照射 240 min 后抗生素的光降解效率可以忽略不计。同时,近红外光照射 240 min 后,Bi_2S_3/Bi_2MoO_6-OVs-0.03 对 CIP 和 TC 的降解效率可达 7.1% 和 33.3%。这一结果表明 Bi_2S_3/Bi_2MoO_6-OVs 的光催化性能具有普遍性。此外,如图 5-11(b)~(d)所示,随着光催化反应的进行,CIP(TC)在近红外光照射下 277 nm(358 nm)处的吸光度逐渐降低,证明了抗生素的降解。这些结果与图 5-11(a)一致。总之,硫的引入显著提高了 Bi_2MoO_6-OVs 空心球在三种不同光源下的光催化性能,为在自然环境中的实际应用提供了可能。

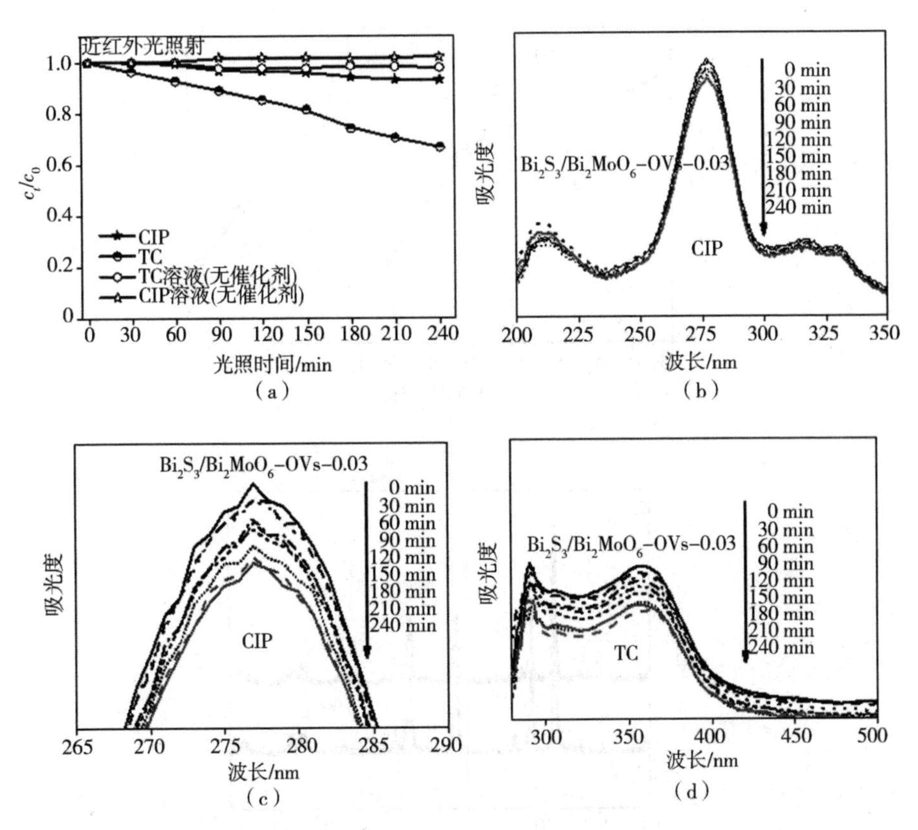

图 5-11　近红外光下 Bi_2S_3/Bi_2MoO_6-OVs-0.03 光催化剂对各种抗生素水溶液的(a)光催化降解曲线、(b)CIP 光催化降解曲线、(c)相应放大图和(d)TC 水溶液的 UV-vis 吸收光谱($c_{抗生素}=10$ mg/L、$V=100$ mL、$m_{催化剂}=0.05$ g)

考虑到在自然环境中的实际应用,有必要对使用过的 Bi_2S_3/Bi_2MoO_6-OVs-0.03进行循环测试,以评估其可回收性和稳定性。将使用过的光催化剂通过过滤、洗涤、干燥收集,在全光谱光照前添加到新鲜的 RhB 溶液中。图 5-12(a)显示第 3 次循环后 RhB 的降解效率保持在 68.4%,这表明 Bi_2S_3/Bi_2MoO_6-OVs-0.03 在 RhB 的光催化降解过程中高度稳定。此外,对样品进行了 XRD 和 SEM 表征,以验证光催化剂的稳定性。图 5-12(b)显示了 Bi_2S_3/Bi_2MoO_6-OVs-0.03 异质结构在光催化降解前后的晶体结构保持不变,并显示了 Bi_2MoO_6-OVs 和 Bi_2S_3的混合晶相。

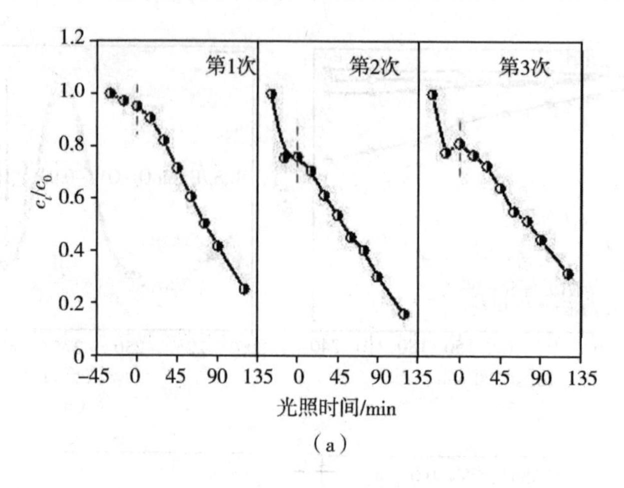

(a)

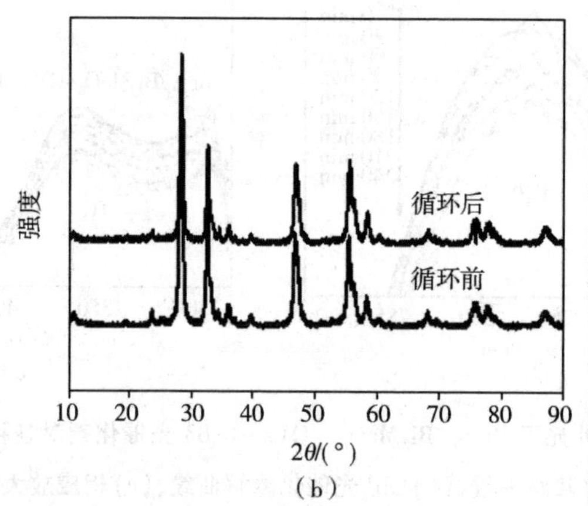

(b)

图 5－12 (a)在全光谱光照射下，回收的 Bi_2S_3/Bi_2MoO_6－OVs－0.03 对 RhB 的光催化降解测试；(b)Bi_2S_3/Bi_2MoO_6－OVs－0.03 在光催化反应前后的 XRD 谱图

如图 5－13(a)所示，Bi_2S_3/Bi_2MoO_6－OVs－0.03 异质结构在光催化反应后仍保持空心花形微球结构。此外，如图 5－13(b)～(e)所示，EDS 元素映射图显示，Bi_2S_3/Bi_2MoO_6－OVs 的组成元素，如 Bi、Mo、S 和 O，在 3 次循环测试后仍具有相对均匀的分散性和良好的连接性。上述结果进一步证明了 Bi_2S_3/Bi_2MoO_6－OVs出色的可回收性和稳定性。

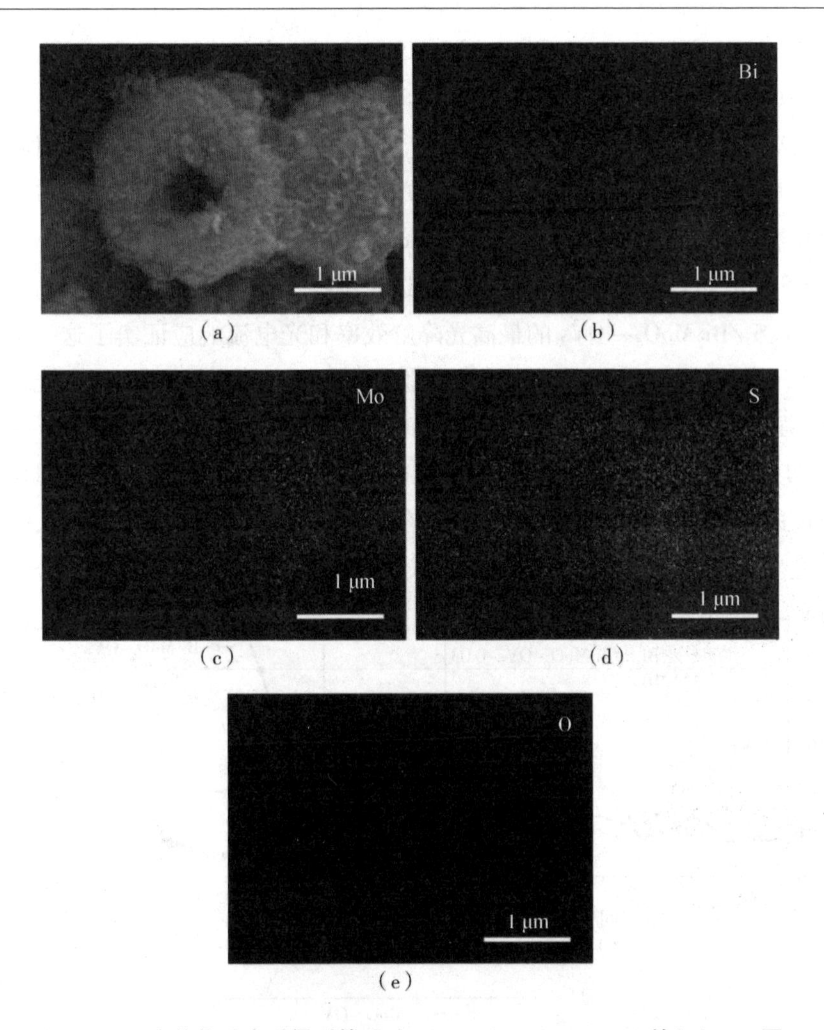

(a)　(b)　(c)　(d)　(e)

图 5-13　光催化反应后得到的 Bi_2S_3/Bi_2MoO_6-OVs-0.03 的(a)SEM 图和(b)Bi、(c)Mo、(d)S、(e)O 的 EDS 元素映射图

在光催化反应过程中,载流子能否有效分离和转移直接影响光催化活性。为了考察这种影响,进行了光电化学测量。

一方面,测量样品的光电极的周期性开关瞬态光电流响应。图 5-14(a)表明光电极的瞬态光电流信号遵循以下顺序:Bi_2S_3/Bi_2MoO_6-OVs-0.03 > Bi_2MoO_6-OVs > Bi_2S_3。Bi_2S_3/Bi_2MoO_6-OVs-0.03 光电极显示出最高的光电流响应信号,证实其有效地促进了载流子的分离和转移。

另一方面,采用 EIS 测试制备的铋基光催化剂在黑暗中的电荷转移电阻,如图5-14(b)所示。Bi_2S_3显示出最小的 Nyquist 半径,这表明 Bi_2S_3在电荷转移过程中具有最小的电荷转移电阻。当与光催化活性测试和光电流响应相结合时,这一结果似乎是矛盾的。原则上,光生电子-空穴对的高度分离和充分利用是提高光催化活性的关键因素。与 Bi_2MoO_6-OVs 相比,在 Bi_2MoO_6-OVs 基体中引入 Bi_2S_3可以降低 Bi_2S_3/Bi_2MoO_6-OVs 异质结的电荷转移电阻。此外,Bi_2S_3/Bi_2MoO_6-OVs 异质结可以促进光生电子-空穴对的高度分离和充分利用,Bi_2S_3/Bi_2MoO_6-OVs 的最高光降解效率和光电流响应证实了这一点。此外,图5-14(c)显示了以540 nm 作为激发波长的光催化剂的PL谱。光催化剂的 PL 强度依次为:Bi_2S_3-OVs > Bi_2MoO_6-OVs > Bi_2S_3/Bi_2MoO_6-OVs-0.03。PL 强度低意味着载流子的分离最佳,电子空穴复合效率较低,表明光催化剂具有最高的光催化活性。这些结果表明,在含 OVs 的 Bi_2MoO_6基体中引入硫可以加速光生载流子的产生、分离和传输,从而提高 Bi_2MoO_6的量子效率。

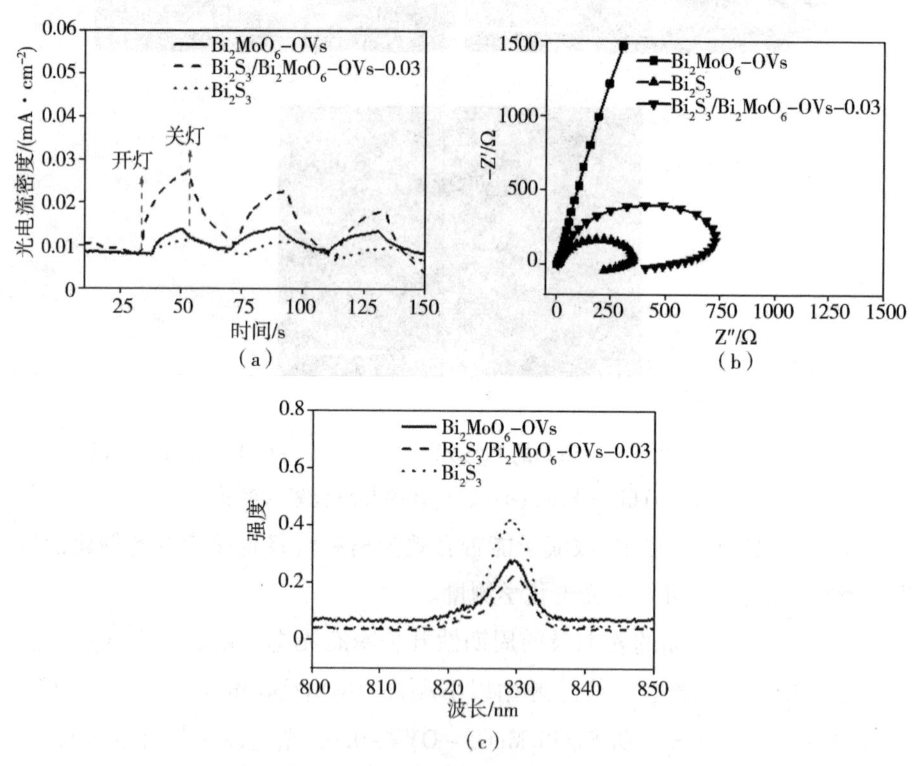

图5-14 Bi_2MoO_6-OVs、Bi_2S_3和 Bi_2S_3/Bi_2MoO_6-OVs-0.03 样品的(a)瞬态光电流响应图、(b)EIS Nyquist 图和(c)PL 谱

为了研究活性物种对光催化过程的影响,在各种捕获剂存在的条件下进行了自由基活性物种捕获试验。EDTA－2Na(1 mmol/L)、BQ(0.5 mmol/L)、CH_3OH(1 mmol/L)、碘酸钾(KIO_3,1 mmol/L)和 β－胡萝卜素(β－carotene $C_{40}H_{56}$,1 mmol/L)分别作为 $\cdot O_2^-$、$\cdot OH$、e^- 和 $^1O_2$ 的捕获剂加入光催化反应体系。图 5－15表示在全光谱光照射下,各种捕获剂存在的条件下 Bi_2S_3/Bi_2MoO_6－OVs－0.03对 RhB 降解的效果图。当捕获剂加入反应体系时,RhB 的降解效率受到抑制。例如,RhB 的降解效率从最初的 74.6% 降至 16.0%（EDTA－2Na)、50.7%(BQ)、58.2%(CH_3OH)、52.8%(KIO_3)和 69.0%(β－胡萝卜素)。结果表明,作为光催化剂暴露在全光谱光下的 Bi_2S_3/Bi_2MoO_6－OVs－0.03,在光催化过程中产生了活性物质,包括 h^+、$\cdot O_2^-$、$\cdot OH$、e^- 和 $^1O_2$。此外,h^+、$\cdot O_2^-$ 和 e^- 对 RhB 降解的贡献大于 $\cdot OH$ 和 $^1O_2$。

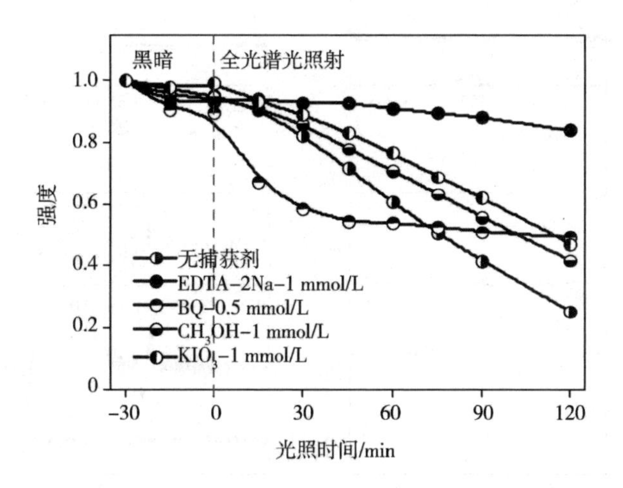

图 5－15 Bi_2S_3/Bi_2MoO_6－0.03 **在不同捕获剂**(EDTA－2Na→h^+、BQ→$\cdot O_2^-$、KIO_3→e^-、CH_3OH→$\cdot OH$)**存在的条件下光催化降解** RhB **的效果图**

为了进一步证明活性物质的存在,应用 Xu 等人使用的基于 DMPO(5,5－二甲基－1－吡咯啉－N－氧化物)的 EPR 自旋捕获技术检测 Bi_2S_3/Bi_2MoO_6－OVs 的 $\cdot O_2^-$、$\cdot OH$ 和 $^1O_2$ 信号,基于 TEMPO(2,2,6,6－四甲基哌啶－1－氧基自由基)检测 e^- 信号。如图 5－16 所示,在黑暗中没有检测到信号峰。在可见光照射 10 min 后,Bi_2S_3/Bi_2MoO_6－OVs 和 Bi_2MoO_6－OVs 中可以检测到 6 个

$\cdot O_2^-$、4 个 $\cdot OH$、3 个弱 $^1O_2$ 和 3 个 e^- 特征峰，进一步验证了光降解过程中会形成这些活性物质。相比之下，来自 Bi_2S_3/Bi_2MoO_6 - OVs - 0.03 光催化剂的多数 ESR 信号（$\cdot O_2^-$，$^1O_2$ 和 e^-）比来自 Bi_2MoO_6 - OVs 的要强得多。而前者的 $\cdot OH$ 的 ESR 信号比后者弱。这些结果验证了 Bi_2S_3/Bi_2MoO_6 - OVs - 0.03 在光催化反应中具有更高的产生活性自由基的能力，这对提高降解效率起着重要作用。此外，$\cdot O_2^-$、e^- 和 $^1O_2$ 对 RhB 降解的贡献大于 $\cdot OH$。

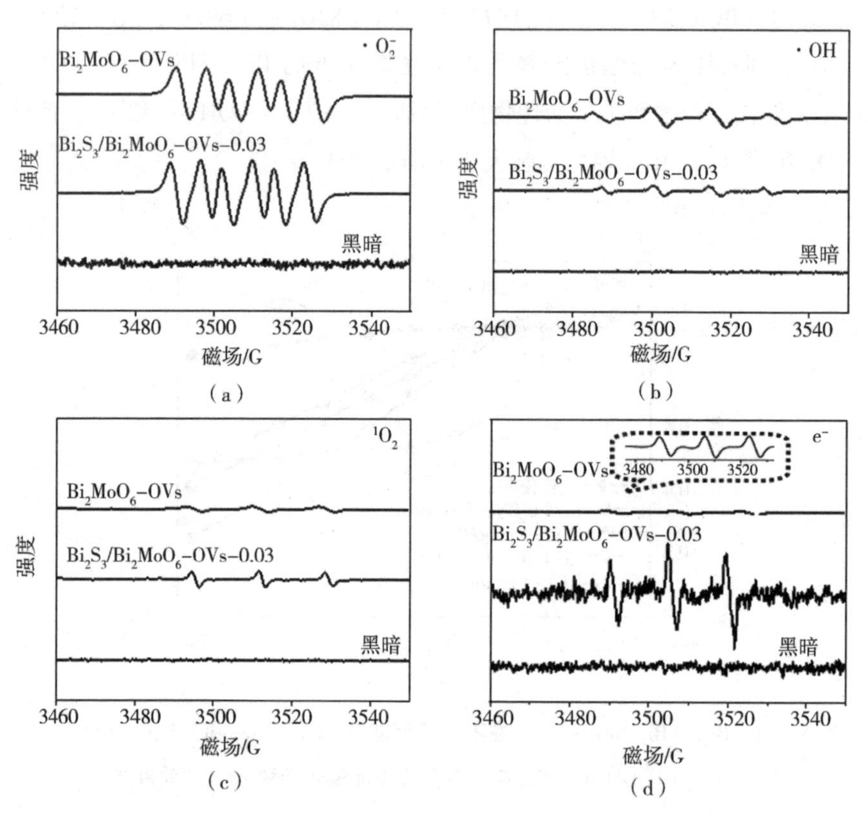

图 5 - 16　Bi_2MoO_6 - OVs 和 Bi_2S_3/Bi_2MoO_6 - OVs - 0.03 样品分别在黑暗和可见光下照射 10 min 条件下产生的(a) $\cdot O_2^-$、(b) $\cdot OH$、(c) $^1O_2$ 和(d) e^- 的 EPR 自旋特征峰图

图 5 - 17 为 Bi_2MoO_6 - OVs 和 Bi_2S_3 的价带 X 射线光电子能谱（VB - XPS）图。曲线的切线与 x 轴平行线的交点表示相对价带（VB）最大值的位置。Bi_2MoO_6 和 Bi_2S_3 的 VB 最大边缘分别为 1.10 eV 和 -0.17 eV，由 VB - XPS 确定。

根据 Di 等人的研究，考虑到 pH = 7 时相对于 NHE 的 0.63 eV 校正值，Bi_2MoO_6 和 Bi_2S_3 的 VB 值分别为 1.73 eV 和 0.46 eV。因此，近似导带(CB)底可通过 $E_{CB} = E_{VB} - E_g$ 计算得出，见表 5 - 2。

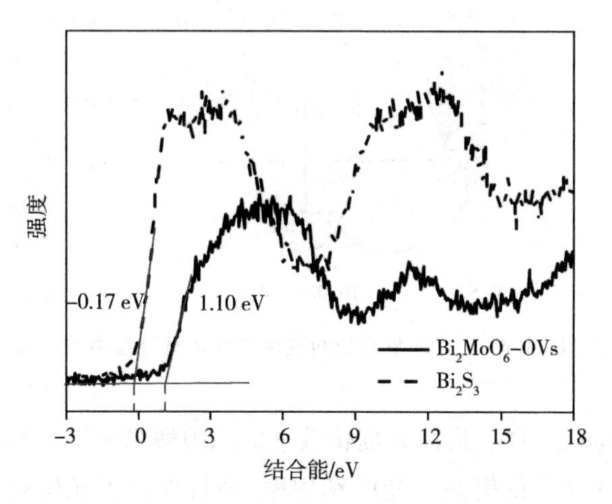

图 5 - 17　Bi_2MoO_6 - OVs 和 Bi_2S_3 的 VB - XPS 图

表 5 - 2　纯 Bi_2S_3 和 Bi_2MoO_6 - OVs 的带隙位置

催化剂	E_g/eV	E_{VB}/eV	E_{CB}/eV
Bi_2MoO_6 - OVs	2.50	1.73	-0.77
Bi_2S_3	1.24	0.46	-0.78

基于 Bi_2S_3/Bi_2MoO_6 的带隙结构和 OVs 的影响，载流子的分离过程和光催化过程如图 5 - 18 所示。在光照下，由于 Bi_2S_3 和 Bi_2MoO_6 是窄带隙半导体，光生电子(e^-)被激发并迁移到 CB。空穴(h^+)仍然留在 VB 上。Bi_2S_3 的 CB 中的 e^- 转移到 Bi_2MoO_6 中，因为后者具有较低的导带边。然后，部分的 e^- 被 Bi_2MoO_6 的 OVs 捕获，进一步诱导分子氧活化以产生 $\cdot O_2^-$ 和 $^1O_2$ 活性物种。同时，Bi_2MoO_6 的 VB 中的 h^+ 转移到 Bi_2S_3 中。由于 Bi_2S_3 和 Bi_2MoO_6 的价带位置低于 $OH^-/\cdot OH$ 的氧化还原电位($E_{OH^-/\cdot OH}$ = 2.4 eV)，空穴不能将 H_2O 分子或 OH^- 氧化成 $\cdot OH$。$\cdot OH$ 可能是 $\cdot O_2^-$ 通过以下过程 $\cdot O_2^- \rightarrow H_2O_2 \rightarrow \cdot OH$ 获得的。最后，h^+、$\cdot OH$、$\cdot O_2^-$ 和 $^1O_2$ 活性物种可以直接降解有机污染物。

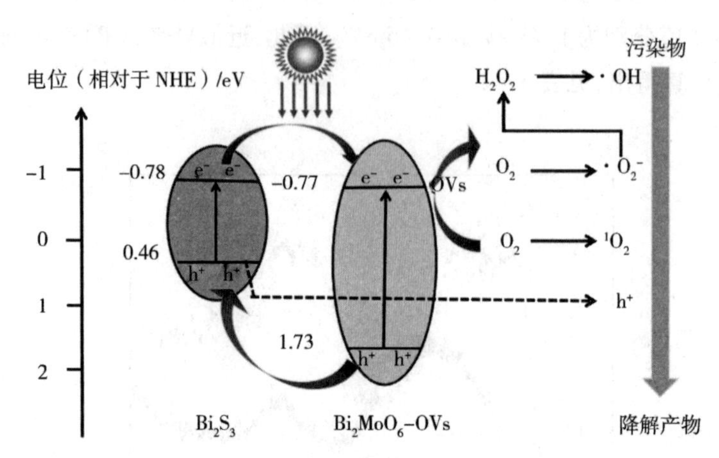

图 5-18　Bi_2S_3/Bi_2MoO_6-OVs 复合材料在污染物降解过程中的光催化机理示意图

Bi_2S_3/Bi_2MoO_6-OVs 提高光催化效率的原因解释如下。Bi_2S_3/Bi_2MoO_6 空心球异质结的形成不仅提高了光的利用率，而且提高了光生载流子的分离效率。Bi_2S_3/Bi_2MoO_6-OVs 的带隙排列可以拓宽从可见光到近红外光的光吸收范围。开放的空心球结构可使空心球内的光多次反射，进而实现光的充分利用，同时，这种独特的结构可以作为物质传递途径来提高光催化活性。以 Bi_2MoO_6-OVs 为载体，原位生长形成的紧密界面异质结，有利于促进电子-空穴对分离。OVs 作为电子捕集中心，可以激活分子氧产生·OH、·O_2^- 和 $^1O_2$ 自由基，从而提高光催化效率。

5.3.4　中间体鉴定

通过 HPLC/MS 技术鉴定降解过程中 RhB 分子可能的中间产物。图 5-19 和图 5-20 显示了 RhB 在全光谱光照射 120 min 前后的典型高效液相色谱图和相应的质谱图。保留时间为 11.69 min（m/z = 443）的峰是原始 RhB 分子。全光谱光照射 120 min 后，原 RhB 主峰强度降低，出现明显的新峰。例如，位于 11.11 min（m/z = 415.20）、10.23 min 或 9.60 min（m/z = 387.17）处的峰与其 N-去乙基化中间体非常匹配，即 N，N-二乙基-N′-乙基罗丹明（DER）、N-乙基-N′-乙基罗丹明（EER）或其异构体 N，N-二乙基罗丹明（DR）。这一结果表明，RhB 降解开始于 N-去乙基化，逐步裂解 C═N，然后进一步转化为小分子中间体，随着辐照时间的增加，最终被氧化成 CO_2 和 H_2O。

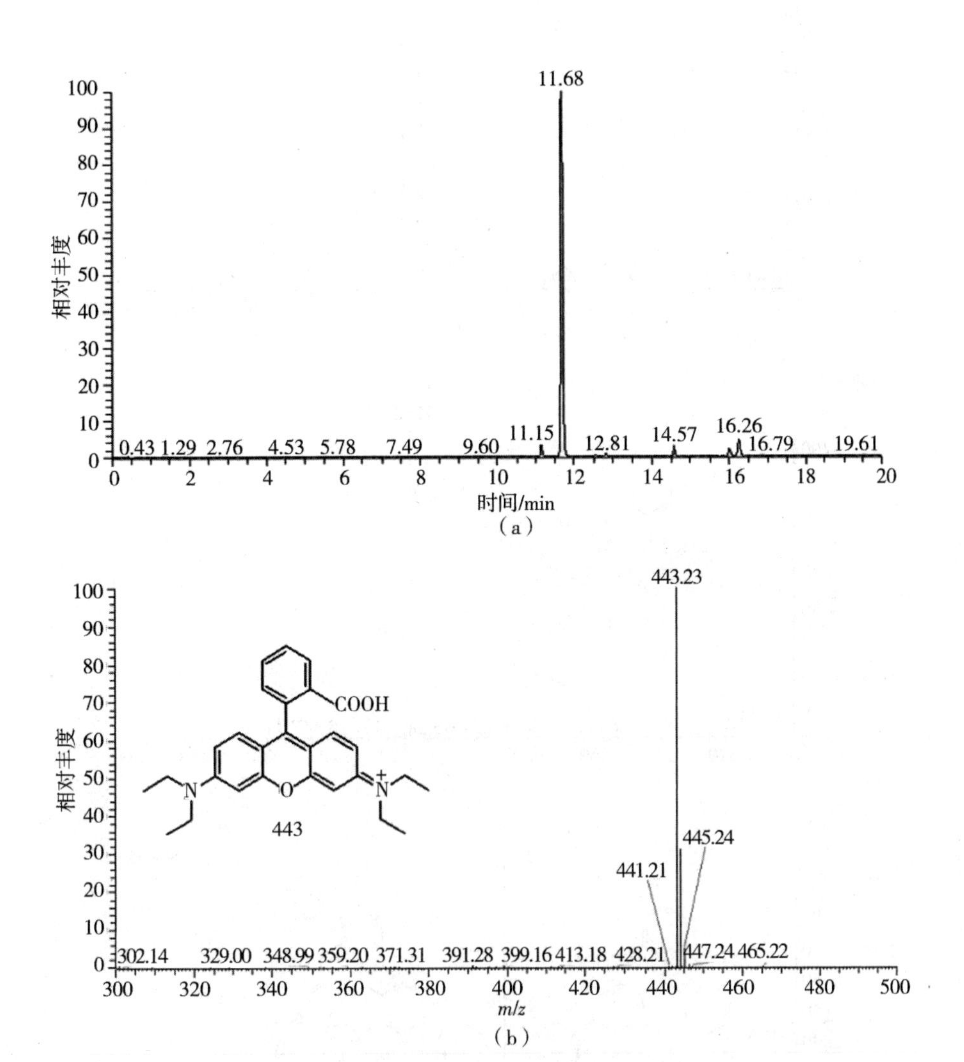

图 5 – 19　初始 RhB 溶液的典型(a)高效液相色谱图和相应的(b)质谱图

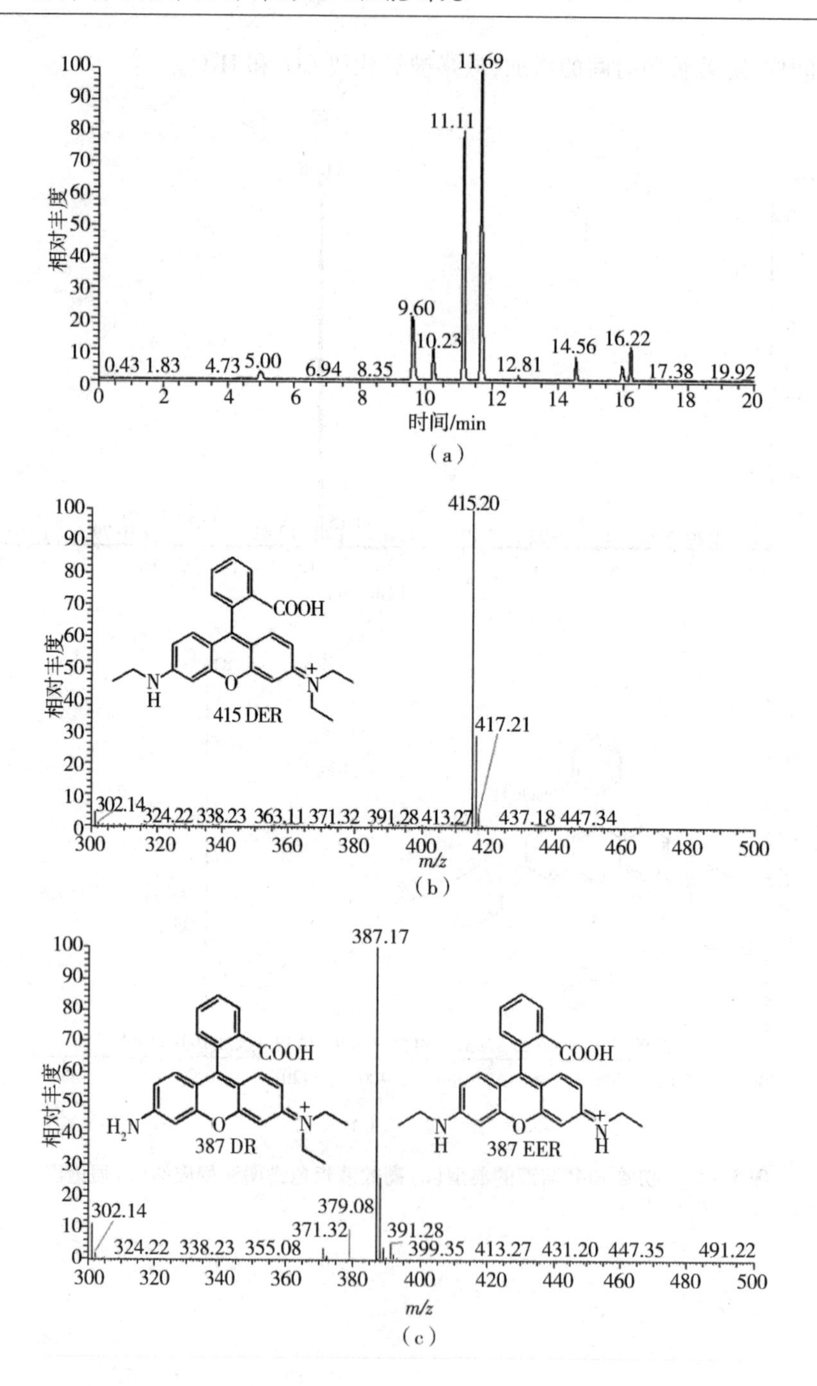

相对丰度
时间/min
0.43 1.83 4.73 5.00 6.94 8.35 9.60 10.23 11.11 11.69 12.81 14.56 16.22 17.38 19.92
(a)
415.20
COOH
415 DER
417.21
302.14 324.22 338.23 363.11 371.32 391.28 413.27 437.18 447.34
m/z
(b)
387.17
387 DR
387 EER
302.14 324.22 338.23 355.08 371.32 379.08 391.28 399.35 413.27 431.20 447.35 491.22
(c)

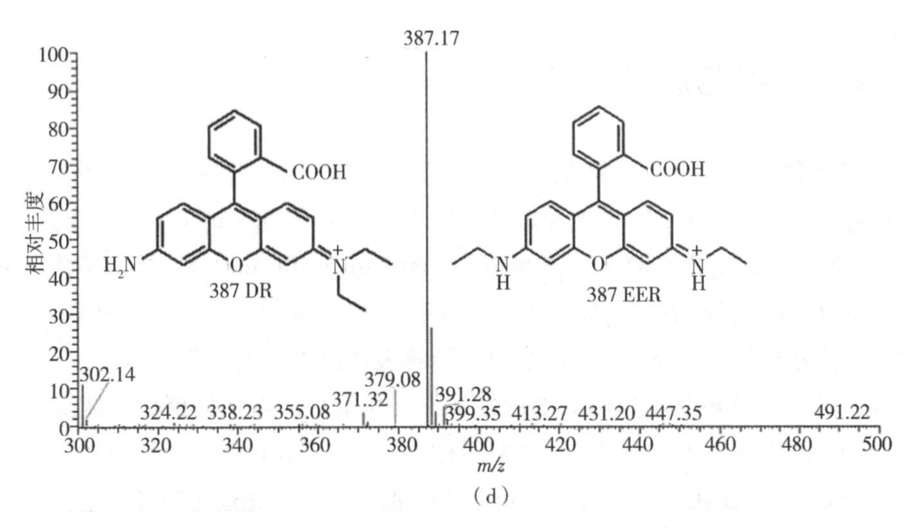

(d)

图 5－20　全光谱光照射 120 min 后 RhB 溶液的

(a)高效液相色谱图和相应的(b)、(c)、(d)质谱图

为了阐明分解后的最终产物，在最活跃的催化剂（Bi_2S_3/Bi_2MoO_6－OVs－0.03）对 RhB 进行光降解后，测量了残留溶液中的总有机碳（TOC）。如图 5－21所示，在全光谱光照射 2 h 和 3 h 后，具有最高活性的光催化剂对 RhB 的矿化率分别达到 16.1% 和 40.9%。这一结果验证了部分 RhB 分子仅转换为小的有机无色中间产物。

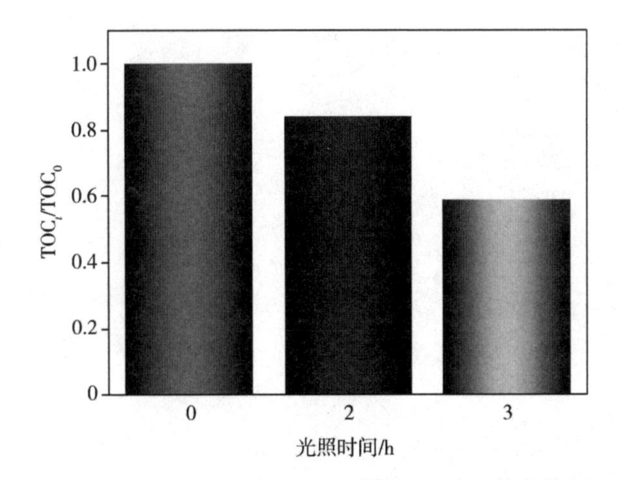

图 5－21　Bi_2S_3/Bi_2MoO_6－OVs－0.03 全光谱光催化降解 RhB 过程中反应体系 TOC 的变化，TOC_0和 TOC_t是反应体系中原始和残留的 RhB 的 TOC

5.4 小结与展望

通过原位阴离子交换和水热技术相结合的方法成功合成了具有 OVs 的新型 Bi_2S_3/Bi_2MoO_6空心微球复合材料。将硫引入具有 OVs 的 Bi_2MoO_6载体后，Bi_2S_3紧密分布在 Bi_2MoO_6空心微球表面，形成 Bi_2S_3/Bi_2MoO_6异质结，导致产生更多的 OVs。与原始的 Bi_2MoO_6和 Bi_2S_3相比，Bi_2S_3/Bi_2MoO_6 - OVs - 0.03 在全光谱（可见光和近红外）光照下对 RhB 降解表现出更高的光催化效率。同时，它对抗生素的降解显示出较高的近红外光催化活性。增强的催化性能归因于 Bi_2MoO_6和 Bi_2S_3之间的异质结和 OVs 的协同效应。同时，通过活性物质捕获测试和 EPR 自旋捕获技术证实了在 Bi_2S_3/Bi_2MoO_6 - OVs 光催化剂降解过程中产生 h^+、$\cdot O_2^-$、$\cdot OH$、e^-和$^1O_2$活性物种，且 h^+、$\cdot O_2^-$和 e^-对 RhB 降解的贡献大于 $\cdot OH$ 和$^1O_2$。Bi_2S_3/Bi_2MoO_6 - OVs 空心球的协同效应保证了可见光区到近红外区的光吸收，促进了光的利用，加速了载流子分离，并提供了丰富的 OVs 产生活性氧物种。最后揭示了光催化可能的反应机理，并论证了 RhB 通过 C═N 裂解得到了 N - 去乙基化降解产物。

第6章 简单原位沉淀法制备的 $Ag_2O-Ag_2CO_3/Bi_2O_2CO_3-Bi_2MoO_6$ 纳米复合材料的光催化活性

6.1 引言

金属氧化物半导体作为热门的光催化剂,在处理含有机污染物的废水方面具有突出表现。TiO_2作为传统光催化剂只能被紫外光激活,太阳能利用率较低,因此,有必要开发高效太阳能光响应光催化剂。

铋基半导体因其合适的能带结构和较低的价格等因素,被认为是最具前景的光催化材料之一。其中,层状双基材料由于其独特的结构优势和光生电子-空穴对快速分离能力而备受关注。$Bi_2O_2CO_3$和Bi_2MoO_6作为层状双基材料中的典型代表,由原子或基团(CO_3^{2-}或MoO_4^{2-})和$[Bi_2O_2]^{2+}$层($x-Bi-O-Bi-x$)交织组成,两者具有同样的双层结构,所形成的内部静电场可促进光生载流子的传输。两者都具有较高的化学稳定性和较高的光催化活性,被广泛应用于光催化领域。但是,较宽的带隙使$Bi_2O_2CO_3$的光吸收范围有限,光谱响应范围较窄,对可见光不敏感。Bi_2MoO_6虽然带隙较窄,但是光谱响应范围仍然较窄,且两者的光生电子-空穴对复合速率与其他半导体相比并不占优势,这也是限制它们光催化活性的主要原因之一。

Li等人认为,在众多提高半导体光催化活性的策略中,将半导体与具有匹配的价带(VB)和导带(CB)的半导体耦合是最常用且最有效的策略之一。Zhang等人以Bi_2MoO_6为初始原料,以$NaHCO_3$作为碳源,采用室温搅拌法制备了具有可见光催化活性的$Bi_2O_2CO_3/Bi_2MoO_6$光催化剂。在可见光下降解不同浓度染料(RhB、MO和CIP)的实验中,复合材料的光催化活性均高于Bi_2MoO_6。

Ran 等人以尿素作为碳源,采用复合盐介导的方法制备了具有模拟太阳光活性的 $Bi_2O_2CO_3/\delta - Bi_2O_3/Ag_2O$ 光催化剂,光照 15 min 后对 MB 的降解效率达 97%。Xu 等人以 BiOCl 为模板,利用 $g - C_3N_4$ 作为碳源,采用离子交换法结合水热法制备了 $Bi_2O_2CO_3 - Bi_2MO_6$ 复合材料,其催化数据表明复合材料在降解 RhB 过程中的光催化活性明显高于 Bi_2MoO_6 单体。Liu 等人采用一锅水热法制备了 $Bi/Bi_2O_2CO_3/Bi_2WO_6$ 光催化剂,以乙二醇作为溶剂和碳源,使 Bi_2WO_6 纳米片表面上原位生长 Bi 和 $Bi_2O_2CO_3$,催化数据表明,与单体 Bi_2WO_6 相比,复合材料对 MB 的降解效率有大幅度提高。以上研究说明异质结构的构筑可以大大提高半导体的光催化活性,是克服单一金属氧化物固有局限性的有效策略之一。

本章以 Bi_2MoO_6 作为前驱体,用 NaOH 溶液对其进行蚀刻,并且借助大气中的 CO_2 作为碳源,一步原位生长 $Bi_2O_2CO_3$,从而生成 $Bi_2O_2CO_3 - Bi_2MoO_6$ 复合材料。在温和的实验条件下运用简单的操作方法,以自然界中的 CO_2 作为碳源,一步即可得到目标产物。

为了进一步拓宽复合材料的光吸收范围和提高 $Bi_2O_2CO_3 - Bi_2MoO_6$ 复合材料的活性,引入 Ag_2O 作为光敏剂,形成 $Ag_2O - Ag_2CO_3/Bi_2O_2CO_3 - Bi_2MoO_6$ 三元异质结来提高复合材料对光的利用率,从而进一步提高复合材料的活性。Ag_2O 作为一种窄带隙、高活性的可见光驱动光催化剂,最显著的缺点是热稳定性差和光腐蚀严重。空气中的 CO_2 在原位沉淀过程参与到反应中,与水反应生成的 CO_3^{2-} 为反应提供了碳源,再引入 $AgNO_3$,可生成 Ag_2CO_3,原位形成 $Ag_2O - Ag_2CO_3/Bi_2O_2CO_3 - Bi_2MoO_6$ 三元异质结构光催化剂。

本章结合 $Bi_2O_2CO_3$ 和 Bi_2MoO_6 的稳定性和结构优势与 $Ag_2O - Ag_2CO_3$ 优异的光敏性克服了上述缺点,用最简单的方式和最廉价的碳源制备了高活性的 $Ag_2O - Ag_2CO_3/Bi_2O_2CO_3 - Bi_2MoO_6$ 三元异质结构光催化剂。有效异质结的形成提高了光生电子 - 空穴对的分离效率和电荷的转移能力,扩大了光吸收范围,从而提高了光催化活性。在全光谱和可见光下的降解实验中,$Ag_2O - Ag_2CO_3/Bi_2O_2CO_3 - Bi_2MoO_6$ 异质结复合材料表现出比 $Ag_2O - Ag_2CO_3$ 和 $Bi_2O_2CO_3 - Bi_2MoO_6$ 更高的光催化活性。本章还全面讨论了 $Ag_2O - Ag_2CO_3/Bi_2O_2CO_3 - Bi_2MoO_6$ 异质结的形成和光催化活性增强的机理。

6.2　实验部分

6.2.1　光催化剂的制备

6.2.1.1　Bi_2MoO_6的制备

采用典型的 Bi_2MoO_6的合成方案。将 2 mmol $Bi(NO_3)_3\cdot 5H_2O$ 和 1 mmol $Na_2MoO_4\cdot 2H_2O$ 分别溶解在 5 mL 乙二醇溶液中，然后将 Na_2MoO_4溶液缓慢滴加到 $Bi(NO_3)_3$溶液中。将 20 mL 乙醇加入上述溶液中搅拌 2 h，然后将悬浮液转移至聚四氟乙烯衬里高压釜(50 mL)中，密封，并在 180 ℃下保持 24 h。用去离子水和乙醇洗涤数次，然后在 60 ℃真空干燥箱中干燥 24 h，得到黄色 Bi_2MoO_6粉末。

6.2.1.2　$Ag_2O-Ag_2CO_3/Bi_2O_2CO_3-Bi_2MoO_6$的制备

将制备的 Bi_2MoO_6(0.2 g)分散在 40 mL NaOH(0.1 mol/L)溶液中，在室温下磁力搅拌 18 h。加入一定量的 $AgNO_3$，立即生成棕色沉淀，在室温下磁力搅拌 2 h。通过离心收集固体，用水和乙醇彻底洗涤至中性，然后在 60 ℃真空干燥箱中干燥。得到的样品命名为 $Ag_2O-Ag_2CO_3/Bi_2O_2CO_3-Bi_2MoO_6-x-y$。其中 x 表示 $Ag_2O-Ag_2CO_3$和 $Bi_2O_2CO_3-Bi_2MoO_6$的质量比，分别为 1/4、1/2、1/1和 2/1；y 表示 NaOH 的浓度，分别为 0.01 mol/L、0.05 mol/L、0.10 mol/L 和 0.20 mol/L，在名称中，分别简写为 0.01、0.05、0.1 和 0.2。除了不加入 Bi_2MoO_6，Ag_2CO_3的制备条件与上述过程类似。

6.2.2　光催化剂的表征

采用 Bruker AXS D8 型 X 射线衍射仪(条件：Cu Kα 辐射，2θ 范围为 15°~60°)获得制备的样品的 XRD 谱图。采用以 Al Kα 射线为辐射源的 ESCALAB 250Xi 型 X 射线光电子能谱仪进行 XPS 测量，以结合能为 284.6 eV 处的 C 1s

峰为基准进行校正。将 KBr 与样品混合后进行研磨和压片，利用 Nicolet 6700 型傅里叶变换红外光谱仪采集 FT－IR 光谱。采用 JEOL/JEM2100F 型 TEM 和 Hitachi S－4300 型 SEM 对样品进行形貌分析。采用 3H－2000 型比表面积及孔径分析仪测量样品的 S_{BET}和 D_p，测量温度为 77 K。使用 Hitachi F－7000 型荧光分光光度计测定不同样品的 PL 谱。通过 TU－1901 型紫外－可见分光光度计获得样品的 UV－vis DRS，以 $BaSO_4$为参比。

6.2.3 光电化学测试

光电化学测试在 PEC1000 型光电化学测试装置上进行。在瞬态光电流实验中，工作电极为涂有 1.0 cm×1.0 cm 光催化剂的钛片，对电极为铂片，参比电极为饱和 Ag/AgCl(饱和 KCl)电极。工作电极的制作方法：先将 0.1 g 催化剂加入 5 mL 乙醇中，超声处理 10 min，搅拌形成悬浮液；将悬浮液涂在 2.0 cm×1.0 cm 的钛片上，最后将制备的钛片在 50 ℃的干燥箱中干燥 30 min。在测试过程中以 Na_2SO_4作为电解液，以 300 W 氙灯($\lambda>420$ nm)作为光源，开路电压约为 0.3 V。

在电化学阻抗实验中，工作电极是涂有 1.0 cm×1.0 cm 光催化剂的泡沫镍，工作电极的制备和测试条件与瞬态光电流实验类似。

6.2.4 光催化实验

选用 MB 和抗生素[TC 和盐酸金霉素(CTC)]等有机污染物作为光催化反应模型分子，来考察样品的光催化活性。采用 300 W 氙灯作为光源，可获得波长范围为 190～1100 nm 的全光谱光，采用滤波片($\lambda>420$ nm)可获得可见光。

将光催化剂(50 mg)分散到配制好的 MB 溶液(50 mg/L，100 mL)中，超声处理 10 min，避光搅拌 60 min，直到模型分子和催化剂达到吸附－脱附平衡。将悬浮液转移到石英反应器中，光照条件下，进行光催化实验。每间隔一段时间取悬浮液，并进行离心分离。收集上层溶液并加以稀释。最后，通过 TU－1901 型紫外－可见分光光度计在最大吸收波长处测定吸光度并进行分析。可见光降解 MB、CTC 和 TC 溶液(浓度均为 25 mg/L，100 mL)也遵循上述步骤。MB、CTC 和 TC 的最大吸收波长分别为 664 nm、288 nm 和 287 nm。

6.3　结果与讨论

6.3.1　结构和形貌表征

为了研究所制备复合材料的化学成分和晶体结构,对样品进行了 XRD 测试。图 6-1(a)中制备的 Bi_2MoO_6 为正交晶相,其位于 28.2°、32.5°、46.7°和 55.5°的衍射峰分别对应(131)、(200)、(202)和(133)晶面,这与 Zhao 等人的研究一致。在经不同浓度 NaOH 处理的 Bi_2MoO_6 样品中发现有 $Bi_2O_2CO_3$ 的特征衍射峰,其位于 30.3°和 56.9°的衍射峰对应(013)和(123)晶面。Bi_2MoO_6 经过 NaOH 蚀刻 18 h 后,原位生成的 Bi_2O_3 不稳定,易与空气中的 CO_2 反应生成 $Bi_2O_2CO_3$,该结论被 Huang 等人的研究所证实。同时,空气中的 CO_2 进入溶液形成 CO_3^{2-},一部分 CO_3^{2-} 与 Bi_2MoO_6 原位反应生成 $Bi_2O_2CO_3$,如图 6-1(b)所示。随着 NaOH 浓度的增加,30.3°处的特征峰强度变大,证明 NaOH 浓度可以调节 $Bi_2O_2CO_3$ 的量。

根据谢乐公式计算 $Bi_2O_2CO_3-Bi_2MoO_6-y$ 中 $Bi_2O_2CO_3$ 的(013)晶面的晶粒尺寸:$d=K\lambda/(B\cos\theta)$,其中 d 为晶粒的平均晶粒直径,K 为常数(0.89),B 为衍射峰半峰宽,λ 为 X 射线波长(0.1541 nm),θ 为衍射峰对应的布拉格角。得到的晶粒尺寸分别为 24.74 nm($Bi_2O_2CO_3-Bi_2MoO_6-0.01$ mol/L)、20.51 nm($Bi_2O_2CO_3-Bi_2MoO_6-0.05$ mol/L)、30.96 nm($Bi_2O_2CO_3-Bi_2MoO_6-0.1$ mol/L)和 39.72 nm($Bi_2O_2CO_3-Bi_2MoO_6-0.2$ mol/L)。随着 NaOH 浓度从0.01 mol/L增加到 0.05 mol/L,(013)晶面的晶粒尺寸减小。当 NaOH 浓度进一步增加到 0.20 mol/L 时,(013)晶面的晶粒尺寸反而增大。

如图 6-1(b)所示,在室温搅拌 NaOH 溶液 18 h 后,引入 $AgNO_3$,在室温条件下继续搅拌 2 h,可得到 Ag_2CO_3,同时可观察到少量处于 32.9°(111)晶面 Ag_2O 的特征峰,这与 Liang 等人的研究结果相同。以 Bi_2MoO_6 为前驱体,用 NaOH 原位蚀刻 18 h,引入 $AgNO_3$ 制备的 $Ag_2O-Ag_2CO_3/Bi_2O_2CO_3-Bi_2MoO_6$ 四元复合材料均可观察到 Bi_2MoO_6、$Bi_2O_2CO_3$、Ag_2CO_3 和 Ag_2O 的特征峰,且随 $AgNO_3$ 引入量的增多,Ag_2CO_3 位于 32.6°(-101)晶面、39.6°(031)晶面和 44.3°(131)晶面的衍射峰以及 Ag_2O 位于 32.9°(111)晶面的特征峰增强。随

着$Ag_2O-Ag_2CO_3$负载量的增加，$Bi_2O_2CO_3$在30.3°(013)晶面处的衍射峰逐渐增强，而Bi_2MoO_6在28.2°(131)晶面处的衍射峰强度逐渐减小。这表明，$Ag_2O-Ag_2CO_3/Bi_2O_2CO_3-Bi_2MoO_6$异质结形成后，分别促进和抑制了$Bi_2O_2CO_3$(013)晶面和$Bi_2MoO_6$(131)晶面的生长，这被Peng等人的研究所证实。XRD分析证实，通过一步原位沉淀法成功合成了Ag_2O、Ag_2CO_3和$Bi_2O_2CO_3$共同修饰的$Ag_2O-Ag_2CO_3/Bi_2O_2CO_3-Bi_2MoO_6$复合材料。

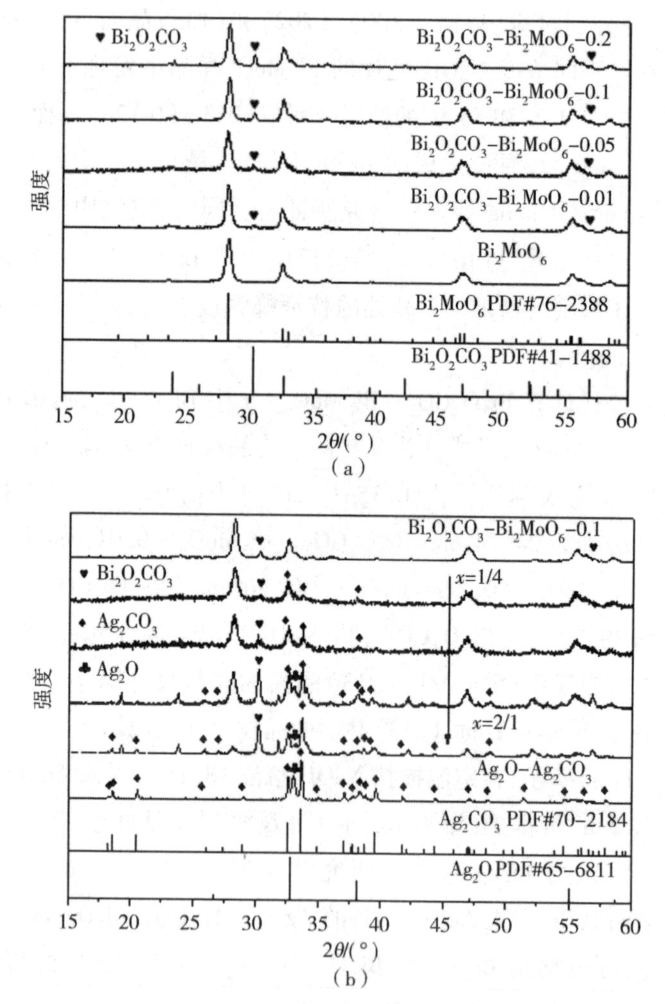

图6-1 (a)Bi_2MoO_6、$Bi_2O_2CO_3-Bi_2MoO_6-y$的XRD谱图
和(b)$Ag_2O-Ag_2CO_3/Bi_2O_2CO_3-Bi_2MoO_6-x-0.1$与$Ag_2O-Ag_2CO_3$的XRD谱图

为了进一步确认样品的组成并分析物质之间的化学作用，对样品进行FT-IR光谱测试。图6-2显示了所制备样品的FT-IR光谱，样品均在400～4000 cm^{-1}范围内显示吸收带。Bi_2MoO_6中448.38 cm^{-1}处的吸收带归因于八面体BiO_6的伸缩振动，569.52 cm^{-1}、734.53 cm^{-1}和841.65 cm^{-1}处的吸收带归因于Mo—O的伸缩振动，1629.89 cm^{-1}和3434.14 cm^{-1}处的吸收带分别对应于物理或化学吸附H_2O的变形振动和伸缩振动。对于$Bi_2O_2CO_3-Bi_2MoO_6$和$Ag_2O-Ag_2CO_3/Bi_2O_2CO_3-Bi_2MoO_6$而言，除了上述吸收带，1391.71 cm^{-1}、1472.53 cm^{-1}和1566.98 cm^{-1}处的吸收带分别归因于CO_2中C═O键的伸缩振动、CO_3^{2-}基团的内部振动和COO^-的非对称振动，这与Zhang等人的研究结果一致。对于$Ag_2O-Ag_2CO_3/Bi_2O_2CO_3-Bi_2MoO_6$而言，$Ag_2CO_3$的形成产生了1043.64 cm^{-1}处的新的吸收带，这是Ag_2CO_3中CO_3^{2-}基团中C—O键的伸缩振动所致，该结论被Tian等人的研究所证实。FT-IR的结果进一步表明了$Ag_2O-Ag_2CO_3/Bi_2O_2CO_3-Bi_2MoO_6$复合材料的形成。

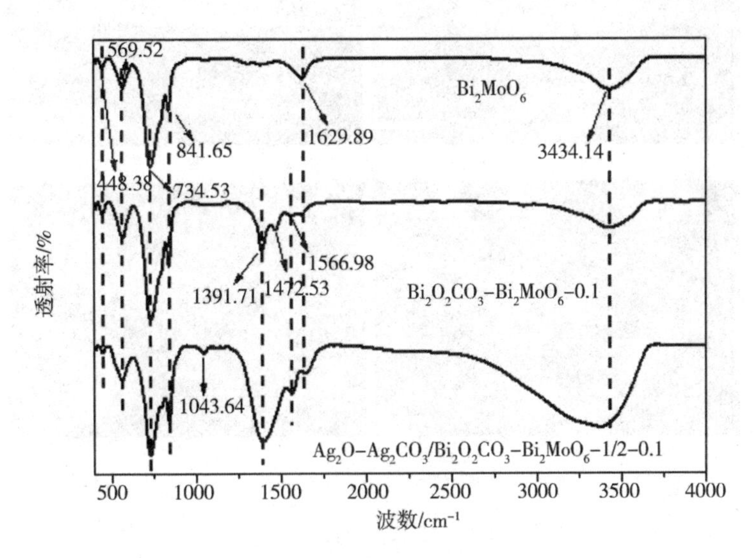

图6-2　Bi_2MoO_6、$Bi_2O_2CO_3-Bi_2MoO_6-0.1$和$Ag_2O-Ag_2CO_3/Bi_2O_2CO_3-Bi_2MoO_6-1/2-0.1$样品的FT-IR光谱图

通过SEM来研究所制备催化剂的形貌和尺寸，结果如图6-3所示。

Bi_2MoO_6呈空心球形貌，直径约为1.2 μm，如图6－3(a)所示。在$Bi_2O_2CO_3$－Bi_2MoO_6中，Bi_2MoO_6通过NaOH蚀刻后，片状的$Bi_2O_2CO_3$原位生长在Bi_2MoO_6纳米球的内部及外表面，直径约为2.2 μm，如图6－3(b)所示。从Ag_2O－Ag_2CO_3/$Bi_2O_2CO_3$－Bi_2MoO_6的SEM图中可以看出，多面体状的Ag_2CO_3和少量的颗粒状Ag_2O纳米颗粒分散在$Bi_2O_2CO_3$－Bi_2MoO_6空心球的内部及外表面上，呈现为2.8 μm左右的球形结构，如图6－3(c)、(d)所示。该结果表明，Ag_2O－Ag_2CO_3和$Bi_2O_2CO_3$的原位生成致使复合材料尺寸变大。为了进一步研究异质结构中的元素分布，对Ag_2O－Ag_2CO_3/$Bi_2O_2CO_3$－Bi_2MoO_6进行了EDS元素映射。从图6－3(e)～(j)可以看出Bi、Mo、Ag、C和O元素在复合材料上分布均匀，证明了通过简单的一步原位沉淀法成功合成了Ag_2O－Ag_2CO_3/$Bi_2O_2CO_3$－Bi_2MoO_6异质结构复合材料。

(a) (b) (c) (d)

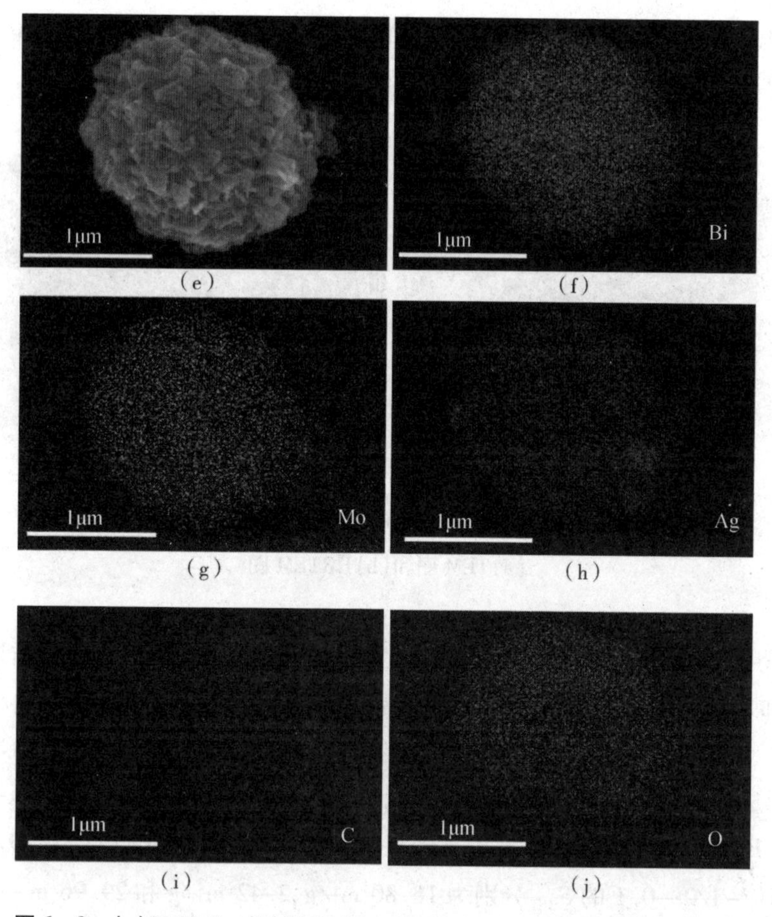

图6-3 (a) Bi_2MoO_6、(b) $Bi_2O_2CO_3-Bi_2MoO_6$ -0.1、(c) $Ag_2O-Ag_2CO_3$、(d) $Ag_2O-Ag_2CO_3/Bi_2O_2CO_3-Bi_2MoO_6$ -1/2-0.1 的 SEM 图和(e)~(j) $Ag_2O-Ag_2CO_3/Bi_2O_2CO_3-Bi_2MoO_6$ -1/2-0.1 相应的 EDS 元素映射图

通过 TEM 和 HRTEM 进一步研究了 $Ag_2O-Ag_2CO_3/Bi_2O_2CO_3-Bi_2MoO_6$ -1/2-0.1 的形貌和微观结构。如图 6-4(a) 所示，颗粒状 Ag_2O 和多面体 Ag_2CO_3 纳米粒子分布在 $Bi_2O_2CO_3-Bi_2MoO_6$ 空心球表面上，这与 SEM 图的结果一致。图 6-4(b) 所示的复合材料的 HRTEM 图中，Ag_2CO_3(131) 晶面、Ag_2O(111) 晶面、$Bi_2O_2CO_3$(013) 晶面和 Bi_2MoO_6(131) 晶面的晶格间距分别为 0.206 nm、0.274 nm、0.295 nm 和 0.364 nm，这与 XRD 结果一致。可以发现，以 Bi_2MoO_6 为中心，$Bi_2O_2CO_3$ 和 Ag_2CO_3(Ag_2O) 分布在其表面。该结果表明，以

Bi_2MoO_6为前驱体，通过一步原位沉淀法形成了紧密接触的 $Ag_2O-Ag_2CO_3/Bi_2O_2CO_3-Bi_2MoO_6$异质结。

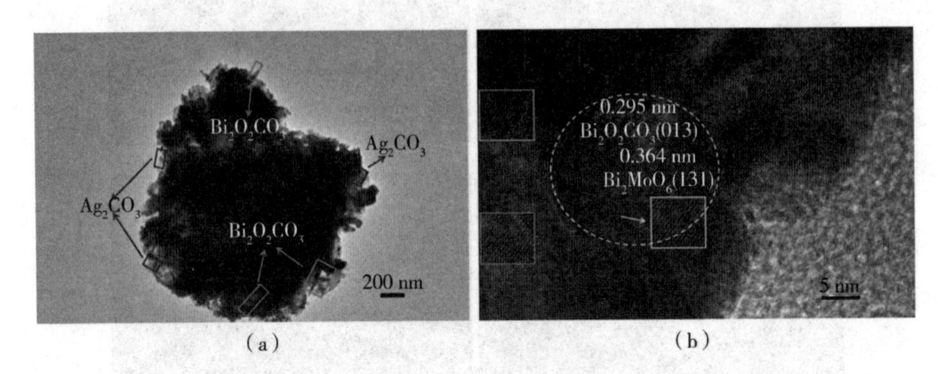

(a) (b)

图 6-4 $Ag_2O-Ag_2CO_3/Bi_2O_2CO_3-Bi_2MoO_6$ -1/2-0.1 的 (a) TEM 图和 (b) HRTEM 图

采用 N_2吸附-脱附等温线对样品的 S_{BET}和孔隙结构进行了分析，结果如图 6-5 和表 6-1 所示。图 6-5(a)中样品的 N_2吸附-脱附等温线呈 H3 型滞后环的Ⅳ型等温线，这是介孔材料的典型特征。此外，这种介孔是由于纳米薄片堆叠形成的狭缝孔。这一结果可以从孔径分布分析中得到印证，如图 6-5(b)所示。$Bi_2O_2CO_3-Bi_2MoO_6$ -0.1、$Ag_2O-Ag_2CO_3$ 和 $Ag_2O-Ag_2CO_3/Bi_2O_2CO_3-Bi_2MoO_6$ -1/2-0.1 的 S_{BET}分别为 16.80 m^2/g、2.42 m^2/g 和 29.96 m^2/g，说明 $Ag_2O-Ag_2CO_3/Bi_2O_2CO_3-Bi_2MoO_6$异质结的形成有效地增加了 $Bi_2O_2CO_3-Bi_2MoO_6$的 S_{BET}。$Bi_2O_2CO_3-Bi_2MoO_6$ -0.1、$Ag_2O-Ag_2CO_3$和 $Ag_2O-Ag_2CO_3/Bi_2O_2CO_3-Bi_2MoO_6$ -1/2-0.1 的 V_p（平均孔径）分别为 0.081 cm^3/g (19.16 nm)、0.024 cm^3/g (38.92 nm) 和 0.166 cm^3/g (22.20 nm)。S_{BET}的增加可以暴露出更多的活性位点，促进污染物与催化剂的充分接触，从而提高光催化剂的性能。

表6-1　各种材料的结构参数

样品	$S_{BET}/(m^2\cdot g^{-1})$	$V_p/(cm^3\cdot g^{-1})$	D_p/nm
$Bi_2O_2CO_3-Bi_2MoO_6-0.1$	16.80	0.081	19.16
$Ag_2O-Ag_2CO_3$	2.42	0.024	38.92
$Ag_2O-Ag_2CO_3/Bi_2O_2CO_3-Bi_2MoO_6-1/2-0.1$	29.96	0.166	22.20

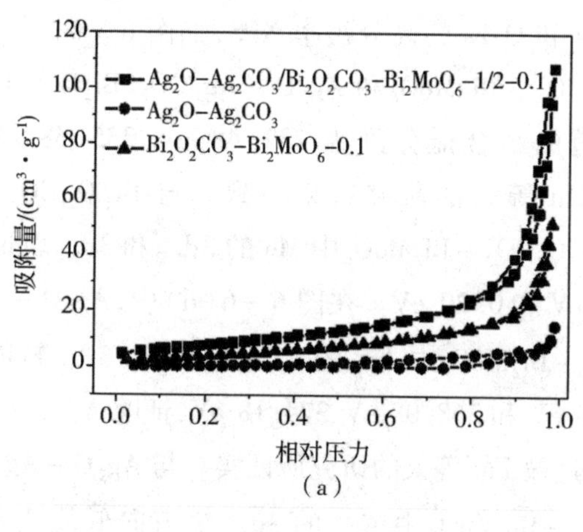

(a)

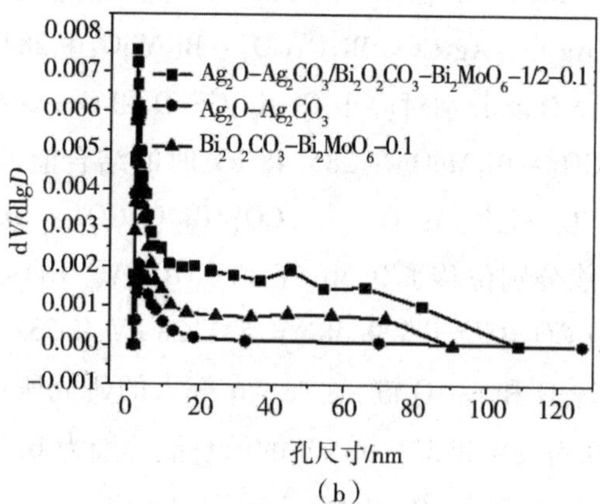

(b)

图6-5　样品的(a)N_2吸附-脱附等温线和(b)孔径分布曲线

为了分析复合材料的组成和元素的化学态，对样品进行了 XPS 测定分析，结果如图 6－6 所示。从全扫描 XPS 图 6－6(a)中可以看出，复合材料中包括 Bi、Mo、Ag、C 和 O 元素。图 6－6(b)为 Bi 4f 的 XPS 图，$Bi_2O_2CO_3-Bi_2MoO_6$和$Ag_2O-Ag_2CO_3/Bi_2O_2CO_3-Bi_2MoO_6$中 Bi 的 $4f_{7/2}$和 $4f_{5/2}$轨道的结合能分别为 158.98 eV、164.28 eV 和 159.18 eV、164.48 eV，说明复合材料中 Bi 为 +3 价。相比 $Bi_2O_2CO_3-Bi_2MoO_6$，$Ag_2O-Ag_2CO_3/Bi_2O_2CO_3-Bi_2MoO_6$中 Bi 的 $4f_{7/2}$和 $4f_{5/2}$轨道的结合能都向高能位移了 0.20 eV。

为了进一步确定 $Ag_2O-Ag_2CO_3/Bi_2O_2CO_3-Bi_2MoO_6$中的组分，表征了 Mo 3d、Ag 3d、C 1s 和 O 1s 的高分辨率 XPS，如图 6－6(c)～(f)所示。在图 6－6(c)中，$Bi_2O_2CO_3-Bi_2MoO_6$和 $Ag_2O-Ag_2CO_3/Bi_2O_2CO_3-Bi_2MoO_6$中 Mo 的 $3d_{5/2}$、$3d_{3/2}$ 轨道的结合能分别为 232.48 eV、235.58 eV 和 232.18 eV、235.38 eV，这与 Hu 等人的研究结果一致。与 $Bi_2O_2CO_3-Bi_2MoO_6$相比，$Ag_2O-Ag_2CO_3/Bi_2O_2CO_3-Bi_2MoO_6$中 Mo 的 $3d_{5/2}$和 $3d_{3/2}$轨道的结合能向低能分别位移了 0.30 eV 和 0.20 eV。在图 6－6(d)中，$Ag_2O-Ag_2CO_3$和 $Ag_2O-Ag_2CO_3/Bi_2O_2CO_3-Bi_2MoO_6$中 Ag^+的 Ag $3d_{5/2}$和 Ag $3d_{3/2}$轨道的结合能分别为 368.18 eV、374.18 eV 和 368.08 eV、374.18 eV，证明 Ag 是 +1 价，而不是以 Ag 单质的形式存在，这被 Liu 等人的研究所证实。与 $Ag_2O-Ag_2CO_3$相比，$Ag_2O-Ag_2CO_3/Bi_2O_2CO_3-Bi_2MoO_6$中 Ag^+的 $3d_{5/2}$轨道向低能位移了 0.10 eV。图 6－6(e)中 C 1s 在 $Ag_2O-Ag_2CO_3/Bi_2O_2CO_3-Bi_2MoO_6$中 284.78 eV、286.28 eV 和 288.18 eV 处的结合能分别对应于 C—C、C—O 和 O—C═O 键，表明样品中存在 CO_3^{2-}。$Bi_2O_2CO_3-Bi_2MoO_6$在 285.48 eV 时的结合能为 O—C═O 键。同时，与 $Ag_2O-Ag_2CO_3$相比，$Ag_2O-Ag_2CO_3/Bi_2O_2CO_3-Bi_2MoO_6$中 C—O 和 O—C═O键的结合能分别位移了 0.30 eV 和 0.70 eV。O 1s 的 XPS 如图 6－6(f)所示，$Ag_2O-Ag_2CO_3$中位于 529.48 eV、531.28 eV 和 532.88 eV 处的结合能分别对应晶格氧、C—O 和 C═O 键，这被 Wu 等人的研究所证实。$Bi_2O_2CO_3-Bi_2MoO_6$中位于 530.08 eV 和 531.08 eV 的结合能分别为 Bi—O 键和 CO_3^{2-}中的 C—O 键。相比于 $Bi_2O_2CO_3-Bi_2MoO_6$，$Ag_2O-Ag_2CO_3/Bi_2O_2CO_3-Bi_2MoO_6$在 Bi—O 键和 C—O 键处的结合能均位移了 0.30 eV。$Ag_2O-Ag_2CO_3/Bi_2O_2CO_3-Bi_2MoO_6$位于 531.78 eV 的结合能对应于 Mo—O 键。通过 XPS 分析可知，与 $Ag_2O-Ag_2CO_3$ 和 $Bi_2O_2CO_3-Bi_2MoO_6$ 相比，$Ag_2O-Ag_2CO_3/$

$Bi_2O_2CO_3-Bi_2MoO_6$的 Bi 4f、Mo 3d、Ag 3d、C 1s 和 O 1s 结合能的位移表明 $Ag_2O-Ag_2CO_3$、$Bi_2O_2CO_3$和 Bi_2MoO_6之间存在复杂的化学作用，而非简单的物理作用。

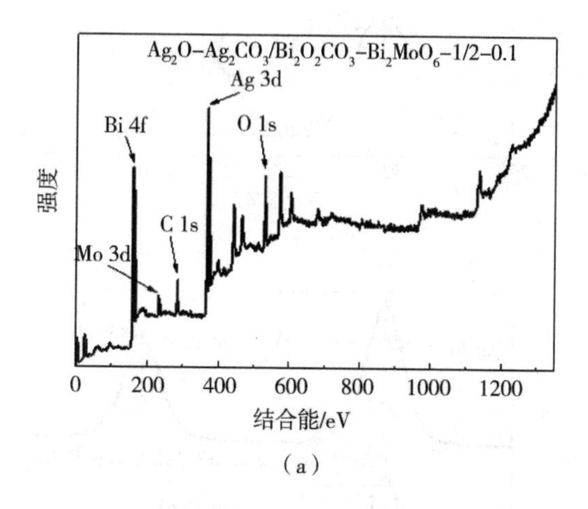

（a）

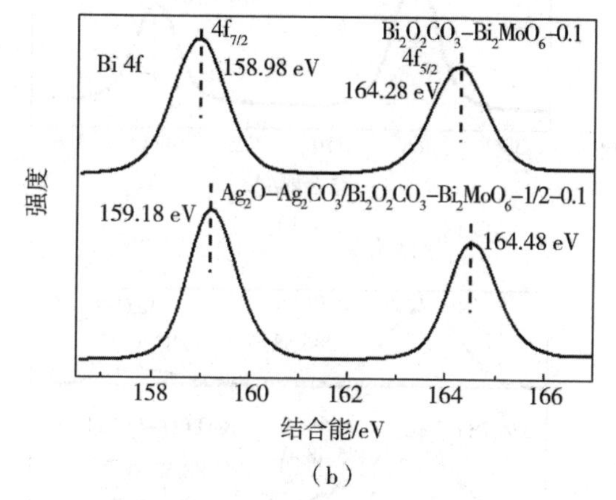

（b）

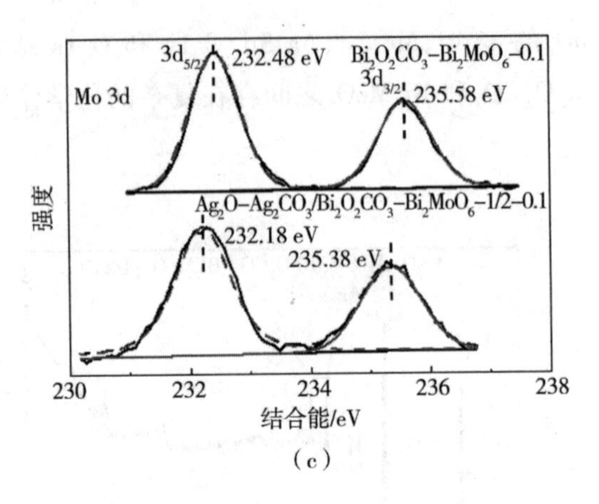

Mo 3d
$3d_{5/2}$ 232.48 eV
$Bi_2O_2CO_3$–Bi_2MoO_6–0.1
$3d_{3/2}$ 235.58 eV
Ag_2O–Ag_2CO_3/$Bi_2O_2CO_3$–Bi_2MoO_6–1/2–0.1
232.18 eV
235.38 eV
强度
230
232
234
236
238
结合能/eV

(c)

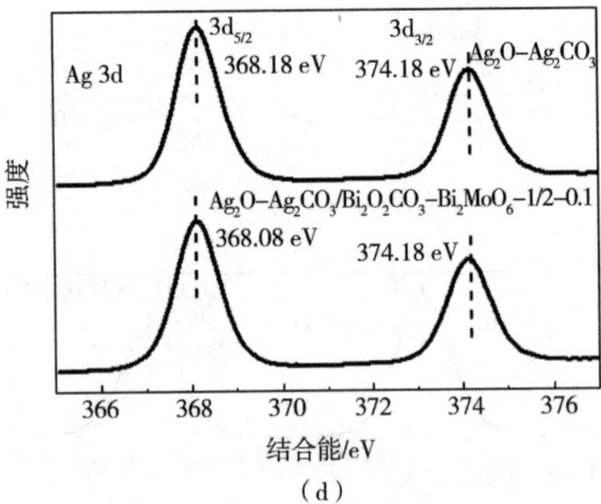

Ag 3d
$3d_{5/2}$
368.18 eV
$3d_{3/2}$
374.18 eV
Ag_2O–Ag_2CO_3
Ag_2O–Ag_2CO_3/$Bi_2O_2CO_3$–Bi_2MoO_6–1/2–0.1
368.08 eV
374.18 eV
强度
366
368
370
372
374
376
结合能/eV

(d)

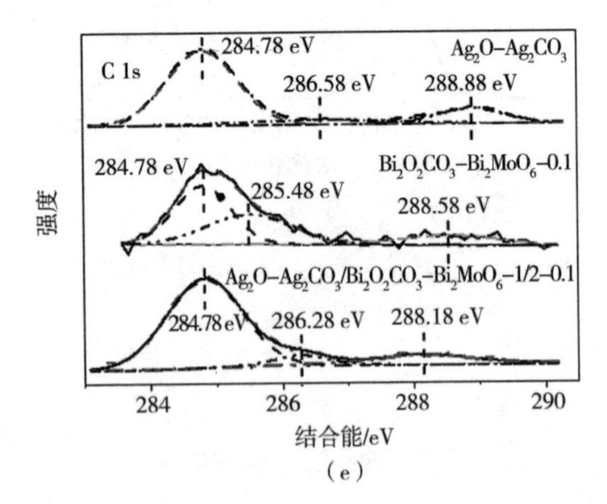

C 1s
284.78 eV
Ag_2O–Ag_2CO_3
286.58 eV
288.88 eV
284.78 eV
$Bi_2O_2CO_3$–Bi_2MoO_6–0.1
285.48 eV
288.58 eV
Ag_2O–Ag_2CO_3/$Bi_2O_2CO_3$–Bi_2MoO_6–1/2–0.1
284.78 eV
286.28 eV
288.18 eV
强度
284
286
288
290
结合能/eV

(e)

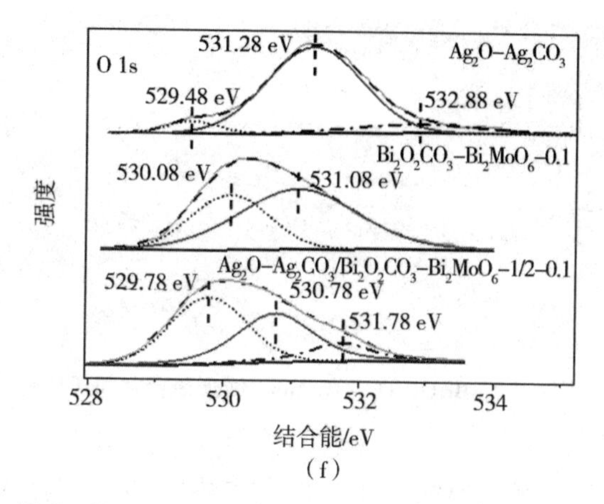

(f)

图6-6　$Ag_2O-Ag_2CO_3$、$Bi_2O_2CO_3-Bi_2MoO_6-0.1$
和 $Ag_2O-Ag_2CO_3/Bi_2O_2CO_3-Bi_2MoO_6-1/2-0.1$ 的 XPS 图
(a)全扫描;(b)Bi 4f;(c)Mo 3d;(d)Ag 3d;(e)C 1s;(f)O 1s

根据 XRD、FT-IR、SEM、TEM 和 XPS 的分析结果,推测 $Ag_2O-Ag_2CO_3/Bi_2O_2CO_3-Bi_2MoO_6$异质结光催化剂可能的形成机理,如图 6-7 所示。以 Bi_2MoO_6为前驱体,以 NaOH 为初始材料,以空气中的 CO_2为碳源,通过简单的一步原位沉淀法制备 $Ag_2O-Ag_2CO_3/Bi_2O_2CO_3-Bi_2MoO_6$复合材料。将 180 ℃水热处理得到的 Bi_2MoO_6空心球加入 NaOH 溶液中,室温蚀刻 18 h,初期生成 Bi_2O_3,由于 Bi_2O_3不稳定,与空气中的 CO_2反应转化生成 $Bi_2O_2CO_3$。同时,空气中的 CO_2扩散到 NaOH 溶液中,NaOH 溶液为强碱性溶液,所以 CO_2与水反应生成 CO_3^{2-},CO_3^{2-}与 Bi_2MoO_6原位反应生成 $Bi_2O_2CO_3$。随后,将 $Ag(NO)_3$引入 $Bi_2O_2CO_3-Bi_2MoO_6$悬浮液后,Ag^+与溶液中的 OH^-结合生成 Ag_2O。最后,由于 Ag_2CO_3溶度积常数较小,大部分 Ag_2O 转化为 Ag_2CO_3。同时,Ag^+可以直接与 CO_3^{2-}反应生成 Ag_2CO_3,最终生成 $Ag_2O-Ag_2CO_3/Bi_2O_2CO_3-Bi_2MoO_6$四元复合材料。另外,材料的溶度积常数遵循以下顺序:$K_{sp}(Ag_2CO_3, 8.1\times10^{-12}) > K_{sp}(Bi_2MoO_6, 1.8\times10^{-31}) > K_{sp}(Bi_2O_2CO_3)$。因此,排除 Ag^+与 $Bi_2O_2CO_3$原位离子交换生成 Ag_2CO_3的可能。

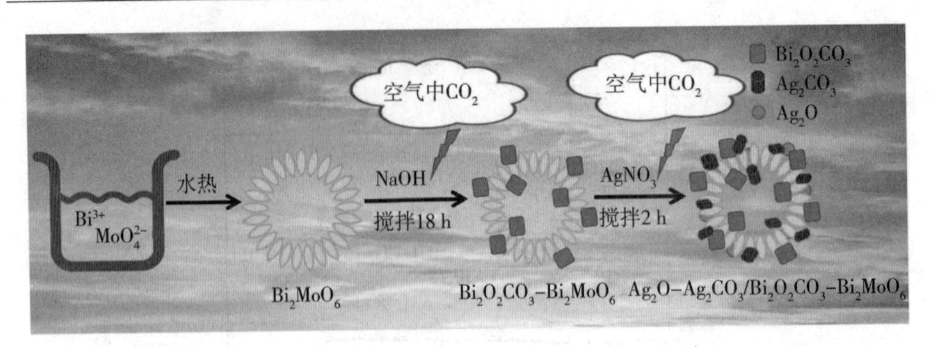

图 6-7　$Ag_2O-Ag_2CO_3/Bi_2O_2CO_3-Bi_2MoO_6$纳米复合材料原位形成过程示意图

为了验证在 18 h 的室温搅拌过程中,空气中的 CO_2参与反应后得到的产物是 $Ag_2CO_3-Ag_2O$ 复合材料,而不是单纯的 Ag_2O,设计了两组对比实验。将配制好的含有 0.1 mol/L NaOH 的溶液室温搅拌 2 h,引入 $AgNO_3$后获得棕色沉淀。如图 6-8 所示,通过 XRD 谱图确定棕色沉淀为 Ag_2O。同时将配制好的另一份相同的 NaOH 溶液搅拌 18 h,加入 $AgNO_3$后,室温搅拌 2 h,得到 $Ag_2CO_3-Ag_2O$ 复合材料,其中大部分为 Ag_2CO_3。

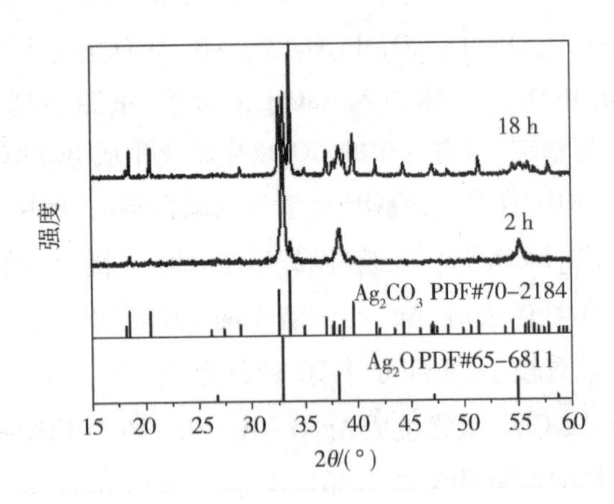

图 6-8　加入 $AgNO_3$后在室温下搅拌 2 h 和 18 h 的样品的 XRD 谱图

6.3.2　光吸收性质

图 6-9(a)显示了 $Bi_2O_2CO_3-Bi_2MoO_6-0.1$、$Ag_2O-Ag_2CO_3/Bi_2O_2CO_3-$

$Bi_2MoO_6-1/2-0.1$ 和 Ag_2CO_3 的 UV - vis DRS 图。所有样品都具有良好的可见光响应。与 $Bi_2O_2CO_3-Bi_2MoO_6-0.1$ 相比，$Ag_2O-Ag_2CO_3/Bi_2O_2CO_3-Bi_2MoO_6-1/2-0.1$ 对可见光的响应范围进一步拓宽，可进一步提高对光的利用率，预示着复合材料具有较好的光催化活性。与 $Ag_2O-Ag_2CO_3$ 相比，$Ag_2O-Ag_2CO_3/Bi_2O_2CO_3-Bi_2MoO_6$ 的吸收边红移更多，并在 450 ~ 800 nm 之间呈现更高的吸收密度，这是 $Ag_2O-Ag_2CO_3$ 的敏化所致。

从图 6 - 9(b)可知，催化剂的带隙值分别为 1.81 eV($Ag_2O-Ag_2CO_3$)、2.68 eV($Bi_2O_2CO_3-Bi_2MoO_6-0.1$)和 1.78 eV($Ag_2O-Ag_2CO_3/Bi_2O_2CO_3-Bi_2MoO_6-1/2-0.1$)。$Bi_2O_2CO_3-Bi_2MoO_6$ 和 $Ag_2O-Ag_2CO_3$ 的价带位置通过 VB - XPS 确定，如图 6 - 9(c)所示，导带通过 $E_{CB}=E_{VB}-E_g$ 确定，样品的导带和价带见表 6 - 2。

表 6 - 2　$Bi_2O_2CO_3-Bi_2MoO_6$ 和 $Ag_2O-Ag_2CO_3$ 的 E_{CB}、E_{VB} 值和带隙 E_g

样品	E_g/eV	E_{CB}/eV	E_{VB}/eV
$Bi_2O_2CO_3-Bi_2MoO_6-0.1$	2.68	-0.71	1.97
$Ag_2O-Ag_2CO_3$	1.81	-0.62	1.19

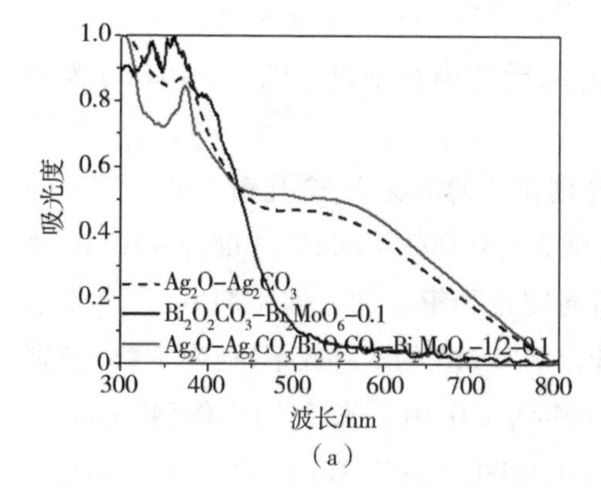

(a)

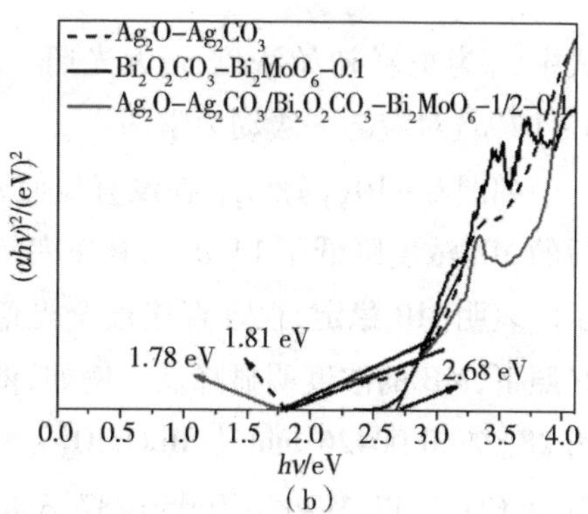

(b)

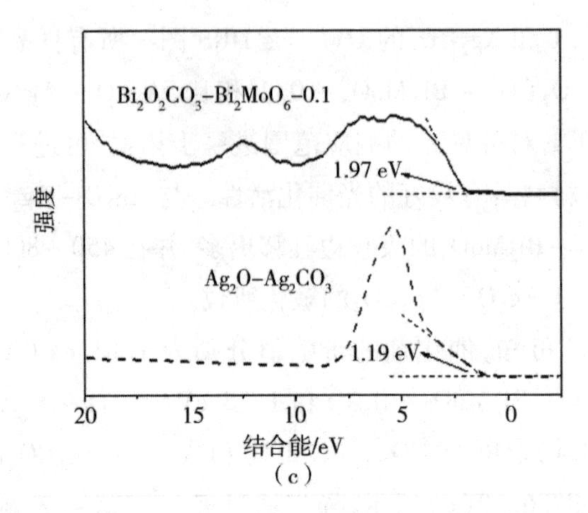

图 6-9 样品的(a)UV-vis DRS 图以及相应的(b)$(\alpha h\nu)^2$ 与能量的关系图和(c)VB-XPS 图

6.3.3 光催化性能

通过全光谱光照射下 MB 的光催化降情况解来评估所制备样品的光催化活性。图 6-10(a)为 NaOH 浓度对活性的影响图。光催化剂降解效率方程为

$$降解效率(\%)=\frac{c_t}{c_0}\times 100\% \tag{6-1}$$

式中,c_0为染料初始浓度,c_t为光照 t 时间后的染料浓度。图 6-10(b)为图 6-10(a)对应的一级动力学图。

如图 6-10(a)所示,在没有任何光催化剂的情况下,全光谱光照射 75 min 后的 MB 浓度降低了 14.0%,其速率常数 k 为 0.00214 min^{-1},如图 6-10(b)所示。表明 MB 稳定,很难直接被全光谱光完全降解。加入催化剂后,在全光谱光照下,MB 的浓度明显降低。例如,催化剂对 MB 的降解效率(速率常数)分别为 28.8%(0.00426 min^{-1},$Bi_2O_2CO_3-Bi_2MoO_6$-0.01)、33.3%(0.00547 min^{-1},$Bi_2O_2CO_3-Bi_2MoO_6$-0.05)、37.3%(0.00588 min^{-1},$Bi_2O_2CO_3-Bi_2MoO_6$-0.1)和 23.6%(0.00369 min^{-1},$Bi_2O_2CO_3-Bi_2MoO_6$-0.2)。表明随着 NaOH 的浓度从 0.01 mol/L 增加到 0.10 mol/L,光催化降解效率及速率常数增大。当 NaOH 的浓度进一步增大到 0.2 mol/L 时,光催化降解效率及速率常数反而降低。这可能是因为大量的 $Bi_2O_2CO_3$掩盖了 Bi_2MoO_6的活性位点,显著影响了

Bi_2MoO_6的激发，无法有效抑制电子和空穴的复合。

图6-10(c)和图6-10(d)分别为$Ag_2O-Ag_2CO_3$的负载量对催化活性和降解效率的影响因素图，为了便于对比，对前驱体Bi_2MoO_6和$Bi_2O_2CO_3-Bi_2MoO_6-0.1$做相同的测试。在全光谱光照射75 min后，各催化剂对MB的降解效率（速率常数）分别为31.6%（0.00527 min^{-1}，Bi_2MoO_6）、37.3%（0.00588 min^{-1}，$Bi_2O_2CO_3-Bi_2MoO_6-0.1$）、49.2%（0.01027 min^{-1}，$Ag_2O-Ag_2CO_3/Bi_2O_2CO_3-Bi_2MoO_6-1/4-0.1$）、65.4%（0.01594 min^{-1}，$Ag_2O-Ag_2CO_3/Bi_2O_2CO_3-Bi_2MoO_6-1/2-0.1$）、55.8%（0.01078 min^{-1}，$Ag_2O-Ag_2CO_3/Bi_2O_2CO_3-Bi_2MoO_6-1/1-0.1$）、45.1%（0.00803 min^{-1}，$Ag_2O-Ag_2CO_3/Bi_2O_2CO_3-Bi_2MoO_6-2/1-0.1$）、32.3%（0.00462 min^{-1}，Ag_2CO_3）。催化剂对MB的全光谱降解遵循以下规律：$Ag_2O-Ag_2CO_3/Bi_2O_2CO_3-Bi_2MoO_6-1/2-0.1 > Ag_2O-Ag_2CO_3/Bi_2O_2CO_3-Bi_2MoO_6-1/1-0.1 > Ag_2O-Ag_2CO_3/Bi_2O_3-Bi_2MoO_6-1/4-0.1 > Ag_2O-Ag_2CO_3/Bi_2O_2CO_3-Bi_2MoO_6-2/1-0.1 > Bi_2O_2CO_3-Bi_2MoO_6-0.1 > Bi_2MoO_6 \approx Ag_2O-Ag_2CO_3$。说明当$Ag_2O-Ag_2CO_3$的负载量从0增加到1/2，随$Ag_2O-Ag_2CO_3$负载量的增加，催化剂的光催化活性也增强，但是当$Ag_2CO_3$的负载量继续增加到2/1时，催化剂的光催化活性反而降低。这可能是因为过量的$Ag_2O-Ag_2CO_3$聚集在$Bi_2O_2CO_3-Bi_2MoO_6$表面，成为电子和空穴的复合中心，导致光催化效率较低。在众多催化剂中，$Ag_2O-Ag_2CO_3/Bi_2O_2CO_3-Bi_2MoO_6-1/2-0.1$表现出最高的光催化降解效率和最大的速率常数，其速率常数分别是$Ag_2O-Ag_2CO_3$和$Bi_2O_2CO_3-Bi_2MoO_6-0.1$的3.45倍和2.71倍。上述结果表明制备的$Ag_2CO_3/Bi_2O_2CO_3-Bi_2MoO_6$异质结光催化剂对废水中常见的有机污染物具有很强的光催化活性。

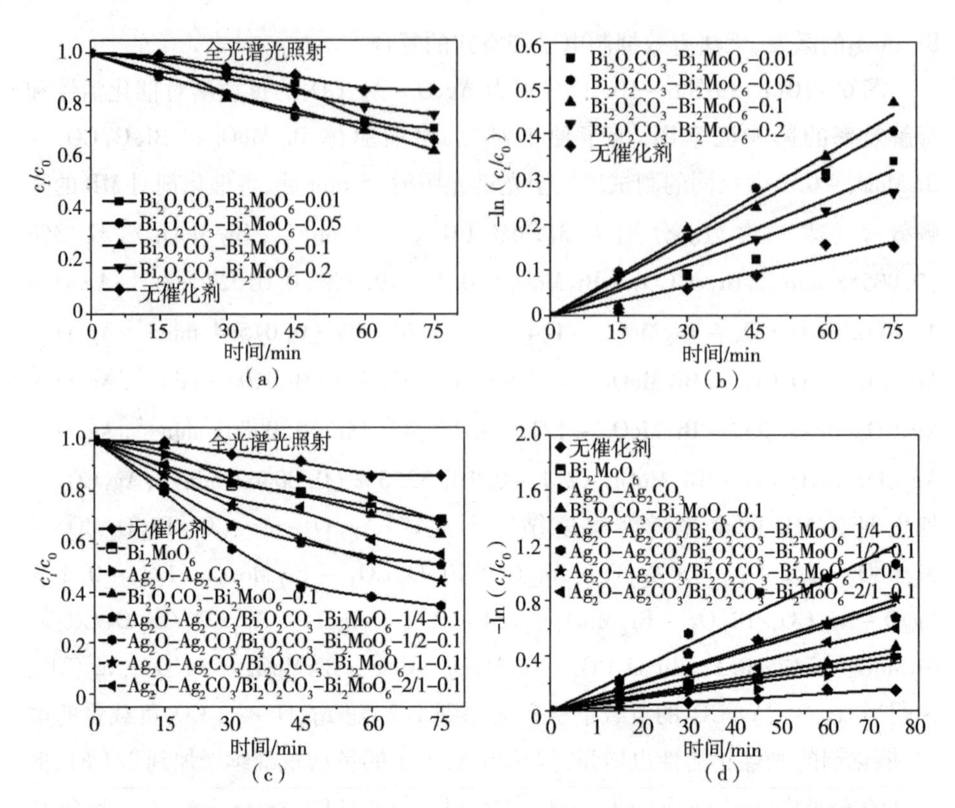

图 6-10 全光谱光照射下，$Bi_2O_2CO_3-Bi_2MoO_6-y$ 光降解 MB 的(a)光催化活性及(b)相应的动力学图；$Ag_2O-Ag_2CO_3/Bi_2O_2CO_3-Bi_2MoO_6-x-0.1$ 光降解 MB 的(c)光催化活性和(d)相应的动力学图($c_{0MB}=50$ mg/L、$V=100$ mL 和 $m_{催化剂}=50$ mg)

如图 6-11(a)和(b)所示，在可见光照射 210 min 后，Ag_2CO_3、$Bi_2O_2CO_3-Bi_2MoO_6$和 $Ag_2O-Ag_2CO_3/Bi_2O_2CO_3-Bi_2MoO_6-1/2-0.1$ 对 MB 的降解效率(速率常数)分别为 47.6%(0.00276 min^{-1})、48.6%(0.00268 min^{-1})和 59.2%(0.00413 min^{-1})。图 6-11(c)为 $Ag_2O-Ag_2CO_3/Bi_2O_2CO_3-Bi_2MoO_6-1/2-0.1$ 四元体系在可见光照射下对 MB 的吸收光谱图。可以看出，MB 在最大吸收波长 664 nm 处显示出最大的吸收值，其浓度随光照时间的增加而降低，与图 6-11(a)和图 6-11(b)一致。此外，在可见光照射 210 min 下，使用 25 mg/L 和 50 mg/L 不同浓度的染料，观察了初始染料浓度的影响，如图 6-11(d)所示。结果表明，染料初始浓度对 MB 染料的降解速率有较大影响。高浓度的染料覆盖在催化剂表面，降低活性位点数量，显著抑制了 MB

(50 mg/L)的降解速率。

为了排除染料 MB 敏化的影响,选择抗生素 CTC 和 TC 进一步考察四元 $Ag_2O-Ag_2CO_3/Bi_2O_2CO_3-Bi_2MoO_6$-1/2-0.1的光催化活性,如图 6-11(e)所示。CTC 和 TC 在 180 min 内的降解效率为 60%。该结果表明 $Ag_2O-Ag_2CO_3/Bi_2O_2CO_3-Bi_2MoO_6$-1/2-0.1四元体系在可见光下对 MB、CTC 和 TC 均有较高的降解效率。证实了 $Ag_2O-Ag_2CO_3/Bi_2O_2CO_3-Bi_2MoO_6$异质结光催化剂对有机污染物的降解具有一定的广泛适用性。

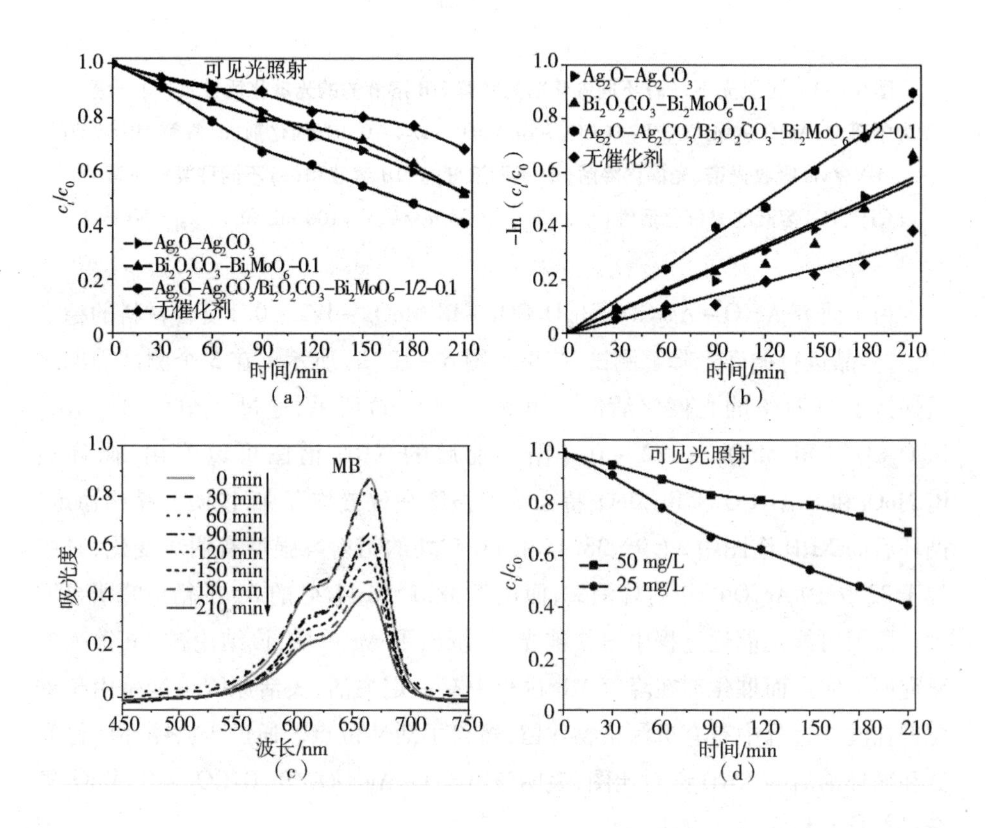

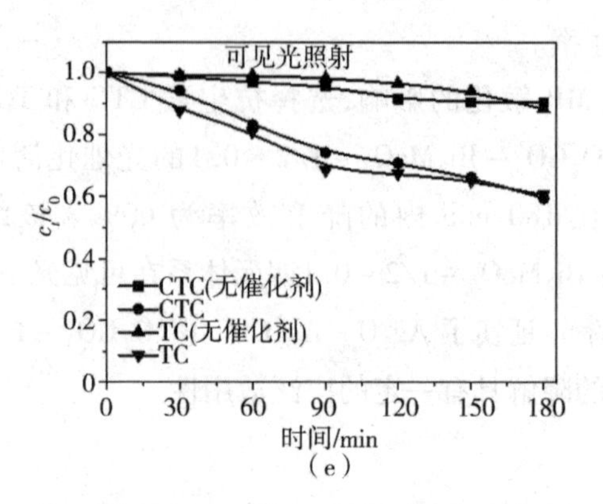

(e)

图 6-11 可见光下,(a)不同催化剂光降解 MB 溶液的的光催化活性及(b)一级动力学研究;$Ag_2O-Ag_2CO_3/Bi_2O_2CO_3-Bi_2MoO_6$-1/2-0.1光催化剂(c)降解 MB 溶液的 UV-vis 吸收光谱、光催化降解(d)不同浓度的 MB 溶液和(e)不同种类抗生素(CTC、TC)溶液的光催化活性($c_{0MB,CTC,TC}$ = 25 mg/L、V=100 mL 和 $m_{催化剂}$=50 mg)

为了研究 $Ag_2O-Ag_2CO_3/Bi_2O_2CO_3-Bi_2MoO_6$-1/2-0.1复合材料的稳定性,对样品进行循环光降解测试,结果如图 6-12(a)所示。在 3 个测试周期之后保持了约 71% 的光催化活性。如图 6-12(b)所示,通过 $Ag_2O-Ag_2CO_3/Bi_2O_2CO_3-Bi_2MoO_6$-1/2-0.1循环前后的 XRD 谱图可以看出,循环后 Bi_2MoO_6和 $Bi_2O_2CO_3-Bi_2MoO_6$特征峰的强度和位置均存在,说明其晶相稳定。循环后的 XRD 谱图中 32.9°、38.1°和 44.4°处的衍射峰强度有明显变化,其中位于 32.9°的 Ag_2O 的衍射峰消失,而位于 38.1°和 44.4°的 Ag 的衍射峰明显增大。原因可能是催化过程中银盐被光照,析出了 Ag 单质,该结论被 Yu 等人的研究所证实。而催化剂在降解 MB 过程中有一定失活,失活原因可能是由于催化剂在洗涤过程中有有机污染物残留,覆盖了活性位点。通过 3 次循环活性测试和循环前后的 XRD 谱对比图,表明该 $Ag_2O-Ag_2CO_3/Bi_2O_2CO_3-Bi_2MoO_6$复合材料具有稳定的光催化活性。

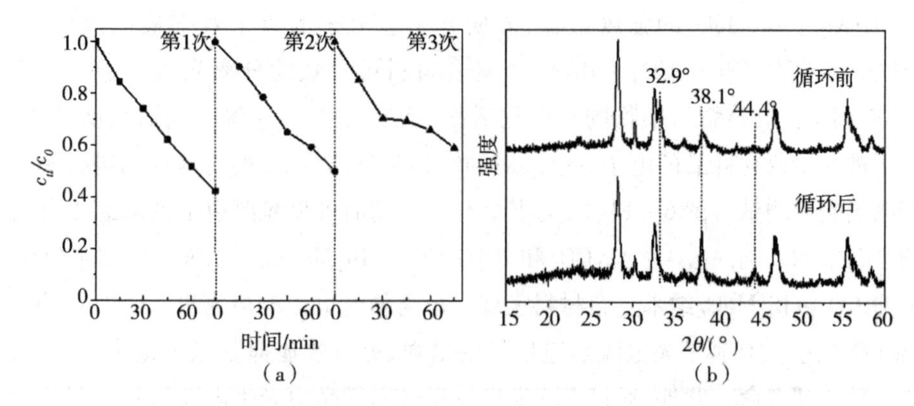

图 6-12　$Ag_2O-Ag_2CO_3/Bi_2O_2CO_3-Bi_2MoO_6$-1/2-0.1 样品

(a)全光谱光催化降解 MB 循环试验的光催化活性和(b)光催化降解前后的 XRD 谱图

6.3.4　光催化机理讨论

以有机染料 MB 为模型分子，评价 $Ag_2O-Ag_2CO_3/Bi_2O_2CO_3-Bi_2MoO_6$ 复合材料在全光谱光照射下的光催化活性。与 $Ag_2O-Ag_2CO_3$ 和 $Bi_2O_2CO_3-Bi_2MoO_6$ 相比，$Ag_2O-Ag_2CO_3/Bi_2O_2CO_3-Bi_2MoO_6$ 的活性增强，其原因如下。

(1) $Ag_2O-Ag_2CO_3$ 的引入，进一步拓宽了 $Bi_2O_2CO_3-Bi_2MoO_6$ 的光吸收范围，提高了对光的利用率，如图 6-9 所示。

(2)以 Bi_2MoO_6 空心球为前驱体，采用 NaOH 作为蚀刻剂，大气中的 CO_2 作为碳源，形成的颗粒状 Ag_2O、多面体 Ag_2CO_3 和片状 $Bi_2O_2CO_3$ 分布在 Bi_2MoO_6 空心球的内外表面。形成的颗粒状 Ag_2O - 多面体 Ag_2CO_3/片状 $Bi_2O_2CO_3-Bi_2MoO_6$ 纳米球使其表面活性位点增多，有利于增加与有机污染物的接触面积，从而有利于降低有机污染物的浓度。这一推测可以通过 N_2 吸附-脱附分析得到证实，如图 6-5 所示。

(3)采用简单的原位沉淀法使 Ag_2O、Ag_2CO_3、$Bi_2O_2CO_3$ 和 Bi_2MoO_6 形成了紧密接触的有效异质结，提高了光生载流子的分离效率。可通过光电化学实验进行验证。

为了研究样品中光生载流子的转移和分离，对所制备的光催化剂进行了光电化学测试。图 6-13(a)为样品的 PL 谱图，样品的激发波长为 400 nm，测试范围为 420 ~ 780 nm。如图 6-13(a)所示，在众多催化剂中，$Ag_2O-Ag_2CO_3$/

$Bi_2O_2CO_3-Bi_2MoO_6$的强度最低,表明光生载流子的重组效率最低,意味着$Ag_2O-Ag_2CO_3/Bi_2O_2CO_3-Bi_2MoO_6$复合材料可有效地分离光生电子－空穴对,有利于提高降解污染物的光催化活性,该结论被 Feng 等人的研究所证实。为了进一步研究样品的电子－空穴对的转移和分离行为,同时对样品进行瞬态光电流响应测试。图 6－13(b)为多个开关周期的可见光照射下的瞬态光电流响应结果图。与$Ag_2O-Ag_2CO_3$和$Bi_2O_2CO_3-Bi_2MoO_6$相比,$Ag_2O-Ag_2CO_3/Bi_2O_2CO_3-Bi_2MoO_6$纳米复合材料表现出最高的光电流响应密度,表明$Ag_2O-Ag_2CO_3$的引入有利于光电流响应信号的增强,更有效地抑制光生载流子重组,从而延长其寿命。此外,通过 EIS 来进一步研究样品中光生电荷转移电阻的大小,结果如图 6－13(c)所示。从图 6－13(c)中可知,与$Ag_2O-Ag_2CO_3$和$Bi_2O_2CO_3-Bi_2MoO_6$相比,$Ag_2O-Ag_2CO_3/Bi_2O_2CO_3-Bi_2MoO_6$显示出更小的 EIS 半径,表明其具有更快速的电荷迁移能力和更好的电子－空穴对分离能力。可以发现,不同样品的表征规律与测量的光催化活性高度对应。

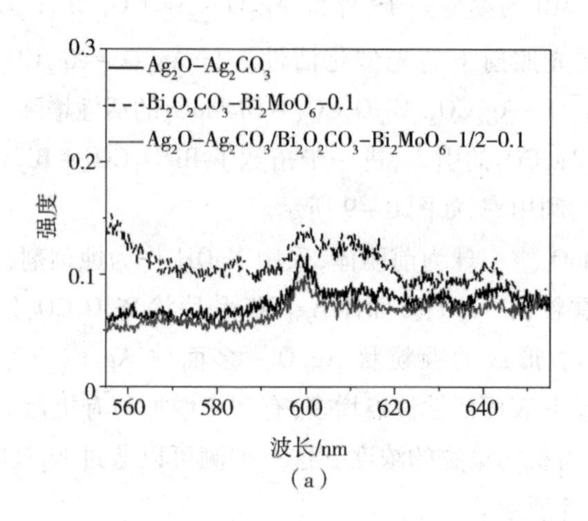

(a)

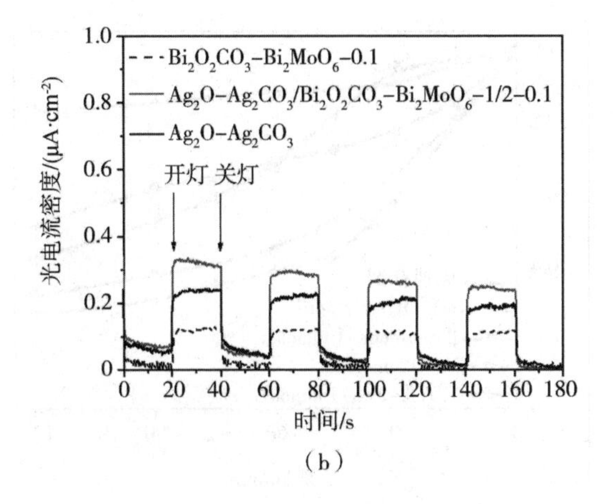

(b)

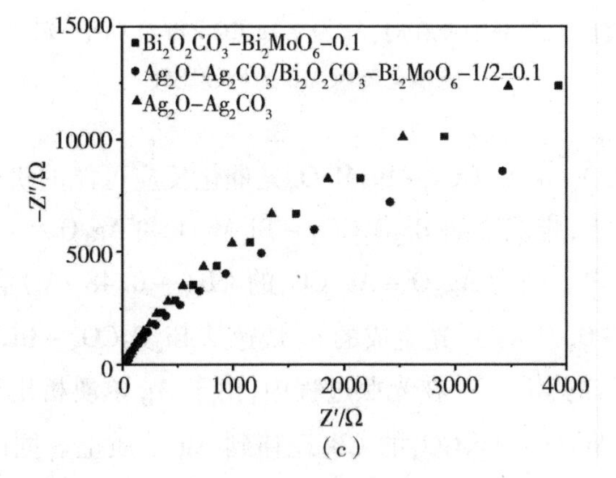

(c)

图6-13　样品的(a)PL谱图、(b)瞬态光电流响应图和(c)Nyquist图

为了研究催化剂降解MB体系中的主要活性物种,用异丙醇(i-PrOH)、β-carotene、BQ和EDTA-2Na四种捕获剂来分别捕获光催化体系中的·OH、$^1O_2$、$\cdot O_2^-$和h^+。如图6-14所示,i-PrOH的加入对样品的光催化活性几乎没有影响。BQ和β-carotene对MB的降解均有一定的抑制作用,但光催化剂仍具有一定的光催化活性。EDTA-2Na加入后,催化效果明显降低。因此在全光谱光照射下,在 $Ag_2CO_3/Bi_2O_2CO_3-Bi_2MoO_6$ 降解MB的光催化体系中,·OH不是主要的活性物种,h^+、$\cdot O_2^-$和$^1O_2$为主要的活性物种,其中h^+对光催化降解的贡献大,而$\cdot O_2^-$和$^1O_2$对光催化降解的贡献相对较少。

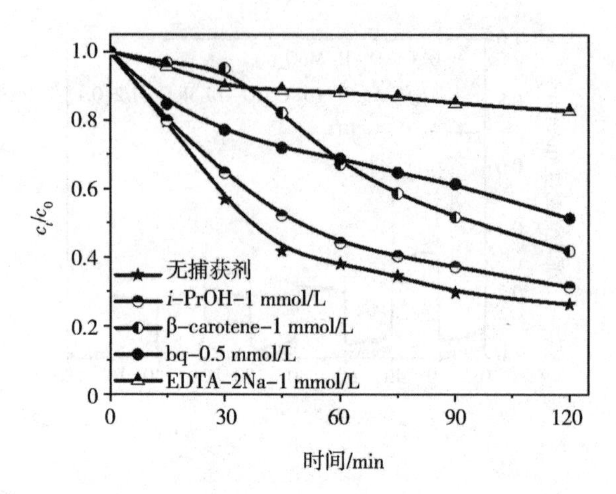

图 6-14　在有(无)捕获剂存在时，$Ag_2O-Ag_2CO_3/Bi_2O_2CO_3-Bi_2MoO_6$-1/2-0.1 光催化降解 MB 的性能比较

$Ag_2O-Ag_2CO_3/Bi_2O_2CO_3-Bi_2MoO_6$光催化反应可能的机理如图 6-15 所示。在光的照射下，带隙窄的 $Bi_2O_2CO_3-Bi_2MoO_6$和 $Ag_2O-Ag_2CO_3$被激发，同时产生电子和空穴。因为 $Ag_2O-Ag_2CO_3$的 CB(-0.48 eV)高于 $Bi_2O_2CO_3-Bi_2MoO_6$的 CB(-0.71 eV)，光生成的 e^-快速从 $Bi_2O_2CO_3-Bi_2MoO_6$的 CB 迁移到 $Ag_2O-Ag_2CO_3$的 CB 上。在光照过程中，由于 Ag 单质析出后附着在异质结的表面，e^-又从 $Ag_2O-Ag_2CO_3$的 CB 迁移到 Ag 单质上。同时，由于 $Ag_2O-Ag_2CO_3$的 VB (1.19 eV)低于 $Bi_2O_2CO_3-Bi_2MoO_6$的 VB(1.97 eV)，h^+从 $Bi_2O_2CO_3-Bi_2MoO_6$的 VB 迁移到 $Ag_2O-Ag_2CO_3$的 VB 上，使其 e^-和 h^+分离。然而 $Ag_2O-Ag_2CO_3$的 VB(1.19 eV)比 $E_{\cdot OH/H_2O}$(2.27 eV)的电位更负，所以 $Ag_2O-Ag_2CO_3$的 VB 中的 h^+不能将 H_2O 氧化生成 ·OH。$Ag_2O-Ag_2CO_3$的 CB (-0.48 eV)比 $E_{O_2/\cdot O_2^-}$(0.33 eV)的电位更负，所以 e^-捕获系统中的 O_2($^1O_2$)形成 $\cdot O_2^-$。h^+、$\cdot O_2^-$和$^1O_2$是复合材料光催化降解过程的主要的活性物种，将有机污染物分解成 CO_2和 H_2O 等小分子。提出以下反应方程：

$$Bi_2O_2CO_3-Bi_2MoO_6+h\nu \rightarrow Bi_2O_2CO_3-Bi_2MoO_6+e^-+h^+ \tag{6-2}$$

$$Ag_2O-Ag_2CO_3+h\nu \rightarrow Ag_2O-Ag_2CO_3+e^-+h^+ \tag{6-3}$$

$$O_2+e^- \rightarrow \cdot O_2^- \tag{6-4}$$

$$\text{有机污染物}+h^+(\cdot O_2^-, {}^1O_2) \rightarrow CO_2+H_2O \tag{6-5}$$

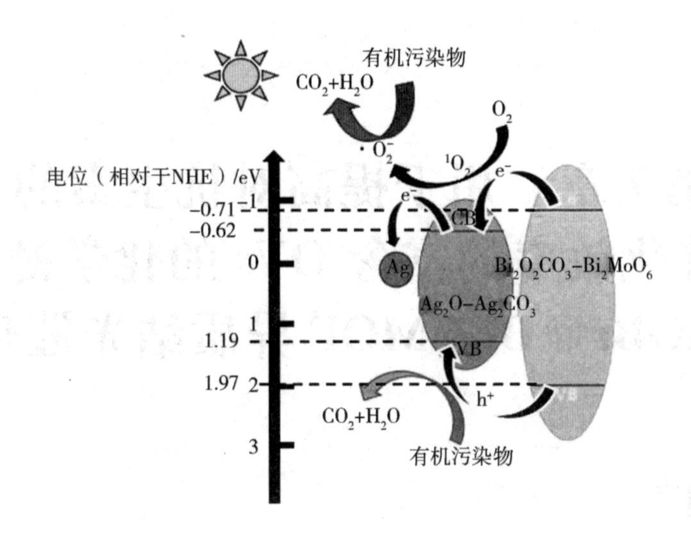

图6-15　全光谱下 $Ag_2O-Ag_2CO_3/Bi_2O_2CO_3-Bi_2MoO_6$ 复合材料降解 MB 的可能光催化机理图

6.4　小结与展望

以 Bi_2MoO_6为前驱体，采用 NaOH 作为蚀刻剂，空气中的 CO_2作为碳源，通过一步简单原位沉淀法制备了具有全光谱光催化性能的 $Ag_2O-Ag_2CO_3/Bi_2O_2CO_3-Bi_2MoO_6$异质结光催化剂。多面体状 Ag_2CO_3和片状 $Bi_2O_2CO_3$分布在 Bi_2MoO_6空心球的内部与外表面，三者形成紧密接触的有效异质结。当蚀刻剂 NaOH 的浓度为0.1 mol/L，$Ag_2O-Ag_2CO_3$与前驱体 Bi_2MoO_6的质量比为1/2时，$Ag_2O-Ag_2CO_3/Bi_2O_2CO_3-Bi_2MoO_6-1/2-0.1$在降解染料和抗生素污染物实验中均表现出较高的光催化效率，证明了该催化剂具有较好的广泛适用性。$Ag_2O-Ag_2CO_3/Bi_2O_2CO_3-Bi_2MoO_6$的高光催化活性可以归因于 $Ag_2O-Ag_2CO_3$与 $Bi_2O_2CO_3-Bi_2MoO_6$之间形成了紧密接触的有效异质结，不仅提高了对光的利用率，增多了表面活性位点，还促进了光生电子-空穴对的有效分离。捕获实验证实，在光催化降解体系中 h^+、$\cdot O_2^-$ 和 O_2为主要的活性物种。结果表明，$Ag_2O-Ag_2CO_3/Bi_2O_2CO_3-Bi_2MoO_6$作为一种催化效率高且稳定性好的光催化剂，在实际应用中具有去除废水中有机污染物的潜力。

第7章　用于提高对抗生素的光催化效率的富含OVs的化学键合Bi/BiOBr@Bi－MOF异质结光催化剂

7.1　引言

MOF是一种新型的大比表面积和高孔隙率的多孔晶体材料，在催化领域具有广阔的应用前景。与过渡金属和镧系金属构建的MOF相比，Bi原子和O原子的强配位使Bi－MOF具有更好的稳定性。同时，Bi－MOF较大的表面积、一定的不饱和金属位点以及易于调控的孔隙大小，使其成为一种优异的光催化剂。然而，宽带隙的Bi－MOF本身不能被可见光照射产生载流子，其光催化效率是有限的。因此，利用无机单元对Bi－MOF进行合理的修饰，可以进一步增强光诱导电子的迁移和载流子的分离，从而提高光催化效率。

作为奥里维里斯氧化物之一的BiOBr是近年来热门的研究对象之一，具有由$[Bi_2O_2]^{2+}$层与双负电荷Br原子层交织在一起的层状结构。其特殊的层状结构不仅可以适当吸收可见光，而且形成了一个足以产生和分离载流子的电场。但BiOBr也存在光利用率不足、稳定性低等缺点，Wu等人提出其电子－空穴对的分离效率也需要进一步提高。在众多改性方法中，多种成分之间的能带交叉能够建立更有效的电子传输通道，所以构筑BiOBr半导体和MOF材料的异质结是提高催化剂的光催化活性的有效方法之一。例如，Zhu等人通过共沉淀法制备了一种$BiOBr/NH_2-MIL-125(Ti)$催化剂。在可见光的照射下，$BiOBr/NH_2-MIL-125(Ti)$对RhB的降解速率为$0.04097\ min^{-1}$，分别是纯$NH_2-MIL-125(Ti)$和BiOBr的5.6倍和3.1倍。这是因为$NH_2-MIL-125(Ti)$与BiOBr的协同效应促进了光催化反应中光生电子－空穴对的分离。Hu等人合

成了一种新型的 NH_2－UiO－66/BiOBr 复合材料异质结。与 BiOBr 或 NH_2－UiO－66 相比，NH_2－UiO－66/BiOBr 复合材料对降解 TC 和还原 Cr(Ⅵ)的光催化性能明显增强。这是因为 NH_2－UiO－66/BiOBr 具有更大的界面接触面积，保证了 NH_2－UiO－66 与 BiOBr 之间较好的载流子转移。同时，它们在 BiOBr与 MOF 之间形成的强化学键合的化学作用也是提高复合材料光催化活性的重要原因之一。

Zhu 等人研究发现，当存在化学键相互作用时，晶界区域的能障可以有效降低，有利于电子转移。化学键合界面可以作为复合光催化剂中原子级电荷的传输通道，显著促进界面处光诱导电荷的矢量传递，而物理混合不能为这种电荷输运提供空间条件。因此，在两个能带匹配的材料之间构筑化学键合异质结是一种通过促进半导体与 Bi－MOF 间界面电荷转移来增强光催化活性的有效方法。例如，Gu 等人通过溶剂热法成功制备了化学键合的 Bi－MOF－M/Bi_2MoO_6 异质结复合光催化剂。与 Bi－MOF－M 和 Bi_2MoO_6单体相比，化学键合的 Bi－MOF－M/Bi_2MoO_6异质结对 TC 的光催化降解效率最大，分别是它们的 6.1 和 5.7 倍。这是因为 Bi－MOF－M 和 Bi_2MoO_6之间形成的化学键异质结可以促进光生载体的转移和分离，从而提高光催化活性。与物理混合相比，化学键合形成的异质结可更有效地优化光生电子的传输路径，从而抑制光生电子－空穴对的复合速率。因此，采用化学键合制备紧密接触的异质结十分必要。

He 等人认为，半金属 Bi 提高光催化活性的行为与贵金属(Au、Ag、Pt)的行为相似，已逐渐被认为是常用贵金属的替代品。SPR 效应可以将等离子体能量从半金属 Bi 转移到半导体，不仅促进了半金属 Bi－半导体中的光吸收，还提高了光生 e^-的迁移效率。肖特基势垒是异质结界面上的一种变形能带结构，它可以作为 e^-聚集中心阻止光生载流子的复合。同时，半金属 Bi 中的 e^-可以通过 SPR 效应迁移到半导体中，实现热电子迁移。这些优点使半金属 Bi 在复合材料体系中具有作为助催化剂和电子介质的潜力。因此，考虑到以上优异特性，可以期望以半金属 Bi 为功能电子介质，即以其为桥梁构筑 Z 型 Bi/BiOBr@ Bi－MOF 基异质结，以提高复合材料的光催化性能。

除了采用化学键合构建紧密接触的半金属 Bi 为功能电子介质的 Bi－MOF 基异质结外，另一种抑制电荷重组的有效方法是在光催化剂中引入表面 OVs。Zhao 等人认为 OVs 可以降低晶格氧的活化能，加速晶格氧向表面的扩散。Li

等人认为 OVs 衍生的不饱和配位可以为分子的吸附和催化提供更多的活性位点。因此,OVs 催化剂应成为增强催化性能协同效应的首选。对于铋基光催化剂来说,Bi—O 键具有相对较低的键能,这意味着 O 原子可以很容易地在温和的条件下从晶体中逸出,形成 OVs。目前,Shan 等人归纳了将 OVs 引入 MOF 晶格的众多方法,包括快速结晶、快速活化、酸碱处理等。这些方法可以在合成过程中直接修饰具有活性位点的有机配体,形成配位的不饱和金属离子中心,或者引入新的官能团、金属离子生成活性位点,从而获得更高的光催化活性。每一种形式的修饰都可以获得更多的活性位点,并保留 MOF 材料的原始配位和稳定框架。但它们大多需要复杂的设备和程序,并难以控制反应的结果。因此,以化学键合的方式构建紧密接触的异质结的过程中引入 OVs,从化学反应的角度来调控氧缺陷的浓度,具有工艺温和、简单、可控等优点。

本章采用两步原位合成法制备了具有富含 OVs 的化学键合的紧密接触 Z 型 Bi/BiOBr@ Bi - MOF 异质结复合材料。在制备过程中,BiOBr 纳米片以共享 Bi - MOF 中 Bi 原子的方式,原位均匀生长在带状 Bi - MOF 表面。随后,以草酸铵作为还原剂,在光照下,将 BiOBr@ Bi - MOF 复合材料中的 Bi^{3+} 还原为金属 Bi,并均匀分散在带状 BiOBr@ Bi - MOF 复合材料表面,形成富含氧缺陷、化学键合的紧密接触 Z 型 Bi/BiOBr@ Bi - MOF 异质结复合材料光催化剂。金属 Bi、BiOBr 和 Bi - MOF 的电子结构不同,在 BiOBr、Bi - MOF 和 Bi 之间形成的 Z 型异质结限制了光生载流子的复合。同时,OVs 的形成能够提高材料的光学吸收和电荷分离效率,从而增强光催化活性。为了验证所得到的三元光催化体系的光催化效率,以抗生素(CTC 和 CIP)为模型分子,评价了 Bi/BiOBr@ Bi - MOF 的光催化性能。同时,讨论了 KBr 与 Bi - MOF 的质量比、光沉积时间、有无 MOF 结构和水环境因素(无机盐离子和水质)对降解 CTC 的影响,以及复合材料降解不同抗生素(AMX 和 MNZ)的广泛性。随后,通过活性物种捕获实验、EPR 测试、电化学测试和 LC/MS 的测定结果,推断出可能的 Z 型光催化机理和可能的 CTC 光催化降解路径。

7.2 实验部分

7.2.1 光催化剂的制备

7.2.1.1 Bi-MOF前驱体的制备

将$Bi(NO_3)_3 \cdot 5H_2O$(0.65 g)加入N, N-二甲基甲酰胺(DMF, 22.5 mL)溶液中,同时将1,3,5-苯三羧酸(H_3BTC, 0.8 g)溶于甲醇(CH_3OH, 7.5 mL)。将前者加入后者并搅拌0.5 h,得到均匀透明溶液,随后将其密封在聚四氟乙烯衬里高压釜(50 mL)中,在130 ℃下保持48 h。通过离心收集固体,分别用乙醇和DMF洗涤3次,然后在60 ℃真空干燥箱中干燥6 h,得到白色粉末Bi-MOF。

7.2.1.2 BiOBr@Bi-MOF的原位制备

将一定量KBr溶于去离子水(50 mL),随后将Bi-MOF(0.5 g)加入KBr溶液中,搅拌10 min。将悬浮液转移至90 ℃的水浴锅中加热1 h。通过离心收集固体,用水和乙醇洗涤3次,然后在60 ℃真空干燥箱中干燥6 h。得到的乳白色固体BiOBr@Bi-MOF-x,命名为B@B-x,其中x表示KBr与Bi-MOF的质量比,分别为0.2、0.5、1.0、2.4、22.0、44.0和88.0。不含有MOF的BiOBr的制备过程与上述过程类似,只是用$Bi(NO_3)_3 \cdot 5H_2O$代替Bi-MOF。

7.2.1.3 Bi/BiOBr@Bi-MOF的原位合成

将$(NH_4)_2C_2O_4$(1.5 g)溶于去离子水(100 mL)中。将BiOBr@Bi-MOF(0.2 g)加入$(NH_4)_2C_2O_4$溶液中,超声处理10 min,随后搅拌10 min。将悬浮液转移至石英反应器中,采用300 W氙灯作为光源进行光照。通过离心收集固体,用水和乙醇洗3次,然后冷冻干燥6 h。得到的Bi/BiOBr@Bi-MOF-y样品用 B/B@ B - y 表示,其中 y 表示光照的时间,分别为 3 min、5 min、10 min、30 min和 60 min。不含有 MOF 的 Bi/BiOBr 复合材料的制备过程与上述过程类似,只是用 BiOBr 代替 BiOBr@ Bi - MOF,得到的 Bi/BiOBr 用 B/B 表示。

7.2.2 光催化剂的表征

采用 Bruker AXS D8 型 X 射线衍射仪(条件 Cu Kα 辐射,测试范围为 10°~60°)获得样品的 XRD 谱图。采用 Bruker A300 型 ERP 波谱仪来获得 EPR 谱。样品的傅里叶红外分析使用了 Nicolet 6700 型傅里叶红外光谱仪。XPS 的测量在 ESCALAB 250Xi 型 X 射线光电子能谱仪上进行,使用 284.6 eV 的 C 1s 峰作为参考。采用 Hitachi S - 4300 型 SEM 和 Hitachi H -7650 型 TEM 来研究样品的形貌。采用JEOL2100F 型 HRTEM来探索样品的微观结构。样品的 S_{BET} 和 D_p 由 3H - 2000 型比表面积及孔径分析仪测量,测量温度为 77 K。UV - vis DRS 由 TU - 1901 型分光光度计获得,以 $BaSO_4$为参照。不同样品的 PL 谱由 Hitachi F - 7000 型荧光分光光度计测定。使用不同的捕获剂在可见光下记录活性物种的 EPR 谱。样品的 LC/MS 测试采用 Agilent1200 型液相色谱系统和 6310 型离子阱质谱仪。

7.2.3 光催化降解实验

选用抗生素,如 CTC、CIP、AMX 和 MNZ 等有机污染物作为光催化反应模型分子,来考察样品的光催化性能。采用 300 W 氙灯作为光源,可获得波长范围为 190 ~ 1100 nm 的全光谱光。

将光催化剂(50 mg)分散在 CTC 溶液(50 mg/L,100 mL)中,超声处理 10 min,避光搅拌 30 min,直到模型分子和催化剂达到吸附 - 脱附平衡。将悬浮液转移到石英反应器中,激发光源,进行光催化实验。每隔一段时间取悬浮液(4 mL),并进行离心分离。收集上层溶液并加以稀释。用 TU - 1901 型紫外 - 可见分光光度计分析初始和残留的抗生素溶液,其最大吸收波长为 λ_{max}。

CIP、AMX 和 MNZ 的溶液浓度为 50 mg/L,溶液体积为 100 mL。在降解含有相同浓度(0.05 mol/L)无机盐的 CTC 溶液(50 mg/L,100 mL)时,分别向 CTC 溶液中加入一定量的无机盐和光催化剂,其他步骤按照上述步骤进行。无机盐包括 KCl、Na_2SO_4、Na_2CO_3和 $CaCl_2$。

7.2.4　光捕获实验

将光催化剂(50 mg)分散到 CTC 溶液(50 mg/L,100 mL)中,超声处理 10 min,避光搅拌 30 min,直到 CTC 分子和催化剂达到吸附－脱附平衡。然后分别将不同捕获剂,如异丙醇(i－PrOH,1 mmol/L)、对苯醌(p－BQ,0.5 mmol/L)和 EDTA(2Na,1 mmol/L),加入 CTC 溶液中,激发光源,进行光催化降解实验。

7.2.5　光催化循环实验

在循环试验中,将光催化降解后的催化剂悬浮液回收到离心管中,并通过离心收集固体。用水和乙醇多次洗涤使用过的光催化剂,以去除吸附在催化剂表面的有机污染物或降解产物。将悬浮液离心,得到固体,在 60 ℃的真空干燥箱中干燥 6 h。研磨干燥后的催化剂,然后用于下一次的光催化降解实验。

7.2.6　光电化学测试

光电化学测试在 PEC1000 型光电化学测试装置上进行。在瞬态光电流实验中,工作电极为涂有 1.0 cm×1.0 cm 光催化剂的钛片,对电极为铂片,参比电极为饱和 Ag/AgCl(饱和 KCl)电极。工作电极的制作方法:先将 0.1 g 的催化剂加入 5 mL 乙醇中,超声处理 10 min,搅拌形成悬浮液;将悬浮液涂在 2.0 cm×1.0 cm 的钛片上,最后将制备的钛片在 50 ℃的干燥箱中干燥 30 min。在测试过程中,Na_2SO_4溶液(0.01 mol/L)和 300 W 氙灯($\lambda>420$ nm)分别作为电解质和光源,开路电压约为 0.3 V。

在电化学阻抗实验中,工作电极是一个涂有 1.0 cm×1.0 cm 光催化剂的泡沫镍,工作电极的制备和测试条件与瞬态光电流实验类似。

7.3　结果与讨论

7.3.1　结构和形貌表征

为了研究所制备样品的化学成分,对样品进行了 XRD 测试。从图 7－1(a)

可以看出，制备的 Bi－MOF 具有混合晶相，位于 9.8°、10.7°、12.8°、14.3°、14.9°、17.5°、20.2°、23.9°和 26.5°的衍射峰归属于 CCDC：1404669，Wang 等人的研究也证实了该结论；其余的衍射峰归属于 CCDC：1976709，Koo 等人的研究也得到相同的结果。图 7－1(b)为不同 KBr 加入量的 B@B 样品的 XRD 谱图。从图中可以看出，以 Bi－MOF 为活性载体，引入 KBr，在其表面原位生长 BiOBr 后，可以观察到 25.2°、31.7°、32.2°、46.2°和 57.1°等位置的一系列较强的衍射峰，分别对应四方晶相 BiOBr 的(101)、(102)、(110)、(200)和(212)等晶面。同时，可以观察到 2θ 位于 9.5°～11.5°、17.0°～21.5°、23.7°、25.3°～30.5°、34.5°～38.8°以及 41.0°～44.0°范围内 Bi－MOF 的衍射峰。但是，随着 KBr 加入量的增多，Bi－MOF 的衍射峰逐渐减弱。当 KBr 与 Bi－MOF 的质量比为 88 时，不再出现 Bi－MOF 的衍射峰，这可能是因为 Bi－MOF 中的 Bi 原子已大部分用于转化为 BiOBr 来形成 B@B 复合材料。以上结果表明，以 Bi－MOF 为活性载体，引入 KBr 后，在其表面发生原位离子交换生成了 BiOBr，并且，BiOBr 与 MOF 的相互作用使 Bi－MOF 的结构略有扭曲，Wang 等人研究也得到了相似的结论。图 7－1(c)为 B@B－1 与 B/B@B－γ－1 的 XRD 谱图。从图中可以看出，以 B@B－1 为前驱体，通过光沉积原位析出 Bi 单质后，B/B@B－γ－1 中 BiOBr 的衍射峰基本保持不变。然而，B/B@B－γ－1 复合材料中 Bi－MOF 的部分衍射峰变得非常微弱，仅可观察到其位于 11.1°和 42.2°的衍射峰。这可能是因为负载的 Bi 和 BiOBr 生长在 Bi－MOF 的表面，遮蔽了 Bi－MOF 的晶相。另外，图中并未观察到明显的金属 Bi 的衍射峰，这可能是由于金属 Bi 的高分散性或低含量所致。

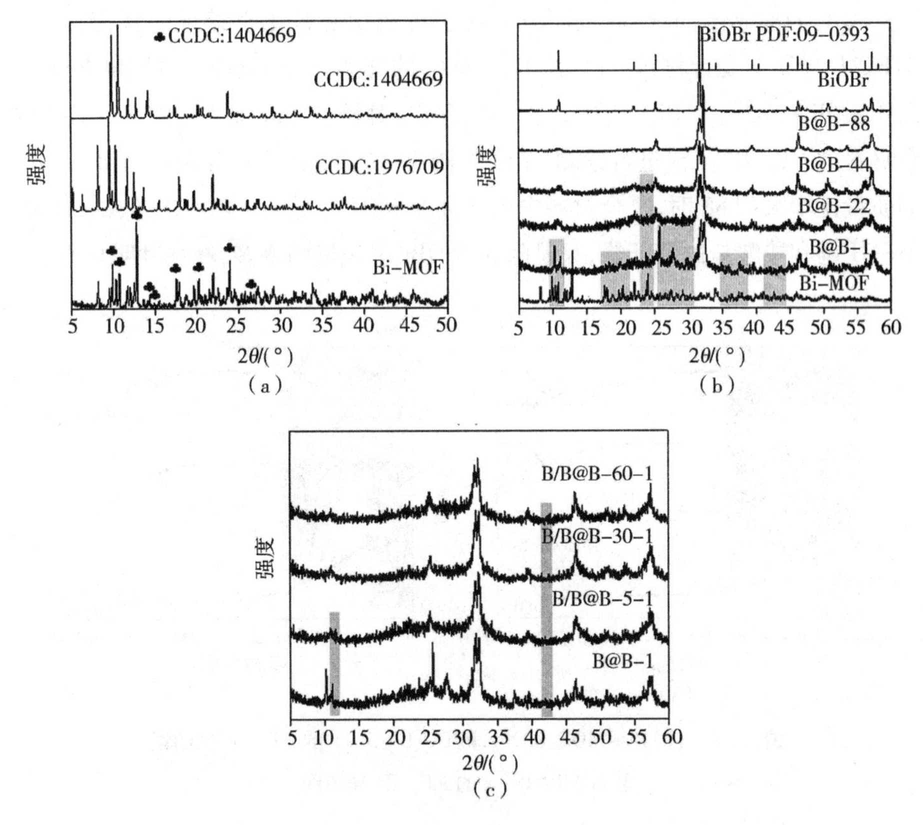

图 7 - 1　(a) Bi - MOF 的 XRD 谱图；(b) B@ B - x 的 XRD 谱图和(c) B/B@ B - y - 1 的 XRD 谱图

为了更好地验证制备催化剂的 Bi - MOF 框架，对复合材料进行 FT - IR 光谱检测，测试结果如图 7 - 2 所示。图 7 - 2(a) 为 Bi - MOF、B@ B - 1、B/B@ B - 5 - 1和 BiOBr 的 FT - IR 对比图。所有样品均表现出相似的特征峰，其中，400 ~ 850 cm^{-1}范围内的特征峰分别归因于 O—Bi—O 键的伸缩振动，该现象被 Shoja 等人的研究所证实；938 cm^{-1}和 1107 cm^{-1}处的特征峰归因于有机连接体中苯环的 C—H 键和 Ar—H 键，该现象被 He 等人的研究所证实；1300 ~ 1700 cm^{-1}范围内的特征峰归因于 MOF 中的羧酸盐，该现象被 He 等人的研究所证实；2500 ~ 4000 cm^{-1}范围内的特征峰归因于表面吸附的水分子的 O—H 键。值得注意的是，B/B@ B - 5 - 1 中 Bi - MOF 的上述特征峰随着金属 Bi 的沉积而发生强度变化，表明存在化学键合或界面的相互作用。这一结果表明，以

Bi－MOF 为前驱体，通过两步原位沉淀法可成功制备化学键合的紧密接触的 B/B@B 异质结复合材料，且保留 Bi－MOF 的框架。为了验证大量 BiOBr 原位沉积于 Bi－MOF 后，Bi－MOF 结构依然存在，对较多 KBr 加入量的 B@B－x 复合材料的 FT－IR 光谱进行检测，结果如图 7－2(b)所示。当 KBr 与 Bi－MOF 的质量比增大到 88 时，复合材料中仍然存在 MOF 中的 O—Bi—O 键、C—H 键、Ar—H 键和羧酸盐的特征峰，只是随着 BiOBr 沉积量的增多，峰强度明显减弱。

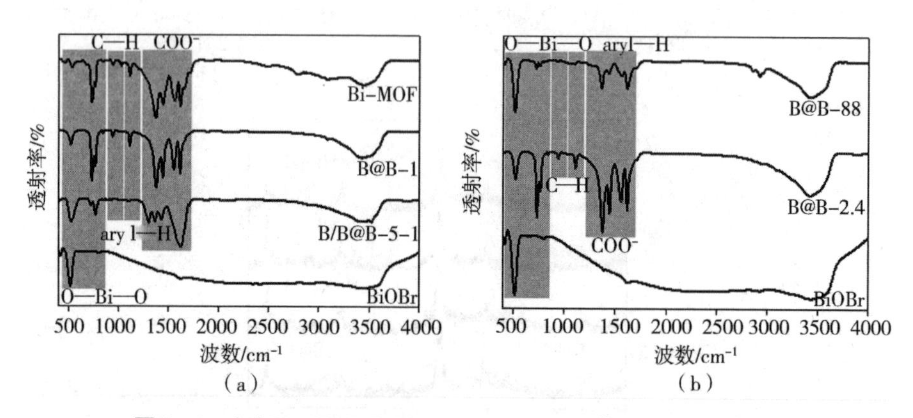

图 7－2 (a) Bi－MOF、BiOBr、B/B@B－5－1 的 FT－IR 光谱图和(b) B@B－x 的 FT－IR 光谱图

EPR 谱提供了 B/B@B－5－1 复合材料光催化剂中存在 OVs 的直接证据。因为 OVs 可以捕获一个电子，并在 g＝2.003 处形成一个清晰的信号。从图 7－3中可以看出，Bi－MOF、B@B－1 和 B/B@B－5－1 在 g＝2.003 处具有较强的对称顺磁共振特征峰，这是由 Bi 金属原子的不饱和配位导致的一些不可避免的固有氧缺陷引起的。Wu 等人认为样品的 EPR 峰面积越大，意味着其氧缺陷的浓度越大。各催化剂 OVs 浓度的大小顺序为 B/B@B－5－1＞B@B－1＞Bi－MOF。值得注意的是，B@B－1 的 EPR 强度高于 Bi－MOF，表明 Bi－MOF的 Bi(Ⅲ)和 O 在与 KBr 溶液中 Br 元素离子交换形成 BiOBr 的过程中，Bi－MOF 逐渐失去有机配体，其结构变得扭曲，并加剧其不饱和配位的程度，进而诱导 B@B－1 产生更多的 OVs。随后，以富含氧缺陷的 B@B－1 为前驱体，在其表面原位光还原沉积金属 Bi 的过程中，Bi－MOF 再次逐渐失去有机配体，同时层状$[Bi_2O_2]^{2+}$中的 Bi—O 具有较低的键能，可以在温和的光还原条件下发生键的断裂,使 O 原子易从晶体中逃逸。这样一来,整个复合材料中的 Bi 金属原子不饱和配位现象和结构扭曲更加严重,进一步诱发更多的 OVs,该推论被 Zhao 等人的研究所证实。因此,与 Bi - MOF 和 B@ B - 1 相比,B/B@ B - 5 - 1表现出最强的 OVs 信号。显然,随着 BiOBr 和 Bi^0的担载,异质结中 OVs 的信号强度增强。此外,OVs 上的水分子可以被 OVs 解离并激活,形成 · OH 自由基。同时,OVs 可以作为 e^-捕获中心,将 O_2还原成 · O_2^-自由基,从而促进光催化降解。因此,适当 OVs 的存在对光催化活性具有重要意义。以上结果表明,构建 B/B@ B - 5 - 1 异质结可以引入更多的 OVs 和产生更多的活性自由基,从而有利于载流子的分离和光催化活性。

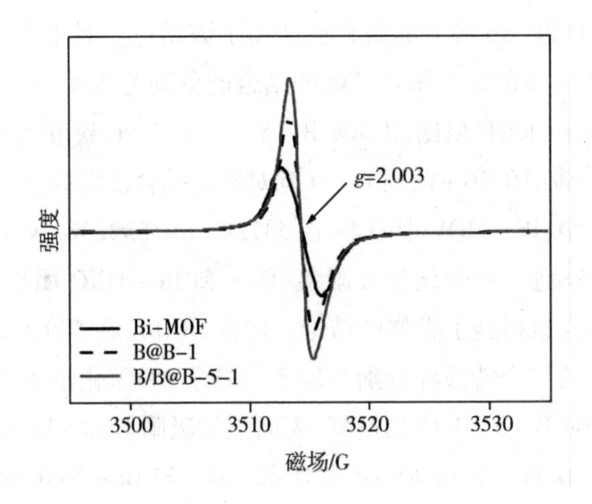

图 7 - 3　Bi - MOF、B@ B - 1 和 B/B@ B - 5 - 1 的 EPR 谱图

为了分析复合材料中每种元素的化学态,对样品进行了 XPS 测定分析,结果如图 7 - 4 所示。从全扫描 XPS 图 7 - 4(a)中可观察到 Bi、Br、C 和 O 元素,说明四种元素共存于 B/B@ B - 5 - 1 中。在图 7 - 4(b)中,纯 BiOBr 中的 4 个特征峰分别与 $Bi^{(3-x)+}$ 的 Bi $4f_{7/2}$(158.78 eV)、Bi $4f_{5/2}$(164.48 eV)和 Bi^{3+} 的 Bi $4f_{7/2}$(159.68 eV)、Bi $4f_{5/2}$(165.48 eV)相匹配。这一结果说明,BiOBr 的形成过程中产生了 OVs,其 Bi^{3+}可以还原为 $Bi^{(3-x)+}$。Bi - MOF 的 Bi $4f_{7/2}$和 $4f_{5/2}$轨道的结合能分别为 159.78 eV 和 164.98 eV,说明 Bi - MOF 中 Bi 为 +3 价。与 Bi - MOF 相比,B/B@ B - 5 - 1 的 Bi $4f_{7/2}$轨道的结合能向低能位移了 0.20 eV。

与 BiOBr 相比，B/B@ B－5－1 的 Bi $4f_{7/2}$和 $4f_{5/2}$轨道的结合能分别向低能和高能位移了 0.10 eV 和 0.50 eV。此外，B/B@ B－5－1 中除了存在 Bi^{3+}的 $4f_{7/2}$(159.58 eV)和 $4f_{5/2}$(164.98 eV)轨道的结合能以外，还出现了位于 158.48 eV 和 164.08 eV 的 Bi^0的特征峰，这表明 B@ B 通过原位光沉积成功还原出了 Bi 单质。由图 7－4(c)可知，BiOBr 中 Br 离子的 Br $3d_{5/2}$和 Br $3d_{3/2}$轨道的结合能分别为 68.38 eV 和 69.48 eV，证明了 BiOBr 中 Br 为－1 价。与 BiOBr 相比，B/B @B－5－1 中 Br 离子的 Br $3d_{5/2}$(68.78 eV)和 Br $3d_{3/2}$(69.98 eV)轨道的结合能分别向高能位移了 0.40 eV 和 0.50 eV。

如图 7－4(d)所示，在 Bi－MOF 中，C 1s 在 284.78 eV、286.38 eV 和 288.48 eV的峰分别归因于苯环中的 C═C 键、H_3BTC 中的 C—C 键和 H_3BTC 中羧酸基团的 C═O 键，Xu 等人的研究也证实了该结论。对于 B/B@ B－5－1，C 1s 中上述化学键对应的高分辨特征峰的结合能分别为 284.68 eV、286.28 eV和 288.58 eV。与 Bi－MOF 相比，B/B@ B－5－1 中 C═C 键和 C—C 键对应的结合能均向低能位移了 0.10 eV，而 C═O 键对应的结合能向高能位移了 0.10 eV。

图 7－4(e)中，Bi－MOF 中 O 1s 在 531.48 eV、532.38 eV 和 533.58 eV 处有三个特征峰，分别与表面化学吸附氧、OVs 和 Bi－OXO 团簇中的 O 原子有关，Jia 等人的研究也得到了类似的结论。同样，BiOBr 在 529.68 eV、531.08 eV 和 532.68 eV 处的三个特征峰分别对应于晶格氧、表面化学吸附氧和 OVs。与 BiOBr 相比，B/B@ B－5－1 中晶格氧、表面化学吸附氧和 OVs 对应的结合能分别向低能位移了 0.60 eV、0.90 eV 和 0.40 eV。与 Bi－MOF 相比，B/B@ B－5－1 中表面化学吸附氧和 OVs 对应的结合能分别向低能位移了 1.30 eV 和 0.10 eV。用 BiOBr 和 Bi^0修饰后，O 1s 在 Bi－MOF 上的峰值向较低的结合能移动，表明电子密度增加。Bi－MOF、BiOBr 和 Bi^0之间的这种强烈的相互作用，促进了催化反应过程中的电荷扩散和分离过程。最重要的是，O 1s 的 XPS 结果表明 Bi－MOF、B@ B－1 和 B/B@ B－5－1 中产生了具有高电子吸引效应的 OVs，且 B/B@ B－5－1 中 OVs 的特征峰面积($S_{OVs}/S_{总}=57.5\%$)明显大于 Bi－MOF ($S_{OVs}/S_{总}=17.0\%$)和 BiOBr($S_{OVs}/S_{总}=53.6\%$)。表明 BiOBr 和 Bi^0的原位引入对表面 OVs 的形成有促进作用，这与图 7－3 的 EPR 结果一致。较多的 OVs 和较高的 Bi^0分散度共同促进了 B/B@ B－5－1 对 CTC 的光催化降解。

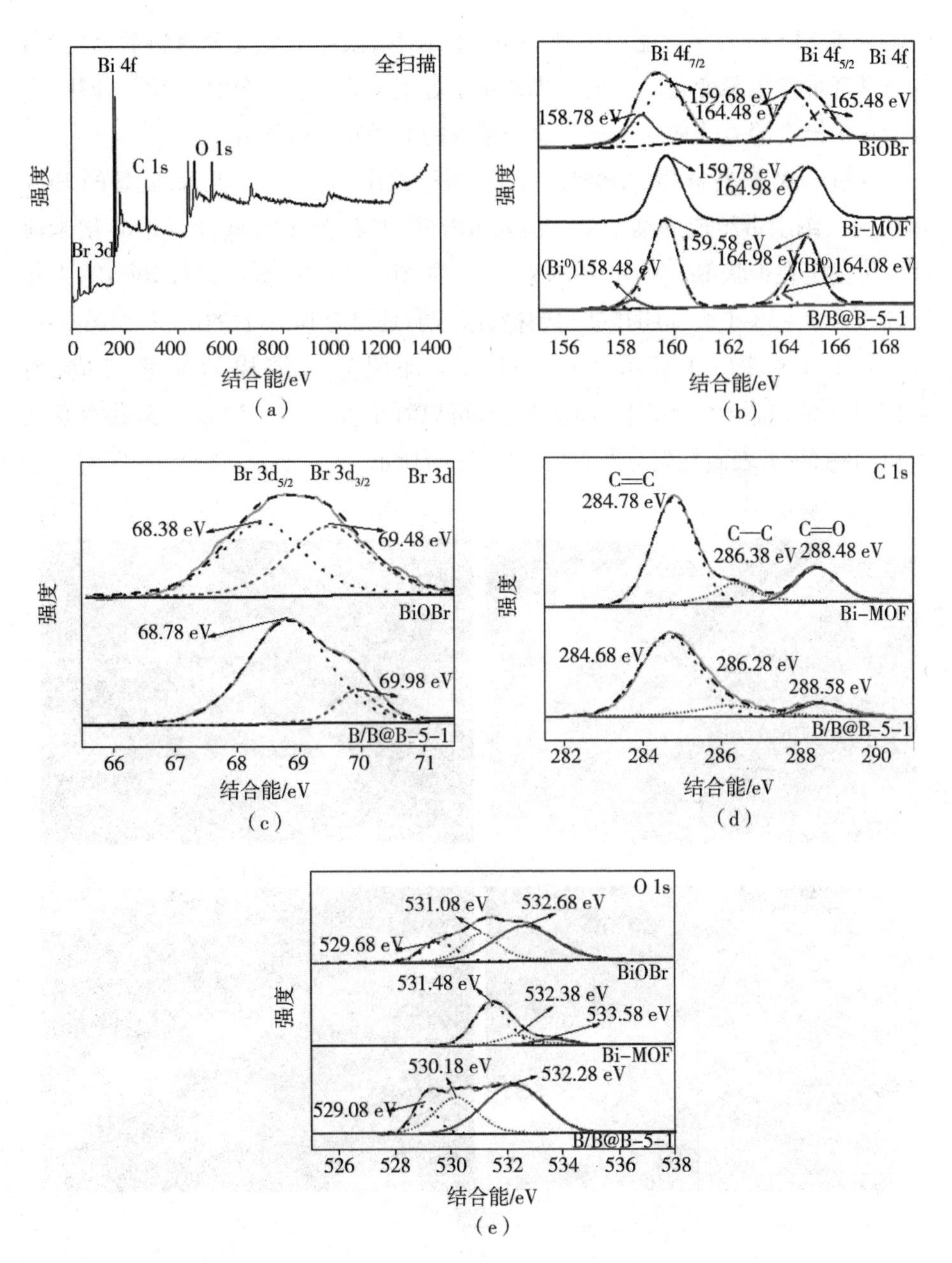

图 7-4 B/B@ B-5-1 的 XPS 图

(a)全扫描;(b)Bi 4f;(c)Br 3d;(d)C 1s;(e)O 1s

值得注意的是,与 Bi - MOF 和 BiOBr 单体相比,B/B@ B - 5 - 1 中各元素

的高分辨 XPS 峰的结合能均出现了明显的位移,表明形成复合材料后,各元素的化学环境发生了变化。这进一步证实了各组分之间存在较强的化学作用,即通过化学键合的方式成功构筑了紧密接触的 B/B@B 异质结。

通过 SEM 来对样品的形貌进行了表征。如图 7-5(a)所示,制备的 Bi-MOF 为长纳米带组成的纳米束。引入 KBr 后,长约为 500 nm 的 BiOBr 纳米薄片原位锚定在带状 Bi-MOF 纳米束表面,如图 7-5(b)所示。与 B@B-1 相比,B/B@B-5-1 表面明显变得粗糙,这可能是因为 Bi 单质的沉积,如图 7-5(c)和图 7-5(d)所示。为了进一步证明异质结构的元素组成,对 B/B@B-5-1进行了 SEM-EDS 分析,可以看出 Bi、Br、C 和 O 元素共存且在 B/B@B-5-1 表面均匀分布,如图 7-5(e)所示。

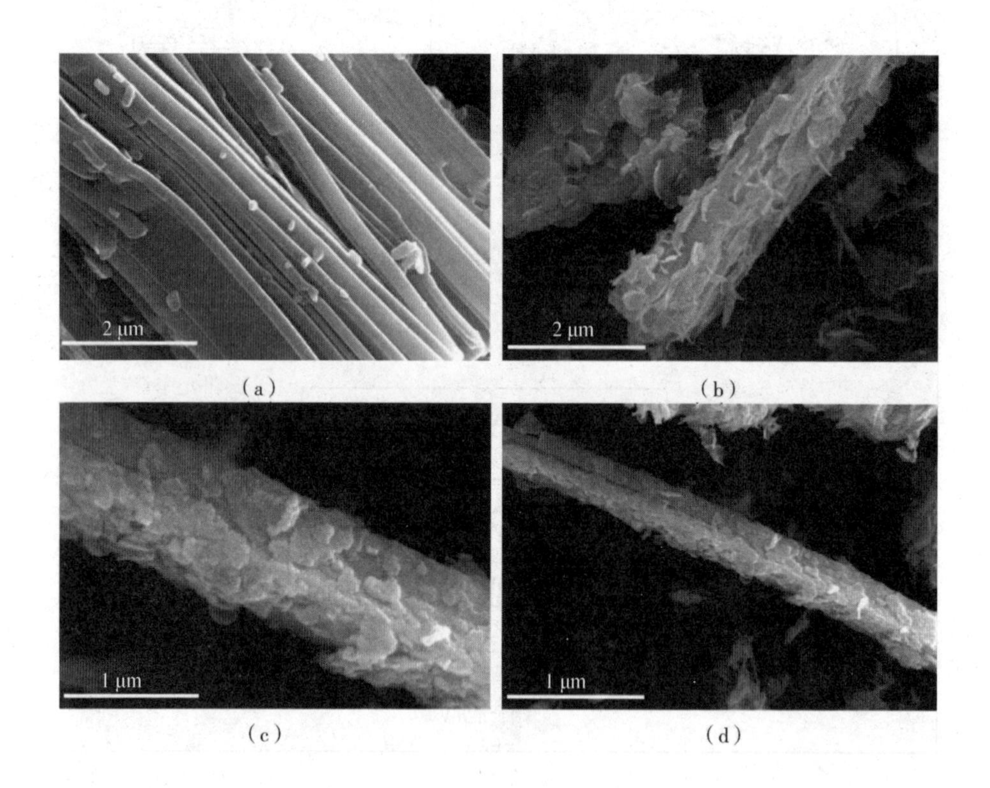

(a) (b) (c) (d)

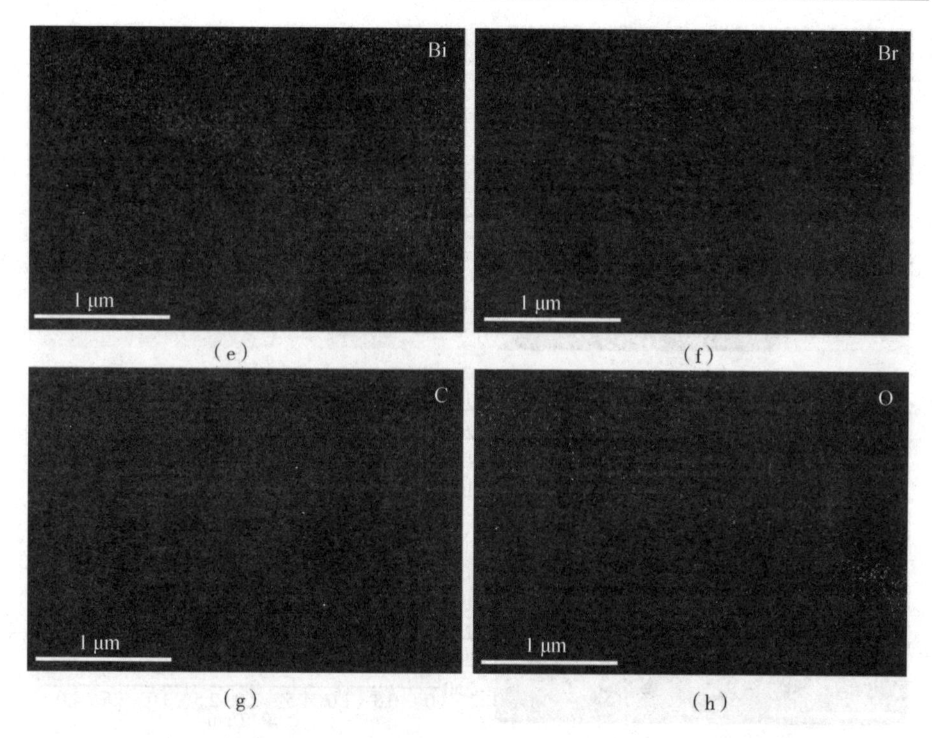

图7-5 (a)Bi-MOF,(b)B@B-1,(c)、(d)B/B@B-5-1的SEM图以及(e)~(h)B/B@B-5-1的SEM-EDS图

通过TEM和HRTEM进一步研究了B/B@B-5-1的形态和微观结构。从图7-6(a)可以观察到,BiOBr纳米薄片生长于带状的Bi-MOF表面。如图7-6(b)所示,B/B@B-5-1表面明显的颗粒感可能是因为Bi单质的沉积,金属Bi彼此分离,均匀分散在纳米片的表面,平均尺寸约为5 nm。由B/B@B-5-1的HRTEM图可知,0.279 nm、0.282 nm和0.232 nm的晶格间距分别对应于BiOBr的(110)晶面、BiOBr的(102)晶面和Bi单质的(104)晶面,如图7-6(c)~(f)所示。然而,由于Bi-MOF被电子束破坏,致使对应的晶格间距缺失,该结论被Li等人研究所证实。此外,在图7-6(c)中可以观察到晶格无序和不规则晶格,这归因于B/B@B-5-1表面丰富的OVs。结果表明,OVs导致B/B@B-5-1表面形成了晶格无序、模糊和不规则晶格,为污染物的吸附和活化提供了更多活性位点。

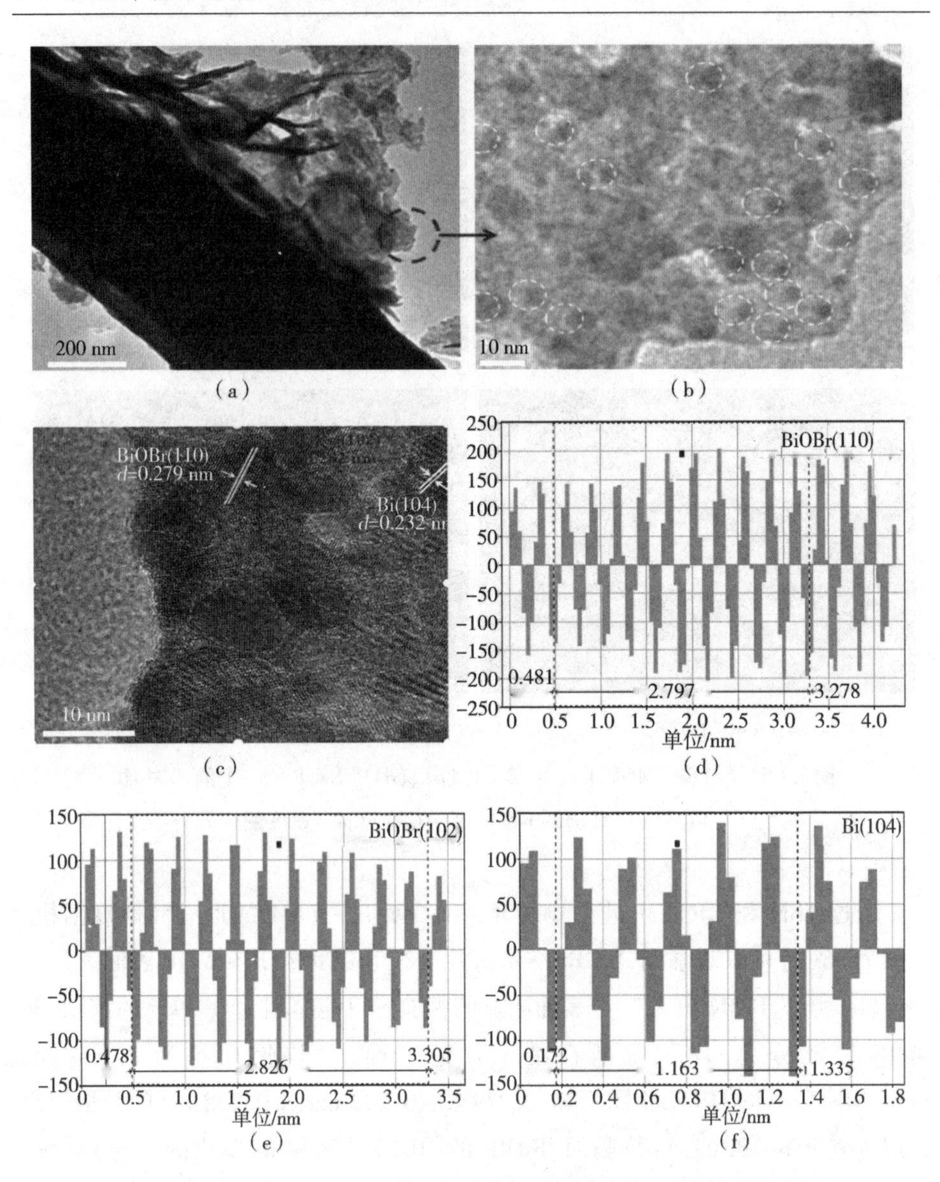

图7-6　B/B@B-5-1的(a)、(b)TEM图和(c)~(f)HRTEM图

根据以上表征结果，提出了Bi/BiOBr@Bi-MOF可能的生长机理，如图7-7所示。以具有氧缺陷的Bi-MOF为前驱体，引入KBr后，Br离子与Bi-MOF中的Bi和O原位离子交换形成大小为200~500 nm的BiOBr纳米片。在BiOBr的形成过程中，Bi-MOF逐渐失去有机配体，并发生结构扭曲，使其不饱和配位的程度加剧,进而诱导产生OVs,形成了含有大量OVs的BiOBr@Bi-MOF。以BiOBr@Bi-MOF为前驱体,采用原位光还原方法,将BiOBr@Bi-MOF中的Bi^{3+}还原成大小约为5 nm的金属Bi。金属Bi的原位沉积使BiOBr@Bi-MOF的OVs含量进一步增大,形成了化学键合的、富含OVs的Bi/BiOBr@Bi-MOF异质结。Bi、BiOBr和Bi-MOF之间的紧密接触有利于光诱导的电子-空穴对在异质结界面上的加速分离和有效扩散,提高光催化效率。

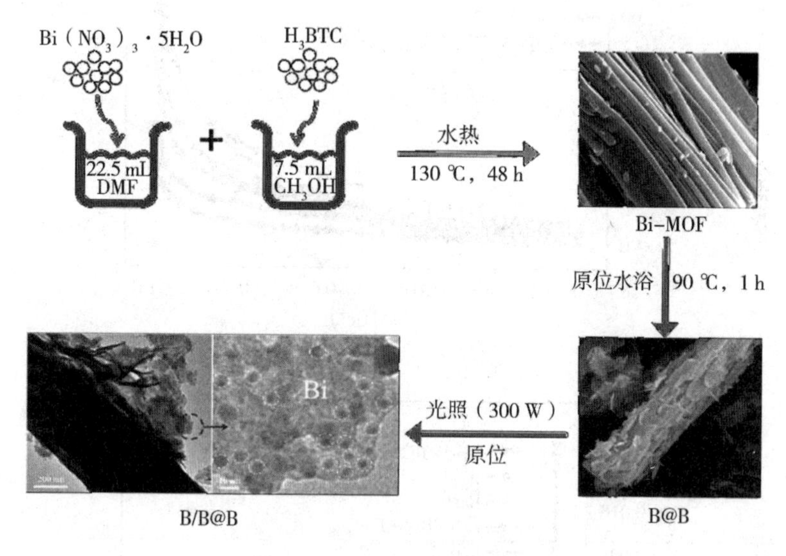

图7-7 B/B@B制备路线图

采用N_2的吸附-脱附测试研究了样品的多孔结构,结果如图7-8和表7-1所示。从图7-8(a)可以看出,所有样品均具有H3型滞后环的Ⅳ型等温线,这是介孔结构的主要特征。图7-8(b)为催化剂的孔径分布曲线,可以看出,所有样品的孔径分布曲线均为单峰曲线且宽度较窄,这说明材料的孔径分布均匀。表7-1为催化剂的S_{BET}、V_p和D_p数据。其中,Bi-MOF、B@B-1和B/B@B-5-1光催化剂的S_{BET}分别为17.51 m^2/g、24.47 m^2/g和33.36 m^2/g。在Bi-MOF上原位沉积BiOBr和Bi后,B/B@B-5-1的S_{BET}明显增大,说明其具有更多的活性位点,这对光催化活性起到相当大的促进作用。值得注意的是,B/B@B-5-1具有最大的S_{BET}(33.36 m^2/g),是无MOF结构的B/B-5(8.37 m^2/g)的S_{BET}的4.0倍。此外,由于B/B@B-5-1复合材料的结构完整程度高，显示出比其他样品更大的 D_p。因此，B/B@ B－5－1 三元复合材料的形成及 Bi－MOF 的保留使其具有更多的表面活性位点来吸附和降解有机污染物，从而使光催化活性提高。

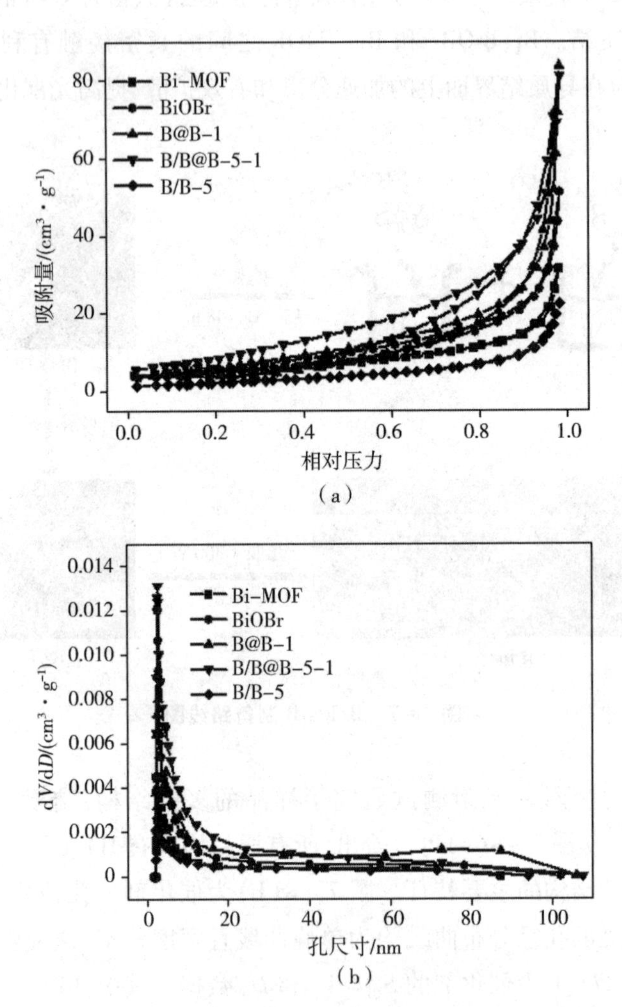

图 7－8　样品的(a)N_2吸附－脱附等温线和(b)孔径分布曲线

表7－1 催化剂的比表面积、孔体积和平均孔径

催化剂	$S_{BET}/(m^2 \cdot g^{-1})$	$V_p/(cm^3 \cdot g^{-1})$	D_p/nm
Bi－MOF	17.51	0.05	2.45
B@B－1	24.47	0.13	2.10
BiOBr	21.98	0.08	2.33
B/B@B－5－1	33.36	0.13	2.45
B/B－5	8.37	0.03	2.33

7.3.2 光吸收性质

为了研究光催化剂的光学吸收特性，对所制备样品进行了UV－vis DRS测试。如图7－9(a)所示，Bi－MOF、BiOBr、B@B－1和B/B@B－5－1的带边吸收分别约为354 nm、456 nm、430 nm和426 nm。与Bi－MOF相比，B@B－1和B/B@B－5－1的带边吸收明显红移，且在可见光区显示出更宽的光吸收范围。这表明BiOBr的原位生成和金属Bi的原位沉积促使Bi－MOF吸收更多的可见光，有利于提高对光的利用率。值得注意的是，B/B@B－5－1的带边吸收与B@B－1相似，表明样品的带隙变化不大，同时出现轻微蓝移现象，这可能是由于B/B@B－5－1中金属Bi含量低且尺寸小。Kubelka－Munk能量曲线图如图7－9(b)所示，Bi－MOF和BiOBr的带隙分别为3.50 eV和2.72 eV，通过图7－9(c)和图7－9(d)的VB－XPS测试结果确定它们的价带(VB)值和HOMO。通过$E_{CB}=E_{VB}-E_g$确定Bi－MOF和BiOBr的导带(CB)值和LUMO，具体数值见表7－2。

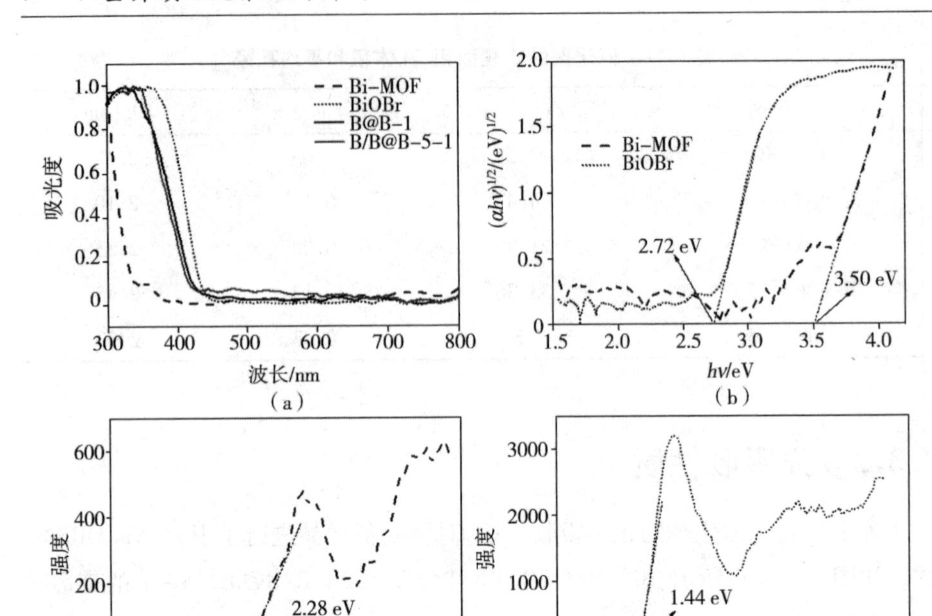

图 7-9 样品的(a) UV-vis DRS 图,(b) $(\alpha h\nu)^{1/2}$ 与能量的关系图,(c)、(d) VB-XPS 图

表 7-2 Bi-MOF 和 BiOBr 的 E_{VB}、E_{CB} 和 E_g

催化剂	E_{VB}/eV	E_{CB}/eV	E_g/eV
Bi-MOF	2.28	-1.22	3.50
BiOBr	1.44	-1.28	2.72

7.3.3 光催化性能

通过全光谱光照射下抗生素 CTC 和 CIP 的光催化降解情况来评价所制备样品的光催化性能。同时探讨 KBr 与 Bi-MOF 的质量比、光沉积时间、有无 MOF 结构、不同水质(去离子水、自来水、江水和湖水)和不同无机盐(KCl、Na_2SO_4、Na_2CO_3和 $CaCl_2$)对光催化活性的影响。此外,选择了不同种类的抗生素

（CTC、CIP、AMX 和 MNZ）来研究光催化剂的广泛适用性。

7.3.3.1　KBr 与 Bi – MOF 的质量比的影响

图 7 – 10(a)为加入的 KBr 与 Bi – MOF 的质量比对活性的影响图,即通过加入不同量的 KBr 可调控 BiOBr 的生成量,进而调控 BiOBr 和 Bi – MOF 的质量比,同时也调控了 OVs 的浓度。图 7 – 10(b)为图 7 – 10(a)对应的拟一级动力学图。没有加入催化剂时,在全光谱光照射 60 min 后,CTC 浓度降低了12.4%,其速率常数 k 为 0.0024 min^{-1},如图 7 – 10(b)所示。加入催化剂后,在全光谱光照射 60 min 后,CTC 的浓度明显降低。图中催化剂对 CTC 的降解效率(速率常数)分别为35.8%(0.0084 min^{-1},Bi – MOF)、77.2%(0.0278 min^{-1},BiOBr)、45.9%(0.0112 min^{-1},B@ B – 0.2)、76.0%(0.0270 min^{-1},B@ B – 0.5)、90.2%(0.0458 min^{-1},B@ B – 1)和 87.0%(0.0374 min^{-1},B@ B – 22)。随着 KBr 与 Bi – MOF 的质量比从 0.2 增加到 1.0,其光催化降解效率(速率常数)提高,当 KBr 与 Bi – MOF 的质量比继续增大到 22.0 时,其光催化降解效率(速率常数)反而下降。也就是说,当 KBr 与 Bi – MOF 的质量比为 1 时,B@ B – 1 的光催化降解效率及其速率常数达到最大。

7.3.3.2　光沉积时间的影响

图 7 – 10(c)为光沉积时间对活性的影响图,通过不同光照时间可调控金属 Bi 单质的生成量,同时也调控了 OVs 的浓度。图 7 – 10(d)为对应的拟一级动力学图。在全光谱光照射 60 min 后,各催化剂对 CTC 的降解效率(速率常数)分别为 90.2%(0.0458 min^{-1},B @B – 1)、95.8%(0.0554 min^{-1},B/B@ B – 3 – 1)、97.1%(0.0607 min^{-1},B/B@B – 5 – 1)、94.4%(0.0508 min^{-1},B/B@ B – 10 – 1)、93.8%(0.0486 min^{-1},B/B@ B – 30 – 1)和 88.4%(0.0402 min^{-1},B/B@ B – 60 – 1)。可以发现,随着光沉积的时间从3 min增加到 5 min,光催化降解效率及速率常数增大。当光沉积进一步增大到30 ~ 60 min时,光催化降解效率及速率常数反而降低。因此,在所有制备的样品中,B/B@ B – 5 – 1 表现出最高的光催化降解效率和最大的速率常数。此外,在全光谱光照射 60 min 时,

B/B@B－5－1对CTC降解的最大速率常数为0.0607 min^{-1},分别是Bi－MOF和B@B－1的7.2倍和1.3倍。表明本书制备的B/B@B－5－1催化剂在处理废水中的抗生素方面具有优异的光催化性能。

7.3.3.3 Bi－MOF前驱体对活性的影响

图7－10(e)为B@B－1和B/B@B－5－1与不含有MOF结构的BiOBr和B/B－5的全光谱光催化降解CTC的活性对比图。图7－10(f)为图7－10(e)对应的拟一级动力学图。在全光谱光照射60 min后,各催化剂对CTC的降解效率(速率常数)分别为90.2%(0.0458 min^{-1},B@B－1)、97.1%(0.0607 min^{-1},B/B@B－5－1)、77.2%(0.0278 min^{-1},BiOBr)和79.0%(0.0279 min^{-1},B/B－5)。可以看出,B/B@B－5－1的速率常数是无MOF结构的B/B－5的2.2倍,B@B－1的速率常数是无MOF结构的BiOBr的1.6倍。因此,Bi－MOF的存在是材料光催化效率提高的重要原因之一。

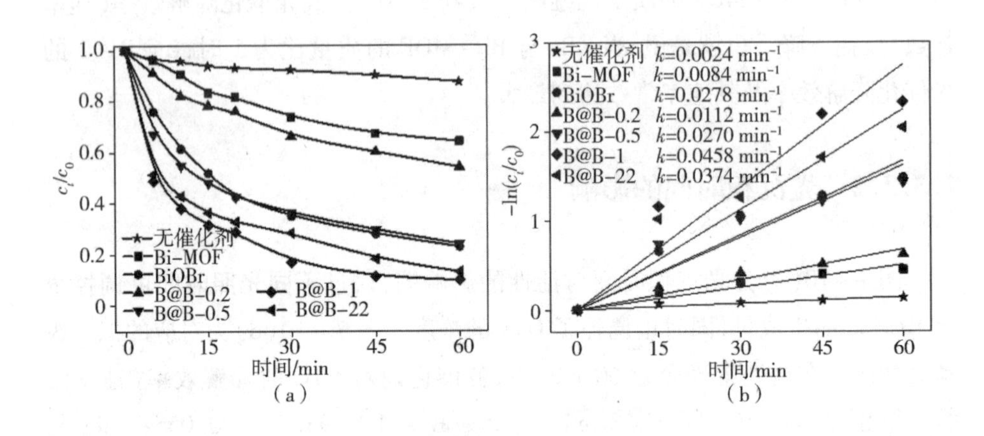

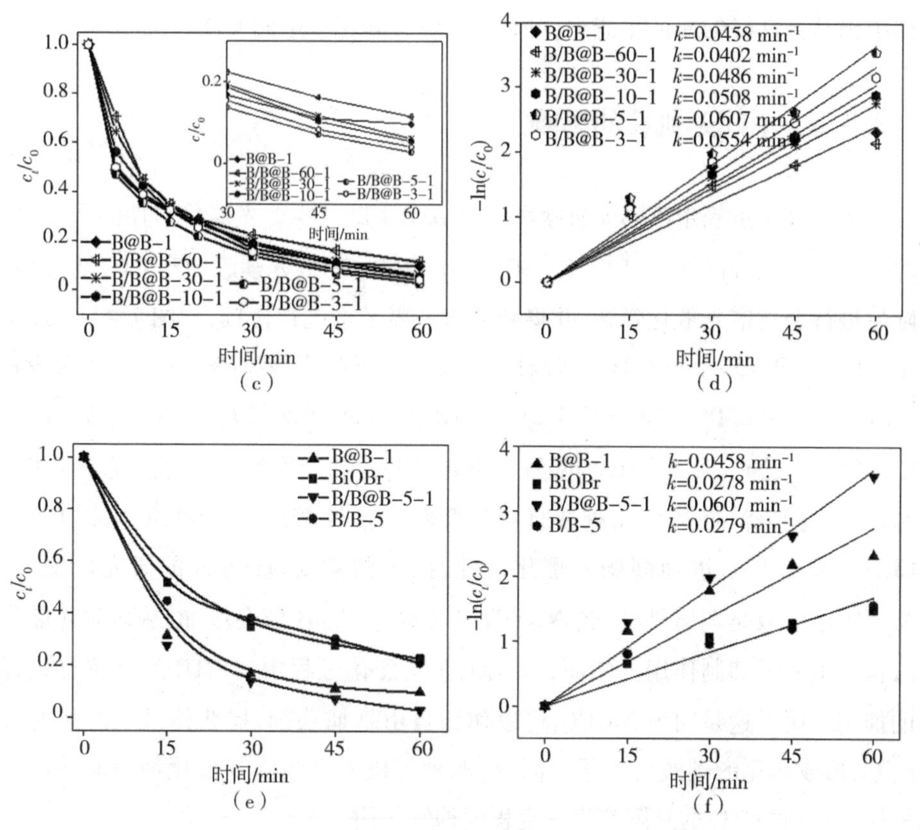

图7-10　(a)B@B-x、(c)B/B@B-y-1、(e)B@B-1和B/B@B-5-1降解CTC的光催化活性对比图;(b)、(d)、(f)在全光谱光照下的相应动力学图
(c_{0CTC}=50 mg/L、V=100 mL和$m_{催化剂}$=50 mg)

7.3.3.4　不同水质的影响

为了研究B/B@B-5-1光催化剂在各种实际水环境中对CTC的降解效率,取自来水、江水和湖水,并将结果与去离子水进行比较,如图7-11(a)所示。在全光谱光照60 min后,B/B@B-5-1在不同水体中对CTC去除效率分别为97.1%(去离子水)、90.3%(江水)、93.1%(湖水)和70.4%(自来水)。与去离子水相比,其他水质中CTC降解效率降低的原因是存在的天然有机质基团与自由基发生反应,抑制CTC的降解。尽管如此,B/B@B-5-1在不同水体中仍具有良好的光催化能力，可高效降解实际污水中的 CTC。

7.3.3.5 不同无机盐的影响

为了进一步确定不同无机盐离子对 B/B@B－5－1 光催化活性的影响，将浓度均为 0.05 mol/L 的 KCl、Na_2SO_4、Na_2CO_3和 $CaCl_2$分别添加到 CTC 溶液中，随后进行全光谱光催化降解，并将结果与去离子水进行比较，如图 7－11(b)所示。B/B@B－5－1 对 CTC 的降解效率遵循以下顺序：97.1%（去离子水）>90.7%（$CaCl_2$）>86.0%（KCl）>83.5%（Na_2SO_4）>59.8%（Na_2CO_3）。可以看出，KCl 和 $CaCl_2$的引入对 CTC 的降解效果有微弱的抑制作用。这可能是由于 Cl^-与污染物竞争消耗活性物种并且将其转化为活性较低的氯物种，包括 Cl·、$Cl_2·^-$和 ClO·，进而削弱光催化活性，该推测被 Yuan 等人的研究所证实。Na_2SO_4水溶液是弱碱性的，当 Na_2SO_4加入体系时，pH 值会增加，从而对光催化过程产生一定抑制作用。然而，Na_2CO_3在光催化过程中对 CTC 的降解有较强的抑制作用。这是因为 Na_2CO_3可以作为自由基捕获剂，捕获体系中产生的自由基，形成活化的碳酸盐离子。同时，四种无机盐会吸附到催化剂表面并占据活性位点，对 CTC 的降解产生一定程度抑制作用。

7.3.3.6 不同抗生素的影响

选择另外两种不同种类抗生素（MNZ 和 AMX）在全光谱光照射下对 B/B@B－5－1进行光催化降解实验，进一步研究其广泛适用性。从图 7－11(c)可知，在全光谱光照射 60 min 后，各种抗生素的降解效率分别为 97.1%(CTC)、88.4%(CIP)、25.4%(MNZ)和 43.3%(AMX)。抗生素降解效率存在明显差异的原因可能与抗生素的化学结构以及催化剂与抗生素之间的相互作用有关。最重要的是，制备的 B/B@B－5－1 催化剂对 CTC、CIP 和 AMX 均具有较高的光催化活性，表明 B/B@B－5－1 对抗生素的降解具有较好的广泛适用性。

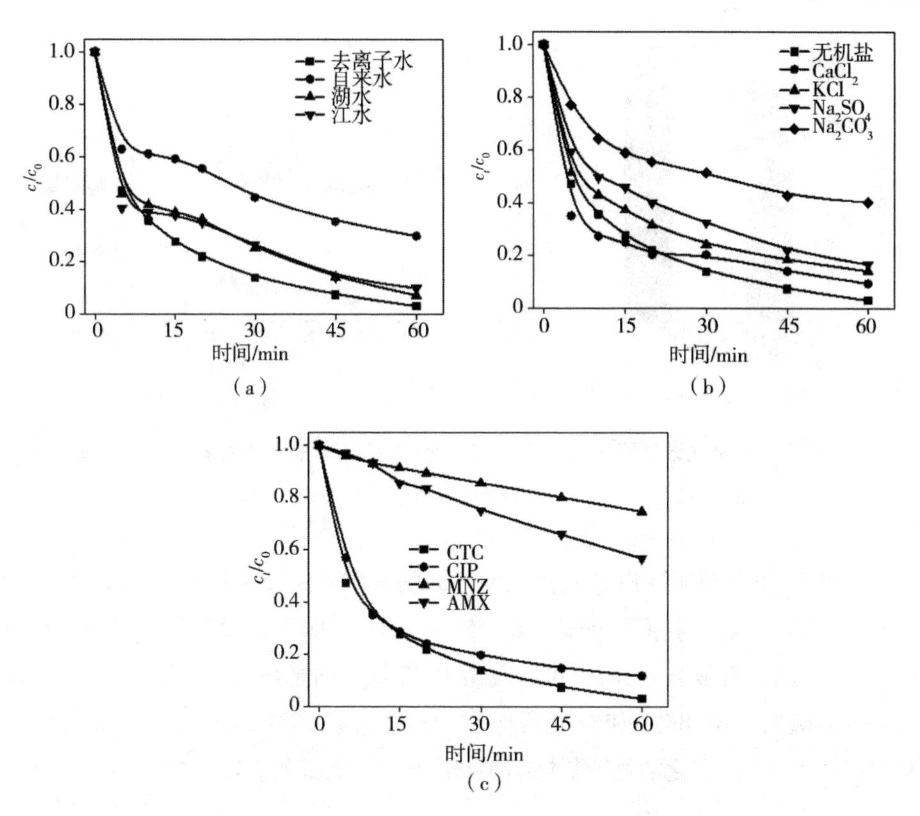

图7-11 在全光谱光照下,B/B@B-5-1对(a)不同水源、(b)不同无机盐($c_{无机盐}$=0.05 mol/L)和(c)不同类型抗生素的光催化降解图

为了研究样品的稳定性,选择CTC作为模型分子,对催化剂进行了循环测试。如图7-12(a)所示,经过多次循环实验,B/B@B-5-1在CTC的全光谱光催化降解中略有失活,但对CTC的降解效率仍达93.2%。光催化活性的轻微降低可能是因为CTC的残留或没有洗涤去除的中间产物遮盖了催化剂的活性位点。通过循环前后样品的XRD谱图可以看出,如图7-12(b)所示,循环前后样品的XRD谱图没有明显变化,仅21.9°、25.2°和53.4°处的BiOBr的(002)、(101)和(211)晶面的衍射峰强度略有增强,11.1°处的Bi-MOF的衍射峰强度略有降低。

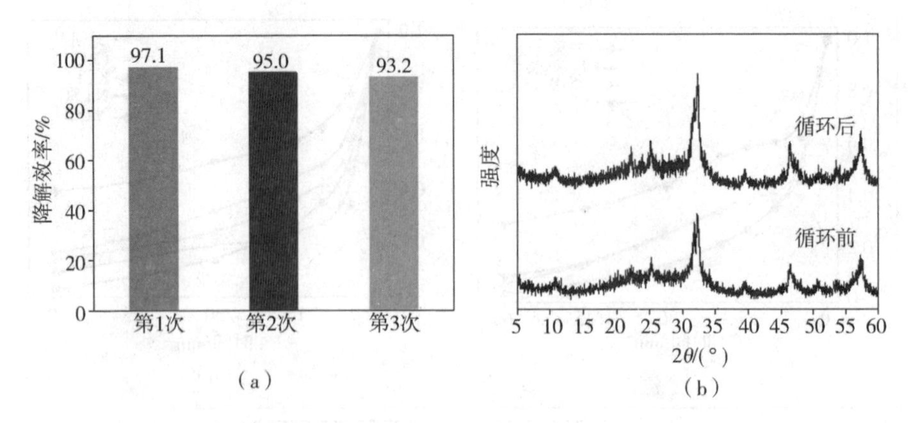

图 7-12 在全光谱光照下,(a) B/B@ B-5-1 对 CTC 的循环光催化降解效率;(b) B/B@ B-5-1 循环降解实验前后的 XRD 谱图对比

通过 SEM 和 SEM-EDS 测试对循环后的 B/B@ B-5-1 进行了形貌表征,如图 7-13 所示。与原始 B/B@ B-5-1 相比,循环后的催化剂的 SEM 和 SEM-EDS图没有显著差异,仍可以看出 Bi/BiOBr 纳米薄片原位生长在带状的 Bi-MOF 表面。Bi、Br、C 和 O 元素均匀分布在带状 Bi-MOF 表面。结果表明 B/B@ B-5-1 在催化活性、晶体结构和形貌等方面都具有良好的稳定性。

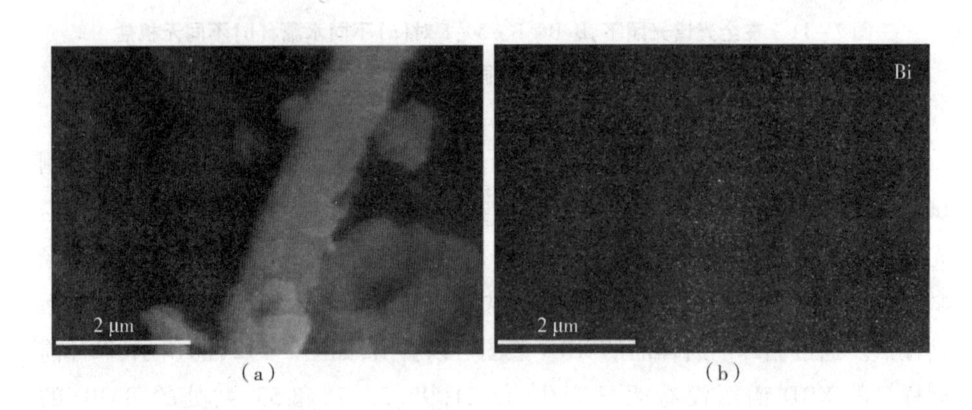

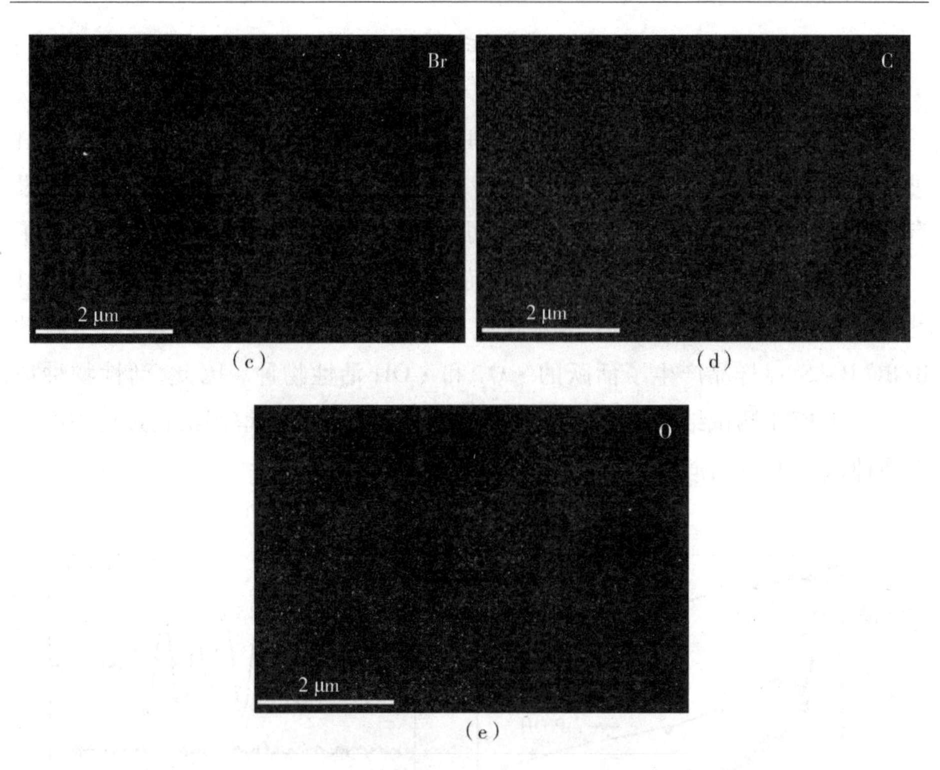

(c)　(d)

(e)

图 7 - 13　B/B@ B - 5 - 1 循环降解实验后的(a)SEM 图和(b) ~ (d)SEM - EDS 图

7.3.4　光催化机理讨论

7.3.4.1　自由基和空穴捕获实验

在光催化降解反应中,有机污染物通常在活性物质的作用下被降解。因此,为了研究催化剂降解 CTC 体系中的主要活性物种,引入 *i* - PrOH (1 mmol/L)、BQ (0.5 mmol/L)和 EDTA - 2Na (1 mmol/L)三种常见的捕获剂,分别捕获 · OH、· O_2^- 和 h^+ 活性物种。从图 7 - 14(a)可以观察到,当捕获剂进入光催化反应体系时,CTC 的降解效率分别从 97.1% 下降到 93.7% (*i* - PrOH)、75.0% (EDTA - 2Na)和 29.9% (BQ)。表明 · OH、· O_2^- 和 h^+ 对光催化降解 CTC 的贡献率分别为 3.4%、22.1% 和 67.2%。因此,根据捕获实验可知,

B/B@ B－5－1 对光催化降解 CTC 体系中，· O_2^- 和 h^+ 是主要的活性物种，而 · OH不能确定是否为活性物种。

为了进一步确认降解体系中的 · OH 和 · O_2^- 活性物种，对 B/B@ B－5－1 进行了 EPR 测试，结果如图 7－14(b) 和图 7－14(c) 所示。在黑暗条件下，没有观察到 · O_2^- 和 · OH 的 EPR 信号。可见光照射后，B/B@ B－5－1 中出现了 · O_2^- 的 6 个强度比为 2∶2∶1∶2∶1∶2 的特征峰和 · OH 的 4 个强度比为1∶2∶2∶1 的特征峰，并且 · O_2^- 的 EPR 信号强度明显强于 · OH。这意味着，光照后的 B/B@ B－5－1样品产生了活跃的 · O_2^- 和 · OH 活性物种。因此，活性物种捕获实验和 EPR 测试结果表明，· O_2^- 和 · OH 均为光催化降解污染物过程中的活性物种，且 · O_2^- 的作用明显强于 · OH。

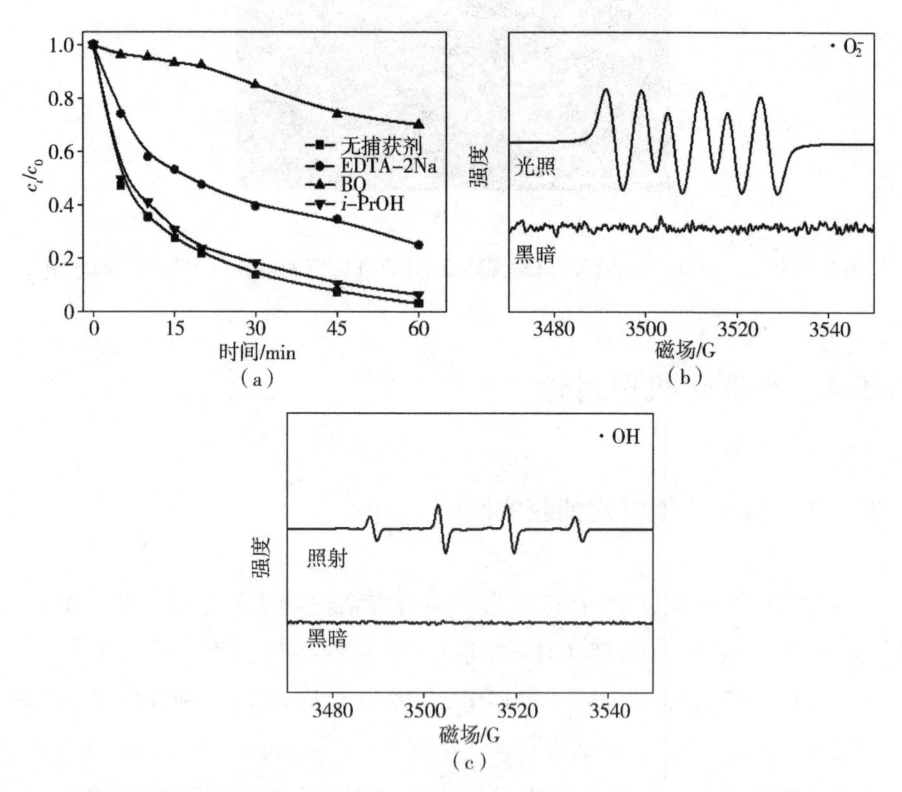

图 7－14　在全光谱光照条件下，(a) 不同捕获剂对 B/B@ B－5－1 光催化降解 CTC 的影响；在可见光照射下，B/B@ B－5－1 的 (b) 自由基 · O_2^- 和 (c) · OH 的 EPR 谱图

7.3.4.2　光电化学实验

为了研究样品中光生载流子的转移和分离，对所制备的光催化剂进行了光电化学测试。图 7 – 15(a)显示了在 280 nm 激发波长下的光催化剂的 PL 谱。从图中可以得知，各催化剂的 PL 强度遵循以下顺序：Bi – MOF > BiOBr > B/B – 5 > B@ B – 1 > B/B@ B – 5 – 1。结果表明 Bi – MOF 的 PL 强度最高，表明具有最高的光生电子 – 空穴对重组效率。与其他样品相比，B/B@ B – 5 – 1 的 PL 强度最低，表明 Bi 单质和 BiOBr 的原位形成使 Bi – MOF 中光生载流子的重组效率大幅度降低。同时，复合材料的 PL 发射峰发生偏移，这进一步表明了光生载流子被有效转移。具有 MOF 结构的 B/B@ B – 5 – 1 的 PL 强度比无 MOF 结构的 B/B – 5 更低，说明 MOF 材料的存在促进了光生载流子的转移和分离。因此，MOF 的引入、BiOBr 的原位生长、Bi 单质的原位沉积以及各组分之间的协同作用使 B/B@ B – 5 – 1 复合材料的光生电子 – 空穴对分离效率明显提高。

图 7 – 15(b)为样品的瞬态光电流响应图，用于测量可见光周期性开关条件下作为光电极的样品的瞬态光电流响应。可以看出，样品的光电流响应密度遵循以下规律：B/B@ B – 5 – 1 > B@ B – 1 > B/B – 5 > BiOBr > Bi – MOF。在所有样品中，所制备的 B/B@ B – 5 – 1 复合材料表现出的最高光电流响应密度，代表了其具有最高的电子 – 空穴对分离效率，这与光催化降解实验结果一致，如图 7 – 10 所示。值得注意的是，B/B@ B – 5 – 1 复合材料的光电流响应密度明显高于不含有 MOF 的 B/B – 5 复合材料，表明 B/B@ B – 5 – 1 复合材料中 MOF 的存在提高了光生载流子的分离效率。

为了进一步确定样品中光生电荷转移电阻的大小，对样品进行了 EIS 测试。如图 7 – 15(c)所示，样品的 Nyquist 半径遵循以下规律：B/B@ B – 5 – 1 < B@ B – 1 < B/B – 5 < BiOBr < Bi – MOF。一般来说，Nyquist 半径越小，意味着电荷转移电阻越低。在所有样品中，B/B@ B – 5 – 1 的 Nyquist 半径最小，且明显小于不含有 MOF 的 B/B – 5，这意味着 MOF 结构的存在可赋予材料更低的电阻和更好的导电性，并提供更大的驱动力来诱导电荷转移，这有利于光诱导电荷载流子的运输。

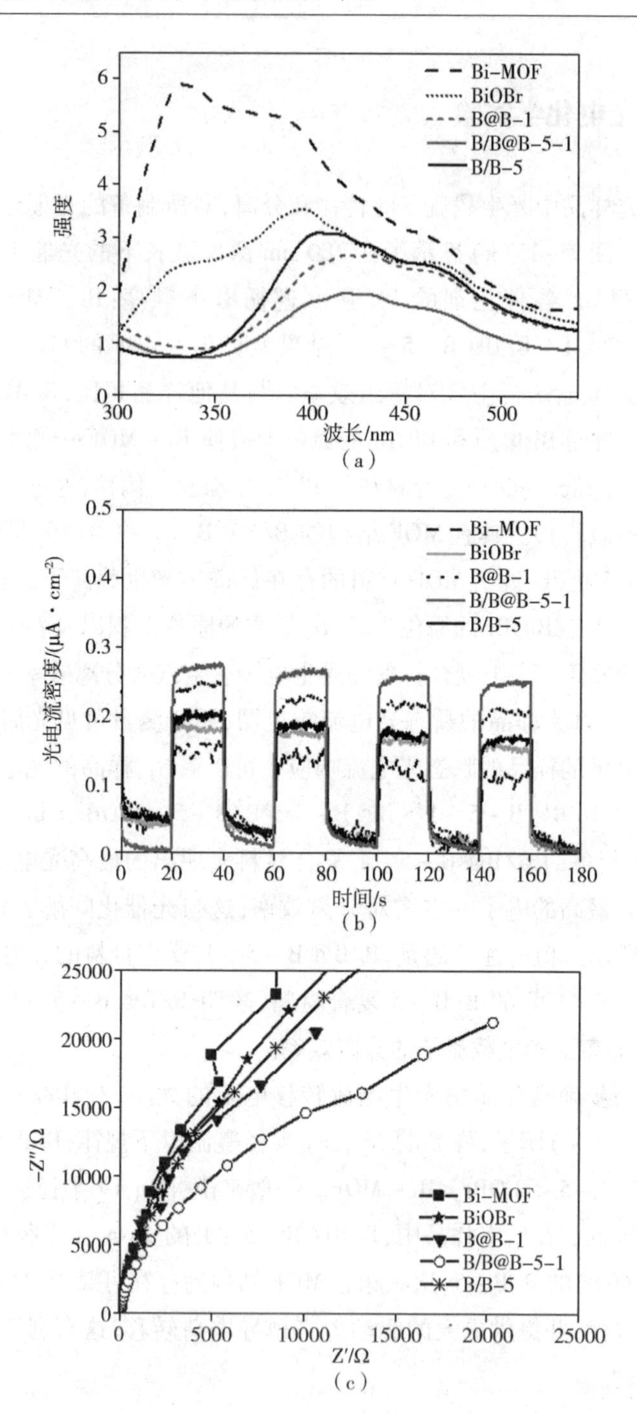

图 7-15　样品的(a)PL 谱、(b)瞬态光电流响应图以及(c)EIS 图

根据PL、瞬态光电流响应测试和EIS的结果证实，Bi-MOF的保留、OVs的引入以及通过化学键合形成的三元紧密接触界面异质结的构建使B/B@B-5-1具有最低的PL强度、最高的光电流密度和最小的电荷转移电阻，且明显强于无MOF结构的B/B-5。这些结果表明具有MOF结构的B/B@B-5-1的电荷迁移能力最强，电子-空穴对分离效率最高，预示着对污染物降解效率最高。

根据能带结构、活性物种捕获实验和EPR测试，提出了一种可能的Z型光催化机理，如图7-16所示。OVs的存在可以建立Bi-MOF和BiOBr的缺陷能级。在全光谱光的照射下，Bi-MOF、Bi和BiOBr可以吸收光子，产生e^-和h^+。Bi-MOF和BiOBr的部分e^-可以分别迁跃到LUMO、CB和缺陷能级，并在HOMO、VB中留下h^+。在Z型异质结中，光生e^-将从Bi-MOF的LUMO（-1.22 eV）迁移到金属Bi^0的E_F（-0.17 eV）中。然后，由于金属和半导体界面的肖特基结，金属Bi^0中的e^-与BiOBr的VB（1.44 eV）中的h^+结合。在迁移过程中，Bi-MOF和BiOBr中OVs捕获的e^-可以与O_2反应形成$\cdot O_2^-$。残留在BiOBr的CB中的光生e^-可以将O_2还原为$\cdot O_2^-$，因为其氧化还原电位比$E_{O_2/\cdot O_2^-}$（0.046 eV）更负。同时，由于E_{O_2/H_2O_2}（0.695 eV）的相对正的氧化还原电位，BiOBr的CB中的光生e^-可以将O_2还原为H_2O_2。随后，H_2O_2可以通过捕获一个e^-转化为$\cdot OH$。但是，残留在Bi-MOF的HOMO中的h^+不能与OH^-反应生成$\cdot OH$，因为其氧化还原电位比$E_{OH^-/\cdot OH}$（2.4 eV）更正。最后，吸附的CTC受到$\cdot O_2^-$、$\cdot OH$和h^+活性物质的作用，引发了其分解和矿化。这一结果与活性物种捕获实验和EPR测试结果一致。因此，所制备的化学键合的、紧密接触的Z型B/B@B-5-1异质结由于界面电场和OVs的协同作用，可以促进光诱导载流子的有效转移，最终获得良好的光催化活性。

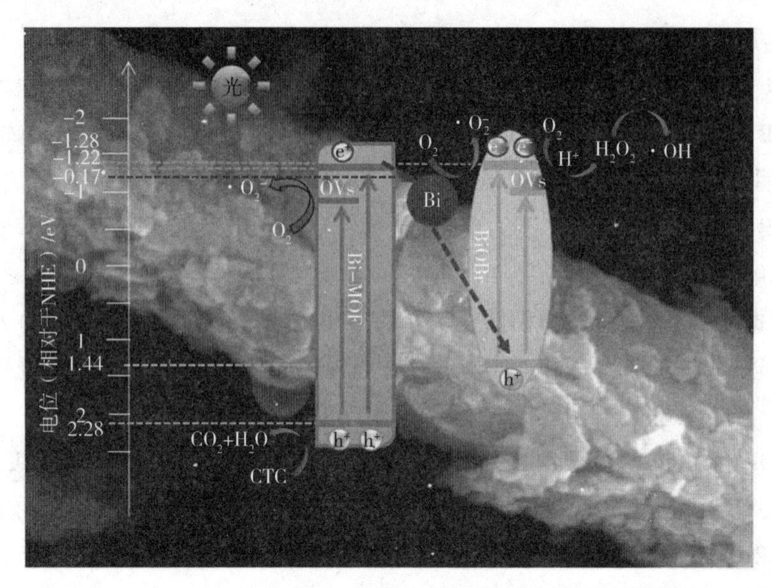

图 7－16　B/B@ B－5－1 光催化系统的光催化机理示意图

结合以上结果可知，与 Bi－MOF、BiOBr 和无 MOF 结构的 B/B－5 相比，B/B@ B－5－1 对 CTC 光催化活性增强，其原因如下：

（1）以具有氧缺陷的 Bi－MOF 为前驱体，通过原位离子交换和光沉积获得 BiOBr 和 Bi，使其结构扭曲，且不饱和配位的程度加剧，进而诱导产生更多的 OVs，从而促进光生载流子的分离。可通过 EPR 测试（图 7－3）和 XPS 测试结果（图 7－4）验证。

（2）MOF 结构的引入为复合材料提供了支撑，使 Bi 和 BiOBr 活性组分高度分散到表面，从而具有更大的比表面积和更丰富的活性位点。这有利于增加催化剂与有机污染物的接触面积，从而促进光催化反应。这可通过 N_2吸附－脱附测试（图 7－8）和全光谱光照射下的光催化降解实验（图 7－10）验证。

（3）BiOBr 和 Bi 的原位形成进一步拓宽了 Bi－MOF 对可见光的吸收范围，提高了对光的利用率。这可通过 UV－vis DRS 结果验证（图 7－9）。

（4）化学键可以在界面上提供电荷输运的空间区域。活性组分 Bi－MOF、BiOBr 和 Bi 构筑了化学键合、紧密接触的 Z 型异质结，使其具有更高的光生载流子的界面分离和迁移效率，从而有效提高光催化活性。这可通过光电化学实验（图 7－15）和全光谱光催化实验（图 7－10）验证。

7.3.5　中间体识别

为了识别 B/B@ B – 5 – 1 光催化降解 CTC 体系的中间产物,对降解后的 CTC 溶液进行了 LC/MS 测试。如图 7 – 17 所示,B/B@ B – 5 – 1 对 CTC 的降解具有多种途径。在途径①中,在 h^+ 的作用下,H_2O 或氢氧化物被氧化为 · OH 自由基。由于 · OH 具有强氧化性,所以 CTC 的四元环被逐渐打开。在这条路径中,CTC 通过脱羟基、脱甲基、脱氨基等过程转化为 m/z = 354 的化合物。然后,通过脱甲基、脱醛基、脱羟基、C═C 键断裂转化为 m/z = 300 a 的化合物。m/z = 300 a 的化合物再通过脱甲基、脱羟基、开环、脱水、脱氢等复杂的过程转化成 m/z = 204 的化合物。在途径②中,m/z = 300 a 的化合物通过开环、羟基化等过程转化成 m/z = 278 的化合物。然后,通过脱甲基、脱羟基和脱氢,进一步转化成 m/z = 230 的化合物。在途径③中,O_2 可以被 e^- 还原为 · O_2^- 自由基。· O_2^- 作用于 CTC 苯环上的 Cl^-,生成 m/z = 460 的化合物。随后,m/z = 460 的化合物经过脱羟基、脱氨基、脱醛基等一系列反应,生成 m/z = 354 的化合物。m/z = 354的中间产物经开环、脱甲基、脱羟基等反应,形成 m/z = 330 b 的化合物。m/z = 330 b 的化合物再通过脱羟基、脱醛基等反应,形成 m/z = 230 的化合物。最后,这些中间体被活性基团逐渐分解成小分子中间体(m/z = 162、m/z = 148、m/z = 136 和 m/z = 120)。这些小分子物质通过光催化过程被矿化为 CO_2 和 H_2O。该结果表明,B/B@ B – 5 – 1 主要通过脱氯、脱甲基、脱羟基、脱醛基和开环等反应对 CTC 进行降解。

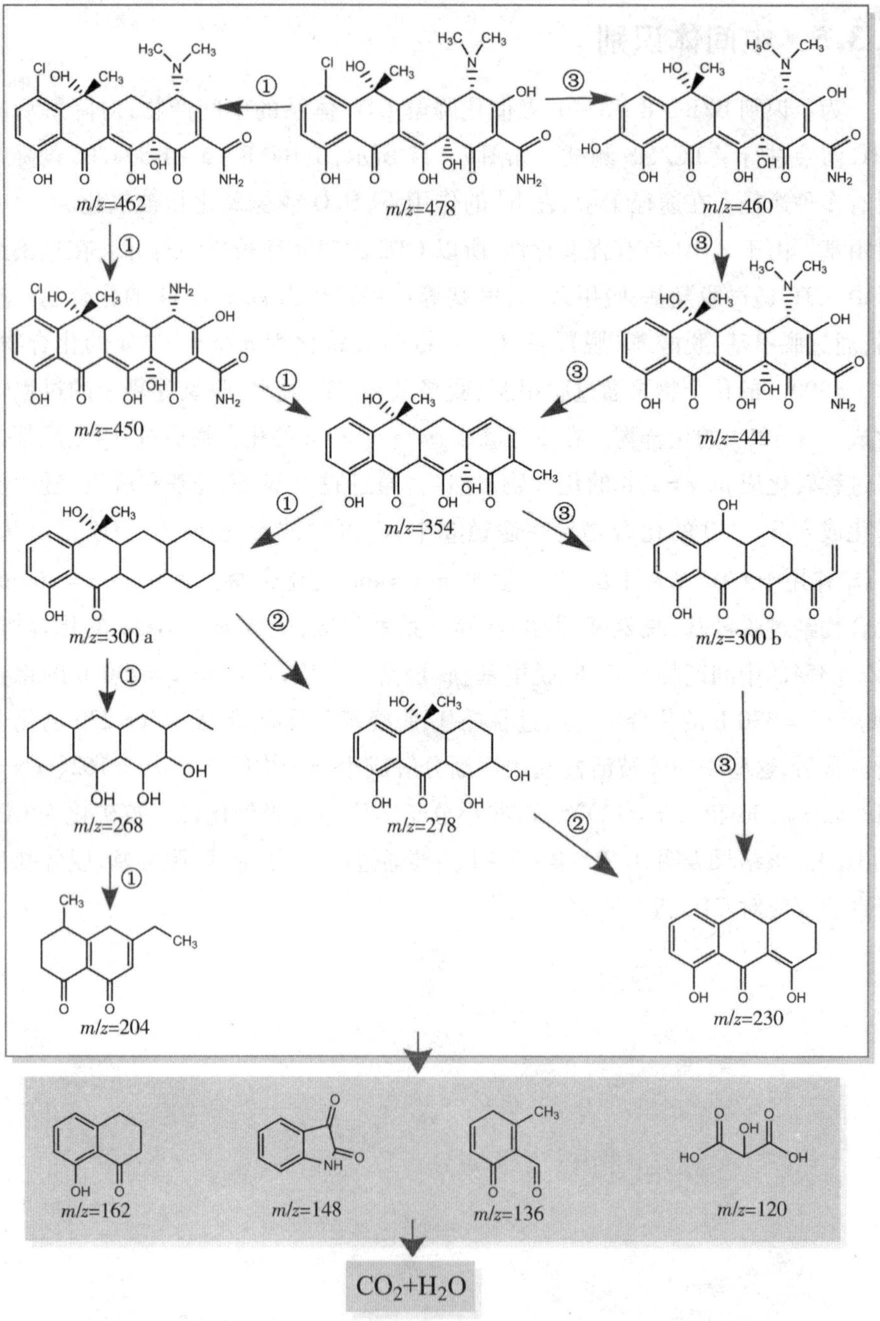

图 7－17　B/B@B－5－1 在全光谱光照下降解 CTC 的可能转化途径图

7.4　小结与展望

本书通过两步原位合成法,成功制备了一系列化学键合的富含氧缺陷的 Z 型 B/B@ B 异质结复合材料催化剂,即 Bi/BiOBr@ Bi - MOF。由于相连化学键的存在,Bi 纳米粒子和 BiOBr 纳米薄片被原位锚定在 Bi - MOF 纳米带的表面,同时实现了均匀分散。在制备过程中,BiOBr 和金属 Bi 的生成量对催化剂的催化活性有影响。当 KBr 与 Bi - MOF 的质量比为 1,光沉积时间为 5 min 时,制备的催化剂(B/B@ B -5 -1)在全光谱下光催化降解 CTC 的活性最高,降解效率(速率常数)为 97.1%($0.0607\ min^{-1}$)。B/B@ B -5 -1 增强的催化活性归因于 Bi - MOF 的存在、BiOBr 的敏化作用、Bi 容易传导电子的性质和 OVs 之间的协同作用。这不仅有效地提供了丰富的 OVs、更多的活性位点,更高的光的利用率,而且通过化学键合构建了紧密接触的 Z 型异质结,提高了光生载流子的分离效率。通过捕获实验和 EPR 的测试结果,证实了 B/B@ B -5 -1 降解 CTC 体系中的活性物种为 $\cdot O_2^-$、$\cdot OH$ 和 h^+ 自由基。B/B@ B -5 -1 通过脱氯、脱甲基、脱羟基和开环水解等一系列反应降解 CTC。这些结果表明,Bi - MOF 是一种很有前途的 MOF 材料,可用于构建金属/半导体/Bi - MOF 复合光催化剂,并在室温下催化降解有机污染物。希望这样的化学键合异质结理论和制备方法能够为开发新型高效的环境修复光催化剂提供有益的参考。

第 8 章　$Bi/BiO_{2-x}-Bi_2O_2CO_3/BiOCl@Bi-MOF$ 复合材料的制备及其光催化性能研究

8.1　引言

通过物理吸附、化学氧化、微生物分解等传统的水处理方法难以有效去除水体中的抗生素。在众多环境修复方法中,光催化降解技术因环境友好这一绝对优势,一直以来受到广泛关注。设计出高效且催化性能稳定的光催化剂,一直是研究者们的重要任务。

与传统的无机半导体材料相比,MOF 作为新兴的多孔光催化材料具有以下优点:独特的孔隙结构和较大的比表面积使反应物能够快速到达表面反应位点,促进反应;MOF 的弱配位键允许在温和的条件下进行改性,例如其带隙可以通过修饰有机配体或利用光敏剂的宽光谱响应来调节;材料的高结晶性有利于光生载流子的迁移,这也是提高光催化性能的重要原因之一。因此,一些 MOF 基材料比传统的半导体材料具有更高的光催化活性。尽管 MOF 基材料在光催化降解污染物方面具有上述优点,但也存在以下缺点:与传统的半导体光催化材料相比,MOF 基材料由于配位键较弱,稳定性较差;MOF 基材料带隙宽,不能有效利用可见光;MOF 基材料的电子－空穴对复合效率高。上述缺点限制了它们的光催化活性和实际应用。

Zhai 等人认为,在众多金属元素中,金属 Bi 灵活的配位环境,在构造 MOF 多样结构方面具有潜在价值,因此可作为新颖且出色的前驱体。针对 Bi－MOF 光响应能力不足、活性位点不足和电荷分离效率低等缺点,有研究者将 Bi－MOF 与 BiOBr、Bi_2MoO_6等无机半导体耦合形成复合材料。与单体相比,复合材料均显示出较高的污染物降解效率。因此,设计并优化无机半导体与 Bi-MOF 构建异质结这一策略是十分必要的。

Lai 等人提出,在众多铋基光催化剂中,BiOCl 和 $Bi_2O_2CO_3$ 具有特殊 Sillen 结构,是由 $(Bi_2O_2)^{2+}$ 和双 Cl^- (CO_3^{2-})层交替叠合构成的独特的层状结构。层状结构、各向异性和内部静电场使其具有可调的电子结构、较长的光载流子寿命和较高的分离效率,在环境修复方面表现出了优良的光催化活性。此外,Huang 等人认为 BiO_{2-x}($E_g<2$ eV)作为具有良好可见光响应的光敏性材料,具有丰富的 OVs,非化学计量特性提高了其催化活性,被认为是高效降解有机污染物的光催化剂之一。然而,Kalyan 等人提出亚稳态下的 Bi_2O_3 与含 CO_2 的溶液反应生成 $Bi_2O_2CO_3$,这导致了 Bi_2O_3 的形成过程中可能会存在 $Bi_2O_2CO_3$。同时,BiOCl、$Bi_2O_2CO_3$、BiO_{2-x} 单体的电子-空穴对分离效率均较低,这也是限制其光催化活性和实际应用的重要原因之一。

Liu 等人提出铋基 MOF 复合材料富含铋元素,通过氧化还原反应,Bi 纳米颗粒可以在其表面原位生长的观点。Bi 纳米粒子为一种半金属,不仅可以作为电子受体中心,而且产生的 SPR 效应可以诱导电荷分离并提高光生电子在界面上的迁移效率,从而延长载流子寿命。此外,Bi 纳米粒子可以作为两个半导体之间的电子桥梁,形成双金属半导体,并改善电子-空穴对的分离效果。例如,Wu 等人制备了 $g-C_3N_4@Bi/BiOI$,并以 Bi 作为电子介质形成 Z 型结构,具有增强的光催化活性。因此,将 Bi 纳米粒子掺杂于复合材料中是提高光催化效率的有效方法。此外,考虑到 BiO_{2-x}、$Bi_2O_2CO_3$ 与 BiOCl@Bi-MOF 能带匹配,可构筑间接 Z 型异质结。与传统的 I 型异质结相比,以 Bi 为电子桥的间接 Z 型异质结不仅可以有效地加速电荷载流子的分离,还可以保留光催化剂的强氧化还原能力,从而促使光催化活性显著提高,这与金属 Ag 的光催化活性相似。因此,设计金属 Bi 和 Bi 系化合物共同修饰 Bi-MOF 来构筑间接 Z 型多元铋基 MOF 复合材料,期望其具有较高的光催化活性。

本章设计并制备了一种新型的等离子体 Bi/无机半导体/铋基 MOF 多元复合材料,即 $Bi/BiO_{2-x}-Bi_2O_2CO_3/BiOCl@Bi-MOF$。其中,以 Bi-MOF 为铋源进行简单卤化制备 BiOCl@Bi-MOF 复合材料,以其为活性载体,采用水热法负载 $BiO_{2-x}-Bi_2O_2CO_3$,最后通过原位光沉积 Bi 单质形成多组分异质结,即 $Bi/BiO_{2-x}-Bi_2O_2CO_3/BiOCl@Bi-MOF$。它们的成分、晶相、表面物理化学特性、形态和光吸收特性都通过分析技术进行测试。以有机污染物(CTC)为模型分子评价 $Bi/BiO_{2-x}-Bi_2O_2CO_3/BiOCl@Bi-MOF$ 的光催化性能。同时,讨论了 $BiO_{2-x}-Bi_2O_2CO_3$ 与 BiOCl@ Bi - MOF 质量比、光沉积时间、有无 MOF 结构和水环境因素(无机盐离子和水质)对 CTC 降解的影响,以及复合材料对不同有机污染物,如 AMX、CIP 和 MNZ 的适应性。随后,通过电化学测试和 PL 研究了光生载流子的分离效率。此外,通过活性物种捕获实验、EPR 测试和 LC/MS 的测定结果,推断出可能的间接 Z 型光催化机理和可能的 CTC 光催化降解路径。

8.2 实验部分

8.2.1 光催化剂的制备

8.2.1.1 Bi - MOF 前驱体的制备

将 $Bi(NO_3)_3\cdot 5H_2O$(0.65 g)加入到 N, N - 二甲基甲酰胺(DMF, 22.5 mL)溶液中,同时将 1,3,5 - 苯三羧酸(H_3BTC, 0.8 g)溶于甲醇(CH_3OH, 7.5 mL)。将前者加入后者并搅拌 0.5 h,得到均匀透明溶液,随后将其密封在聚四氟乙烯衬里高压釜(50 mL)中,并在 130 ℃下保持 48 h。通过离心收集固体,分别用乙醇和 DMF 洗涤 3 次,在 60 ℃真空干燥箱中干燥 6 h,得到白色粉末 Bi - MOF。

8.2.1.2 BiOCl@Bi - MOF 的原位合成

将 NH_4Cl(0.5 g)溶于去离子水(50 mL),并将 Bi - MOF(0.5 g)加入 NH_4Cl 溶液中,搅拌 10 min。将悬浮液转移至 90 ℃的水浴锅中加热 1 h。通过离心收集固体,用水和乙醇洗涤 3 次,然后在 60 ℃真空干燥箱中干燥 6 h。得到的乳白色固体 BiOCl@ Bi - MOF,用 B@B 表示。将上述 BiOCl@ Bi - MOF 在 450 ℃马弗炉中煅烧 2 h 可得到不含有 MOF 的 BiOCl 单体。

8.2.1.3　$BiO_{2-x}-Bi_2O_2CO_3/BiOCl@Bi-MOF$ 的制备

将 $NaBiO_3$(0.28 g)和一定质量的 BiOCl@ Bi - MOF 加入去离子水(30 mL)中,室温搅拌 30 min。将混合物密封在的聚四氟乙烯衬里高压釜(50 mL)中,在 140 ℃下保持 12 h。通过离心收集固体,用水和乙醇洗涤 3 次,在 60 ℃真空干燥箱中干燥 6 h。得到的 $BiO_{2-x}-Bi_2O_2CO_3/BiOCl@Bi-MOF$ 样品命名为 BB/B@ B - m,其中 m 表示 $NaBiO_3$与 BiOCl@ Bi - MOF 的质量比,分别为 0.1、0.2、0.3 和 0.5。通过调控 $NaBiO_3$的量来获得不同 $BiO_{2-x}-Bi_2O_2CO_3$的质量。除了不加入 BiOCl@ Bi - MOF,$BiO_{2-x}-Bi_2O_2CO_3$的制备过程与上述过程类似,得到的 $BiO_{2-x}-Bi_2O_2CO_3$命名为 BB。

8.2.1.4　$Bi/BiO_{2-x}-Bi_2O_2CO_3/BiOCl@Bi-MOF$ 的制备

将草酸铵[$(NH_4)_2C_2O_4$, 1.5 g]溶于去离子水(100 mL)中。将 $BiO_{2-x}-Bi_2O_2CO_3/BiOCl@Bi-MOF$(0.2 g)加入 $(NH_4)_2C_2O_4$溶液中,超声处理 10 min,随后搅拌 10 min。将悬浮液转移至石英反应器中,采用 300 W 氙灯作为光源进行光照。通过离心收集固体,用水和乙醇洗涤 3 次,然后冷冻干燥 6 h。得到的 $Bi/BiO_{2-x}-Bi_2O_2CO_3/BiOCl@Bi-MOF$ 样品命名为 B/BB/B@ B - n - 0.3,其中 n 表示光照的时间,分别为 5 min、10 min、30 min 和 60 min。B/BB/B@ B 的合成路线如图 8 - 1 所示。$Bi/BiO_{2-x}-Bi_2O_2CO_3/BiOCl$ 的制备过程与上述过程类似,只是用 BiOCl 代替 BiOCl@ Bi - MOF,得到的 $Bi/BiO_{2-x}-Bi_2O_2CO_3/BiOCl$ 命名为 B/BB/B。

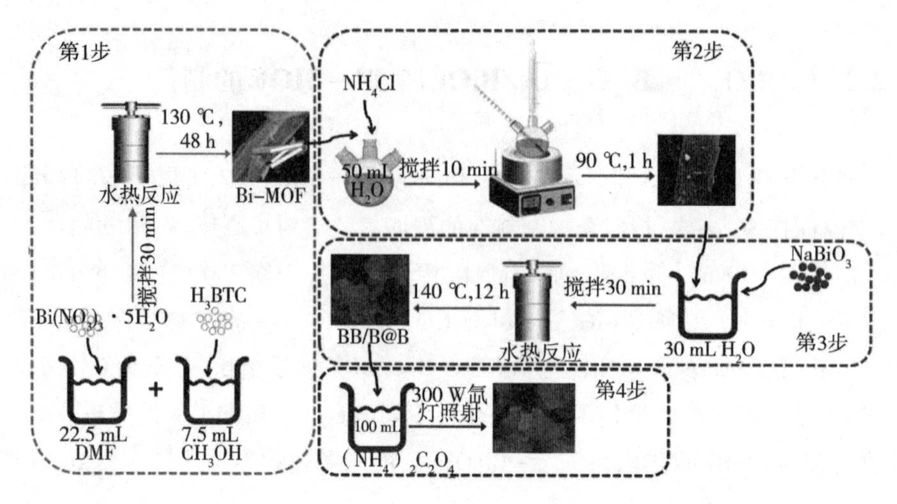

图 8-1　制备 $Bi/BiO_{2-x}-Bi_2O_2CO_3/BiOCl@Bi-MOF$ 样品的路线示意图

8.2.2　光催化剂的表征

与第 7 章的光催化剂的表征方法相同,参见 7.2.2 光催化剂的表征。

8.2.3　光催化降解实验

与第 7 章的光催化降解实验方法相同,参见 7.2.3 光催化降解实验。

8.2.4　光捕获实验

与第 7 章的光催化捕获实验方法相同,参见 7.2.4 光捕获实验。

8.2.5　光催化循环实验

与第 7 章的光催化循环实验方法相同,参见 7.2.5 光催化循环实验。

8.2.6　光电化学测试

与第 7 章的光电化学测试方法相同,参见 7.2.6 光电化学测试。

8.3　结果与讨论

8.3.1　结构和形貌表征

为了研究所制备样品的化学成分和晶体结构，对样品进行了 XRD 测试。由图 8 – 2(a) 可知，制备的 Bi – MOF 具有两种晶相，其位于 9.8°、10.7°、12.8°、14.3°、14.9°、17.5°、20.2°、23.9°和 26.5°的衍射峰归属于 CCDC：1404669，其余的衍射峰归属于 CCDC：1976709。在图 8 – 2(b) 中，B@ B 位于 25.9°、32.5°、33.5°和 46.6°的衍射峰分别对应四面体晶相的 BiOCl 的(101)、(110)、(102)和(200)晶面。同时，可以观察到位于 8.2°、16.7°、21.4°、23.0°、28.1°和 40.3°的 Bi – MOF 的衍射峰，表明 B@ B 具有 BiOCl 和 Bi – MOF 的混合晶相。图 8 – 2(b) 中放大的 XRD 谱图进一步证实了这一结果，如图 8 – 2(c) 所示。与 Bi – MOF相比，B@ B 中 Bi – MOF 的上述衍射峰的强度有所改变。例如，B@ B 中Bi – MOF的衍射峰明显减弱，甚至部分衍射峰消失。B@ B 中 16.7°、23.0°和 28.1°的轻微强峰对应 Bi – MOF 单体中的弱峰，如图 8 – 2(c) 所示，这可能是由于 MOF 的轻微结构扭曲以及 BiOCl 与 MOF 的相互作用。

图 8 – 2(d) 为 B@ B、BB 和 BB/B@ B – m 的 XRD 谱图，m 代表 $NaBiO_3$ 与 B@ B的质量比。对于 BB 而言，位于 28.2°的衍射峰对应立方晶相的 BiO_{2-x}的(111)晶面，而其余衍射峰归属于四面体晶相的 $Bi_2O_2CO_3$。由于 Bi_2O_3的不稳定性，处于亚稳定状态的 Bi_2O_3可以与含 CO_2的溶液反应，形成 $Bi_2O_2CO_3$，这与 Zahid 等人的观点一致。因此，在 BiO_{2-x}的制备过程中会产生一部分 $Bi_2O_2CO_3$。当 $NaBiO_3$与 B@ B 的质量比增大到 0.5 时，BB/B@ B – 0.5 中出现位于 28.2°的 BiO_{2-x}(111)晶面的衍射峰，图 8 – 2(d) 和 2θ 在 26.5°和 32°之间相应的放大图如图 8 – 2(e) 所示。而对于其他 BB/B@ B – m 来说，BiO_{2-x}的负载量少，未检测到其衍射峰。同时，BB/B@ B – m 中均出现了位于 53.4°的 $Bi_2O_2CO_3$(121)晶面的衍射峰，图 8 – 2(d) 和 2θ 在 50°到 58°之间相应的放大图如图 8 – 2(f) 所示。对于所有 BB/B@ B – m，仅 BB/B@ B – 0.1 中保留了位于 8.2°和 16.7°的 Bi – MOF 的微弱衍射峰，如图 8 – 2(g) 所示。随着 BB 负载量的增大，复合材料中不再发现明显的 Bi – MOF 衍射峰，这可能是因为 BB 生长在 Bi – MOF 的表面

并大面积遮挡 Bi - MOF。

图 8 - 2(h)中 B/BB/B@B - *n* - 0.3(*n* 代表光照时间)与 BB/B@B - 0.3 的衍射峰非常吻合,并未观察到明显的金属 Bi 的衍射峰,这可能是由于金属 Bi 的高分散性导致的或因其较低的含量没有达到 XRD 检测极限。

为了进一步确定样品的官能团和分子结构,对样品进行了 FT - IR 光谱测试。图 8 - 3(a)为 B@B 和无 MOF 的 BiOCl 的 FT - IR 对比图。在 BiOCl 中可观察到 400 ~ 850 cm^{-1} 和 1300 ~ 1500 cm^{-1} 范围内的特征峰,分别对应于 O—Bi—O 键的伸缩振动和 Bi - Cl 键的伸缩振动,该结果被 Zhu 等人的研究所证实。在 B@B 复合材料的光谱中除了出现这些吸收带以外,还出现了 901 cm^{-1} 和 937 cm^{-1} 处的 MOF 中 C—H 键的吸收带以及 1000 ~ 1300 cm^{-1} 和 1500 ~ 2000 cm^{-1} 范围内对应于 MOF 中羧酸盐的吸收带,这与 Köppen 等人的观点一致。这表明,以 Bi - MOF 为前驱体,通过原位沉淀法可成功制备 B@B 复合材料,且保留 Bi - MOF 的框架。

如图 8 - 3(b)所示,所有样品同时存在 400 ~ 850 cm^{-1} 范围内的 O—Bi—O 键和 2000 ~ 4000 cm^{-1} 范围内的表面吸附水分子的 O—H 键的吸收带。对 B@B、BB/B@B - 0.3 和 B/BB/B@B - 10 - 0.3 而言,同时存在 1300 ~ 1500 cm^{-1} 范围内的 Bi—Cl 键以及 1500 ~ 2000 cm^{-1} 范围内的羧酸盐的特征峰。与B@B相比,BB/B@B - 0.3 和 B/BB/B@B - 10 - 0.3 中产生了 1364 cm^{-1} 处的新的特征峰,这可归因于 BB 中 CO_3^{2-} 的反对称振动,Elhalil 等人也赞同该观点。这也意味着,BB 成功负载于 B@B 载体。值得注意的是,部分吸收带发生了位移和强度变化,这一现象恰好证实各组分之间产生了强烈的化学作用。

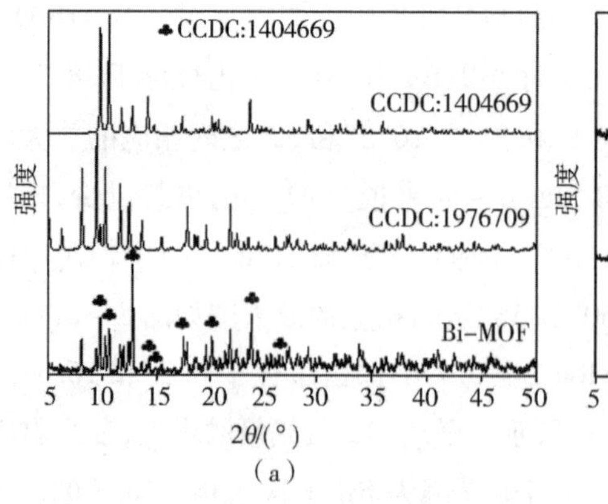

(a)

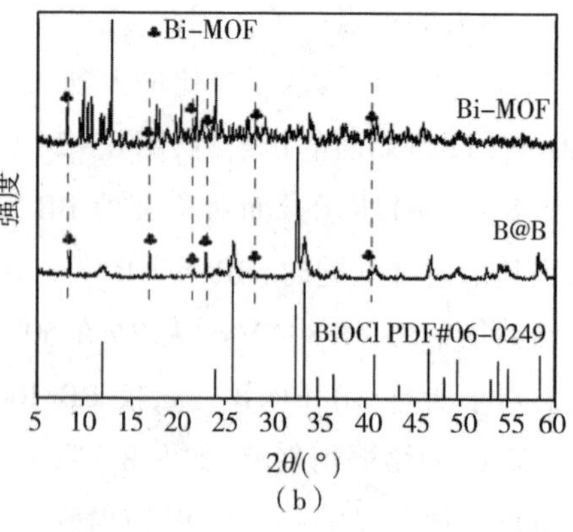

(b)

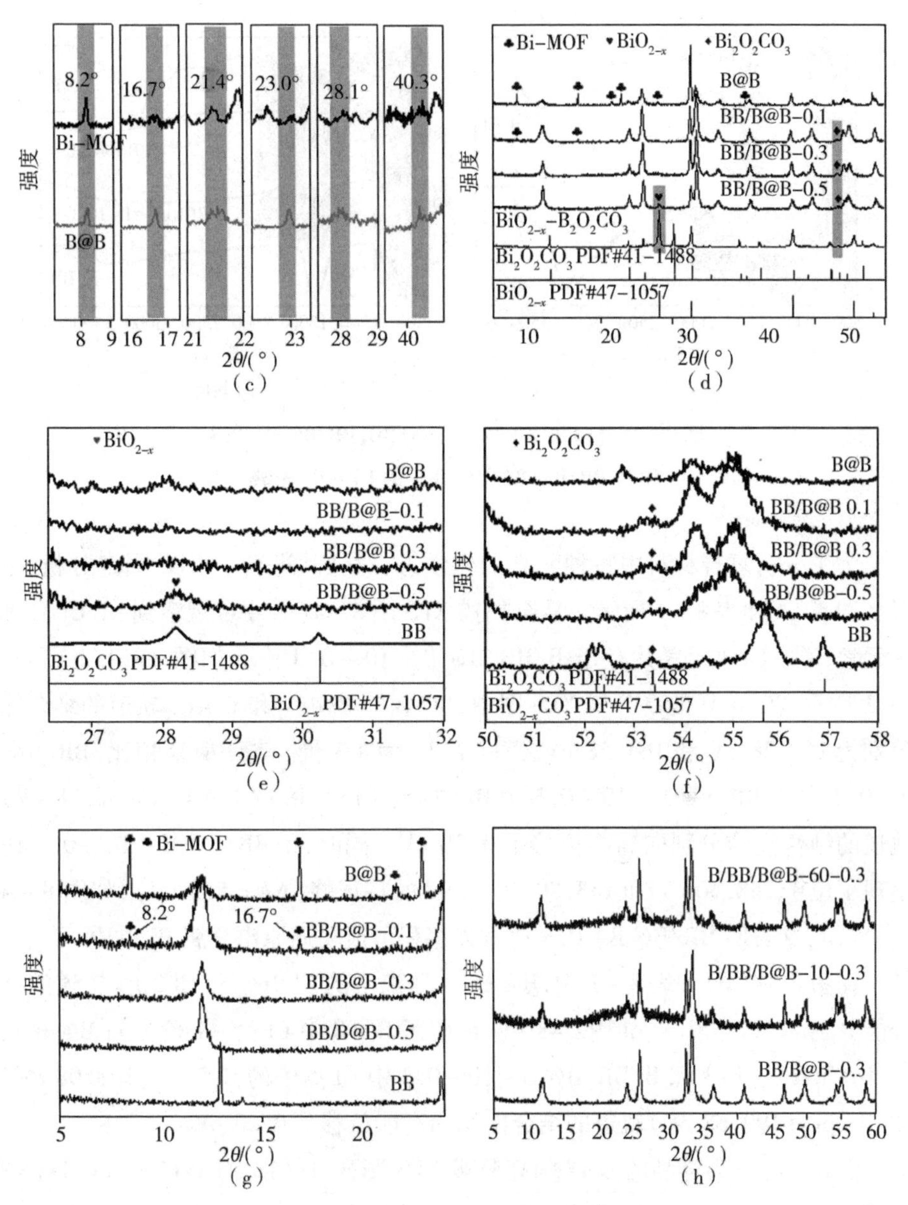

图 8-2 (a) Bi-MOF、(b) B@B、(d) BB/B@B-m，
(h) B/BB/B@B-n-0.3 的 XRD 谱图；
(c) B@B、(e)～(g) BB/B@B-m 的 XRD 谱图的放大图

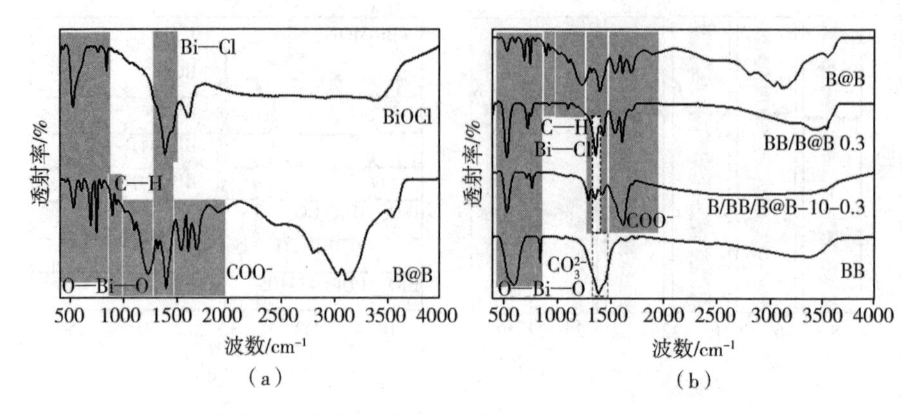

图 8-3 (a) BiOCl、B@B,(b) BB、BB/B@B-0.3 和 B/BB/B@B-10-0.3 的 FT-IR 光谱

为了分析复合材料中每种元素的化学态,对样品进行了 XPS 测定分析,结果如图 8-4 和表 8-1 所示。从全扫描 XPS 图 8-4(a)中可观察到 Bi、Cl、C 和 O 元素,说明四种元素共存于 B/BB/B@B-10-0.3 中。如图 8-4(b)和表 8-1 所示,在 Bi 4f 的高分辨 XPS 图中,B@B 的 Bi $4f_{7/2}$和 Bi $4f_{5/2}$轨道的结合能分别为 159.28 eV 和 164.58 eV,意味着 Bi 为 +3 价。与 B@B 相比,BB/B@B-0.3 和 B/BB/B@B-10-0.3 中 Bi 的 $4f_{7/2}$(159.48 eV)和 $4f_{5/2}$(164.78 eV)轨道的结合能均分别向高能位移了 0.20 eV。同时,B/BB/B@B-10-0.3 还出现了位于 158.50 eV 和 163.80 eV 的 Bi^0的特征峰(ΔE = 5.3 eV),如图 8-4(c)所示,这表明 BB/B@B-0.3 通过光沉积可成功还原出金属 Bi 单质。

在图 8-4(d)和表 8-1 中,B@B 中 Cl 离子的 Cl $2p_{3/2}$和 Cl $2p_{1/2}$轨道的结合能分别为 197.88 eV 和 199.48 eV,证明了 B@B 中 Cl 为 -1 价。与 B@B 相比,BB/B@B-0.3 和 B/BB/B@B-10-0.3 中 Cl 离子的 Cl $2p_{3/2}$(198.08 eV)和 Cl $2p_{1/2}$(199.68 eV)轨道的结合能均向高能位移了 0.20 eV。

图 8-4(e)为样品的 C 1s 的高分辨 XPS 图,C 1s(1)、C 1s(2)和 C 1s(3)分别代表 C═C/C—C/C—H 键、C—O—C 键和 O—C═O 键,这被 Hou 等人的研究所证实。B@B 中位于 284.78 eV、286.18 eV 和 288.78 eV 的 C 1s 的高分辨 XPS 峰分别对应 MOF 中的 C═C/C—C/C—H 键、C—O—C 键和 O—C═O 键。BB/B@B-0.3 和 B/BB/B@B-10-0.3 中,上述化学键对应的 XPS 峰的结合能分别为 284.78 eV、286.18 eV、288.68 eV 和 284.88 eV、286.18 eV、

288.68 eV。可以看出，与B@B相比，BB/B@B－0.3中O—C═O键对应的高分辨衍射峰的结合能向低能位移了0.10 V，B/BB/B@B－10－0.3中C═C/C—C/C—H键和O—C═O键对应的高分辨XPS峰的结合能分别向高能和低能位移了0.10 eV。

图8－4(f)和表8－1中，O 1s(1)、O 1s(2)和O 1s(3)分别代表晶格氧、化学吸附氧和OVs，这与Jia等人的观点一致。B@B中位于529.88 eV、531.58 eV和532.88 eV的O 1s的高分辨XPS峰分别对应于晶格氧、化学吸附氧和OVs。BB/B@B－0.3和B/BB/B@B－10－0.3中上述化学键对应的结合能分别为529.98 eV、531.48 eV、533.18 eV和529.99 eV、531.44 eV、532.39 eV。可以看出，与B@B相比，引入BB后形成的BB/B@B－0.3中的晶格氧和OVs的XPS峰的结合能向高能位移了0.10 eV和0.30 eV，而对应化学吸附氧的XPS峰的结合能向低能位移了0.10 eV。与B@B相比，引入BB和Bi^0后形成的B/BB/B@B－10－0.3所对应的晶格氧的XPS峰的结合能向高能位移了0.11 eV，而对应化学吸附氧和OVs的XPS峰的结合能向低能分别位移了0.14 eV和0.49 eV。

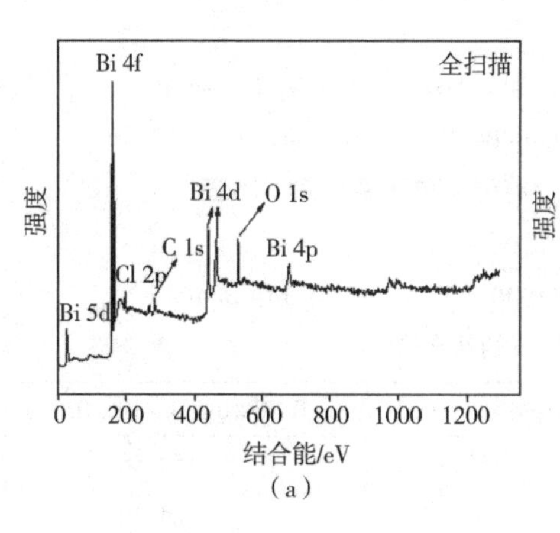

(a)

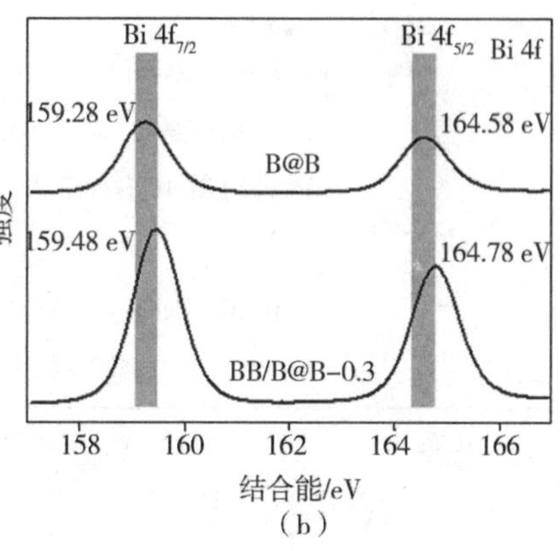

(b)

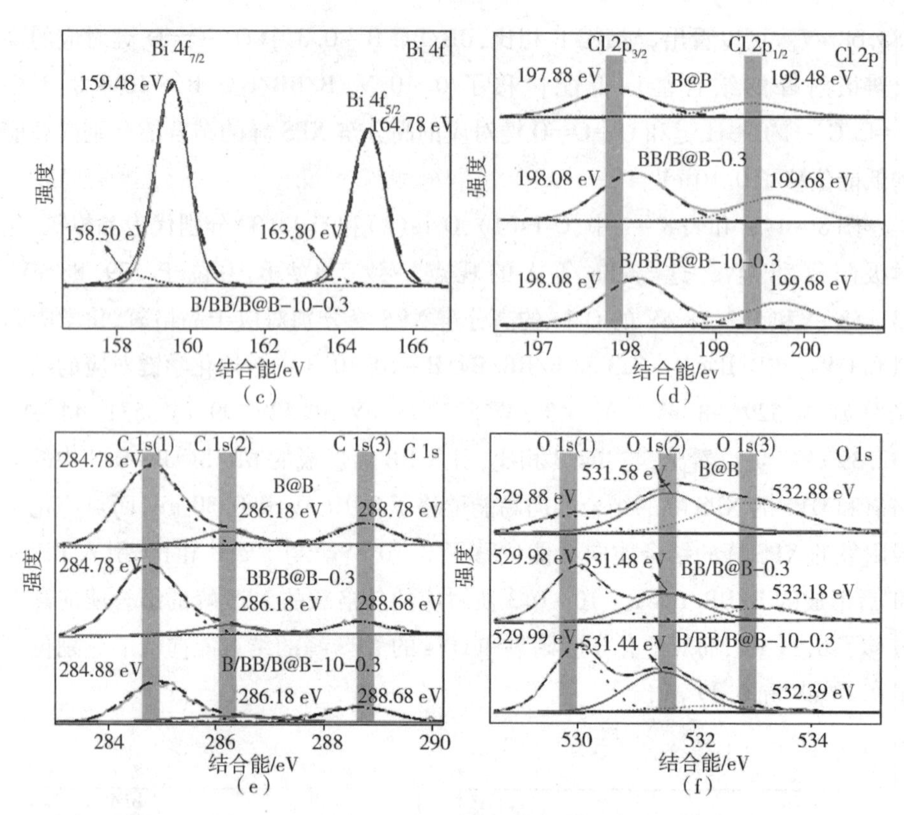

图 8-4　B/BB/B@ B-10-0.3 的(a)全扫描 XPS 图以及 B@ B、BB/B@ B-0.3、B/BB/B@ B-10-0.3 的(b)～(c) Bi 4f、(d) Cl 2p、(e) C 1s 和(f) O 1s 的 XPS 图

表 8-1　B@ B、BB/B@ B-0.3 和 B/BB/B@ B-10-0.3 中 Bi 4f、Cl 2p、C 1s 和 O 1s 的结合能

元素		B@ B/eV	BB/B@ B-0.3/eV	B/BB/B@ B-10-0.3/eV
Bi 4f	Bi $4f_{7/2}$	159.28	159.48	159.48
	Bi $4f_{5/2}$	164.58	164.78	164.78
	Bi^0 $4f_{7/2}$	—	—	158.50
	Bi^0 $4f_{5/2}$	—	—	163.80
Cl 2p	Cl $3p_{3/2}$	197.88	198.08	198.08
	Cl $3p_{1/2}$	199.48	199.68	199.68

续表

元素		B@B/eV	BB/B@B－0.3/eV	B/BB/B@B－10－0.3/eV
C 1s	C 1s(1)	284.78	284.78	284.88
	C 1s(2)	286.18	286.18	286.18
	C 1s(3)	288.78	288.68	288.68
O 1s	O 1s(1)	529.88	529.98	529.99
	O 1s(2)	531.58	531.48	531.44
	O 1s(3)	532.88	533.18	532.39

对 BB 进行了高分辨率的 XPS 测定分析。如图 8－5 所示，与 B@B、BB/B@B－0.3、B/BB/B@B－10－0.3 相比，BB 中 Bi $4f_{7/2}$和 Bi $4f_{5/2}$的高分辨 XPS 峰的结合能较低，分别为 158.98 eV 和 164.28 eV，如图 8－5(a)所示。这可能是由于 OVs[$Bi^{(3-x)+}$、Bi^{5+}和 Bi 空位(V_{Bi})(V_{Bi}是 Bi 的平均价态)]引起的 Bi 缺陷。如图 8－5(b)所示，C 1s 在 284.78 eV、286.08 eV 和 288.68 eV 的结合能分别归因于 C═C/C—C/C—H 键、C—O—C 键和 O—C═O 键。在图 8－5(c)中，位于 529.48 eV、530.68 eV 和 532.88 eV 的 O 1s 的高分辨 XPS 峰分别归因于晶格氧、低氧配位的缺陷位点和 OVs。

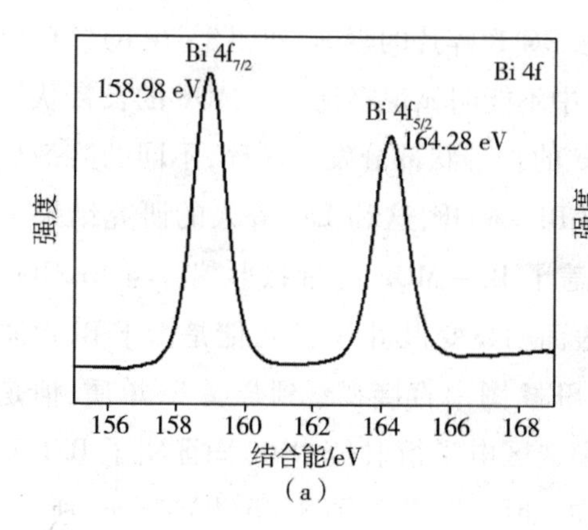

(a)

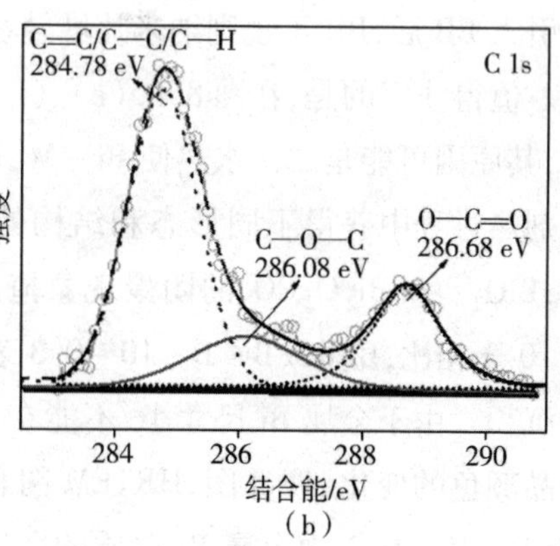

(b)

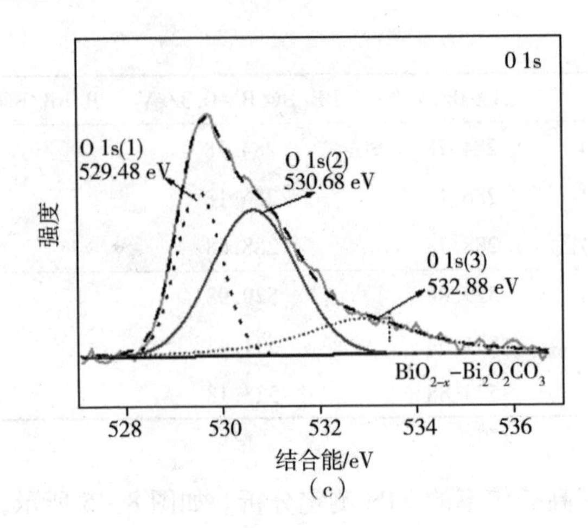

图 8 -5　BB 的(a)Bi 4f、(b)C 1s 和(c)O 1s 的 XPS 图

值得注意的是,与 B@B 相比,BB/B@B -0.3 和 B/BB/B@B -10 -0.3 中各元素的高分辨 XPS 峰的结合能均出现了明显的位移,这进一步证实了 Bi^0、BB 和 B@B 之间存在化学作用。

通过 SEM 和 TEM 来对样品的形貌进行了表征,如图 8 -6 所示。如图 8 -6(a)、(b)所示,制备的 Bi - MOF 为不规则的带状。引入 NH_4Cl 后,BiOCl 纳米粒子原位生长在 Bi - MOF 纳米带表面,如图 8 -6(c)、(d)所示。当采用水热法引入 BB 后,BB 不规则纳米片堆叠在 B@B 碎片的表面,如图 8 -6(e)、(f)所示。值得注意的是,在图 8 -6(e)、(f)中不能明显观察到 Bi - MOF 的长带状结构,其原因可能是二次水热使 Bi - MOF 的长带状部分发生破碎,不同的溶剂从溶剂热过程中获得不同形态和结构的 Bi - MOF,这和 Lee 等人的研究结果一致;BiO_{2-x}和 $Bi_2O_2CO_3$的团聚现象掩盖了 Bi - MOF 的带状形貌。与 BB/B@B -0.3 相比,B/BB/B@B -10 -0.3 表面明显变得粗糙,这可能是由于 Bi 单质的沉积。由于金属 Bi 尺寸小,不能在 SEM 图中直接观察到金属 Bi 单质,但是样品颜色的变化、TEM 图、HRTEM 图和选区电子衍射(SAED)图证实了 B/BB/B@B -10 -0.3 中金属 Bi 单质的存在,如图 8 -7 和图 8 -6(h)~(m)所示。如图 8 -6(h)所示,B/BB/B@B -10 -0.3 的形态表明,球形 Bi 纳米粒子高度分散在 BB/B@B -0.3 上,构成了黑色的小点。B/BB/B@B 的 HRTEM 图如图 8 -6(i)所示,其中由方框标记的区域分别与 BiOCl、BiO_{2-x}、$Bi_2O_2CO_3$和金属 Bi

的(200)、(220)、(020)和(200)晶面相匹配。通过傅里叶变换(FT)的进一步分析表明，BiOCl 是四方晶相结构，单位晶胞参数 $a=b=3.891$，$c=7.369$，而 BiO_{2-x}是立方晶相结构，单位晶胞参数 $a=b=c=5.475$。同样地，$Bi_2O_2CO_3$($a=b=3.865$，$c=13.675$)和金属 Bi($a=b=c=3.795$)分别为四方晶系结构和立方晶系结构。这些结果通过 SAED 图得到进一步证明。如图 8－6(j)～(m)所示，当 BiOCl、BiO_{2-x}、$Bi_2O_2CO_3$和金属 Bi 的入射方向为[001]、[－100]、[001]和[100]时，上述组分的其他特征晶面证实了四方晶相 BiOCl、立方晶相 BiO_{2-x}、四方晶相 $Bi_2O_2CO_3$和立方晶相 Bi 的存在。此外，不聚焦衍射点的出现是由各组分之间的相互作用引起的，进一步证明了异质结构的成功构建和它们之间紧凑的界面接触。为了进一步证明异质结构的形成，对 B/BB/B@B@－10－0.3 进行了 TEM－EDS 测试。图 8－8 显示 Bi、Cl、C、O 元素共存且均匀分布。

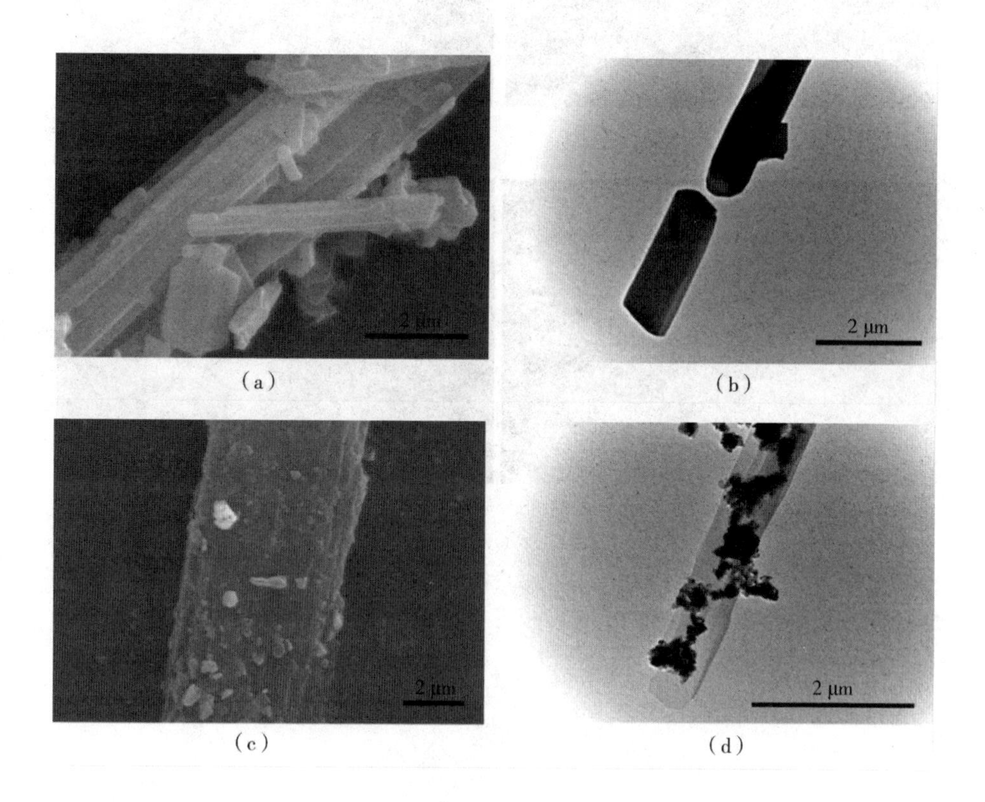

(a)　(b)
(c)　(d)

200 nm
200 nm
(e)
(f)
200 nm
Bi
200 nm
(g)
(h)
Bi2O2CO3(020)
d=0.193 nm
BiOCl(200)
d=0.195 nm
BiO2-x(220)
d=0.194 nm
Bi(200)
d=0.189 nm
5 nm
(i)
BiOCl
PDF#06-0249
四方晶相
(000)
(1-10)
(110)
(200)
5 nm-1
(j)

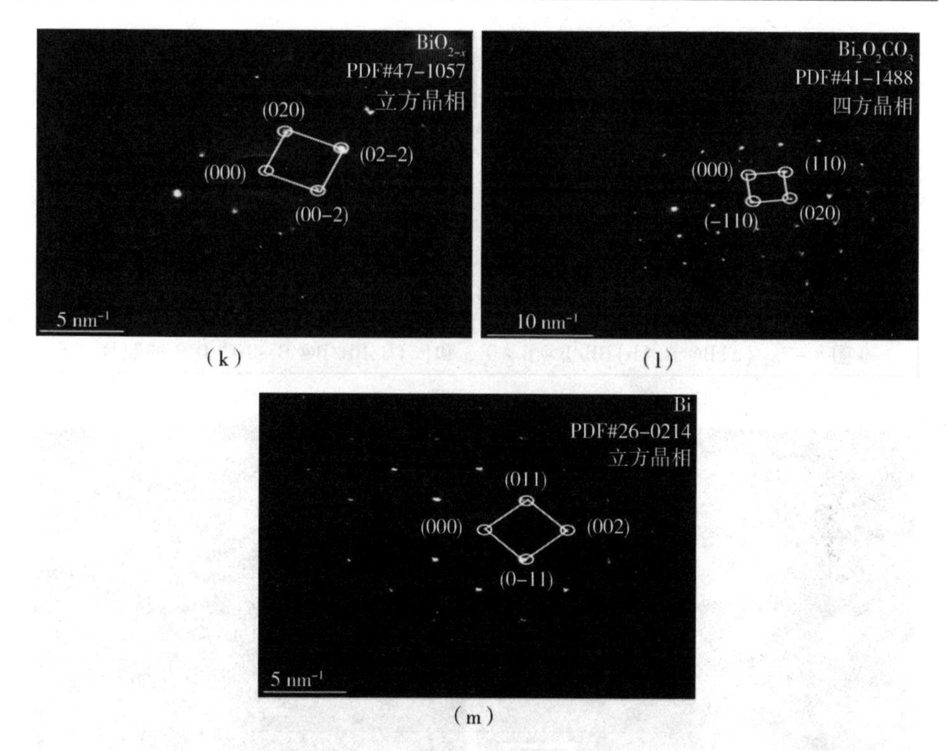

(k)　(l)

(m)

图 8-6　(a)、(b) Bi-MOF，(c)、(d) B@B，(e)、(f) BB/B@B-0.3 和 (g)、(h) B/BB/B@B-10-0.3 的 SEM 图、TEM 图；B/BB/B@B-10-0.3 的 (i) HRTEM 图和 (j) ~ (m) SAED 图

根据以上 XRD、FT-IR、XPS、SEM、HRTEM 和 SAED 分析，进一步证实了以 B@B 为活性载体，通过水热和光沉积技术相结合的方法成功制备了 Bi 单质和 BB 共同修饰 B@B 的多组分 B/BB/B@B 复合材料，即 $Bi/BiO_{2-x}-Bi_2O_2CO_3/BiOCl@Bi-MOF$。

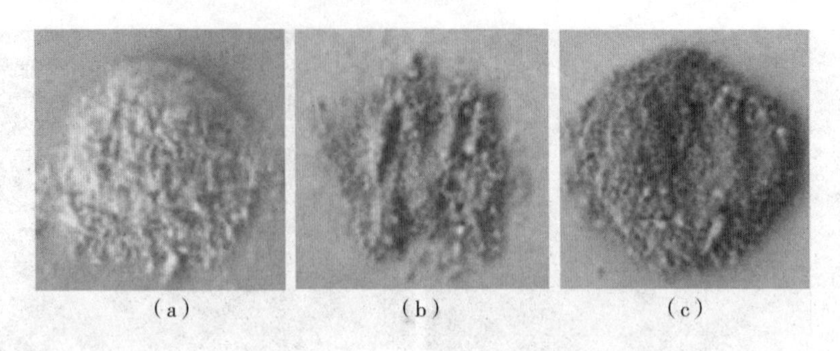

图 8－7　(a) B@ B、(b) BB/B@ B－0.3 和(c) B/BB/B@ B－10－0.3 的照片

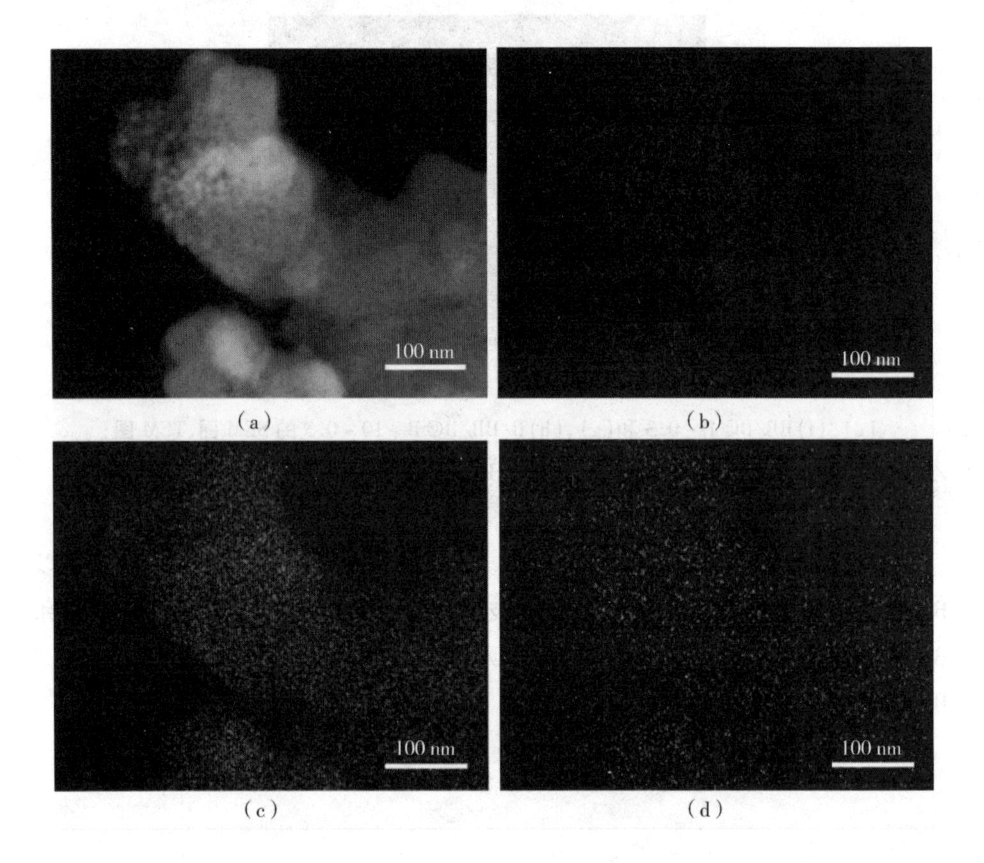

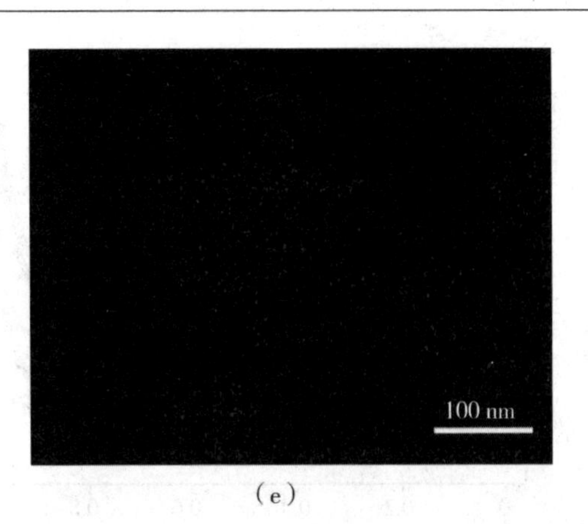

(e)

图 8-8　B/BB/B@B-10-0.3 异质结的(a)TEM 图及(b)Bi、(c)Cl、(d)C 和(e)O 的 TEM-EDS 图

通过 N_2 吸附-脱附等温线分析样品的 S_{BET} 和多孔结构,结果如图 8-9(a)和表 8-2 所示。所有样品的 N_2 吸附-脱附等温线均为Ⅳ型等温线,表明制备的光催化材料中存在典型的介孔结构。其中,Bi-MOF、B@B、BB/B@B-0.3 和 B/BB/B@B-10-0.3 具有 H3 型滞后环,与 MOF 材料的特性相对应。BB 具有 H3 型滞后环,其孔由纳米片堆叠形成。不含有 MOF 的 B/BB/B-10-0.3 具有 H4 型滞后环,这可能是由于类似于层状结构产生的孔。

图 8-9(b)为催化剂的孔径分布图。从图中可以看出,所有样品的孔径分布曲线均为单峰曲线且宽度较窄,这说明材料的孔径分布均匀。催化剂的 S_{BET}、V_p 和 D_p 数据见表 8-2。可以注意到,合成的 Bi-MOF(17.5 m^2/g)的 S_{BET} 比典型的 MOF 小得多,Wang 等人认为可能是由于其独特的结构和较大的颗粒尺寸所致。与 Bi-MOF、BB(5.10 m^2/g)和 B@B(5.70 m^2/g)的 S_{BET} 相比,B/BB/B@B-10-0.3 具有更大的 S_{BET}(21.23 m^2/g)。同时,由于 Bi 和 BB 的引入,B/BB/B@B-10-0.3 的 D_p 略有减小,V_p 略有增加。值得注意的是,具有 MOF 结构的 B/BB/B@B-10-0.3 的 S_{BET} 是无 MOF 结构 B/BB/B-10-0.3的 S_{BET}(9.14 m^2/g)的 2.3 倍。由此可见,增加的 S_{BET} 和合适的 V_p 使其具有更多的活性位点,同时促进有机污染物的吸附和传质,在一定程度有利于提高光催化去除有机污染物的活性。

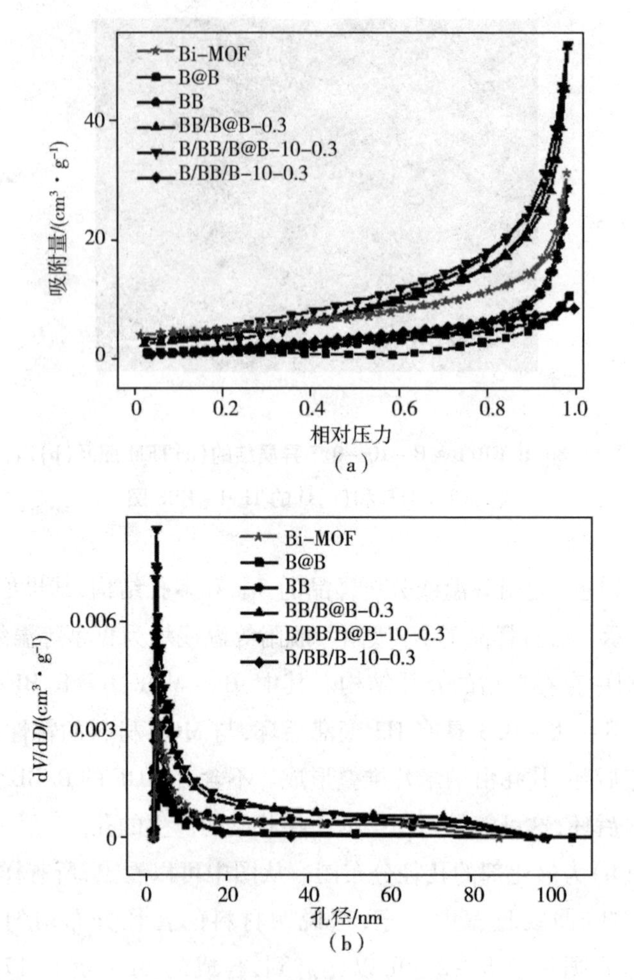

图 8-9 样品的(a)N_2吸附-脱附等温线和(b)孔径分布曲线

表 8-2 各种样品的 S_{BET}、V_p和 D_P

样品	S_{BET}/(m²·g⁻¹)	V_p/(cm³·g⁻¹)	D_p/nm
Bi-MOF	17.50	0.05	13.17
B@B	5.70	0.02	16.20
BB	5.10	0.04	15.81
BB/B@B-0.3	17.66	0.08	12.28
B/BB/B@B-10-0.3	21.23	0.08	10.87
B/BB/B-10-0.3	9.14	0.01	5.10

8.3.2 光吸收特性

如图 8－10(a)所示，B@B、BB/B@B－0.3 和 B/BB/B@B－10－0.3 的带边吸收分别约为 383 nm、355 nm 和 354 nm。可以看出，三者的带边吸收没有明显的差异。这可能是因为 BB 并没有进入 B@B 的晶格中，而是以氧化物的形式存在，这与 Li 等人的研究结果类似。与 B@B 相比，BB/B@B－0.3 和 B/BB/B@B－10－0.3 在可见区显示出更宽的吸收范围，且随着金属 Bi 的引入，使 B/BB/B@B－10－0.3 在可见区的光吸收能力进一步提升，且明显高于 BB/B@B－0.3和 B@B。这进一步表明 BB 的引入和金属 Bi 的沉积促使 B@B 吸收更多的可见光，这有利于提高光催化活性，与 Ye 等人的观点一致。

Kubelka－Munk 能量曲线图如图 8－10(b)所示，B@B 和 BB 的带隙分别为 3.24 eV 和 1.54 eV，并且通过图 8－10(b)的 VB－XPS 测试结果确定它们的 VB。通过 $E_{CB}=E_{VB}-E_g$ 确定 B@B 和 BB 的 CB 值，具体数值见表 8－3。

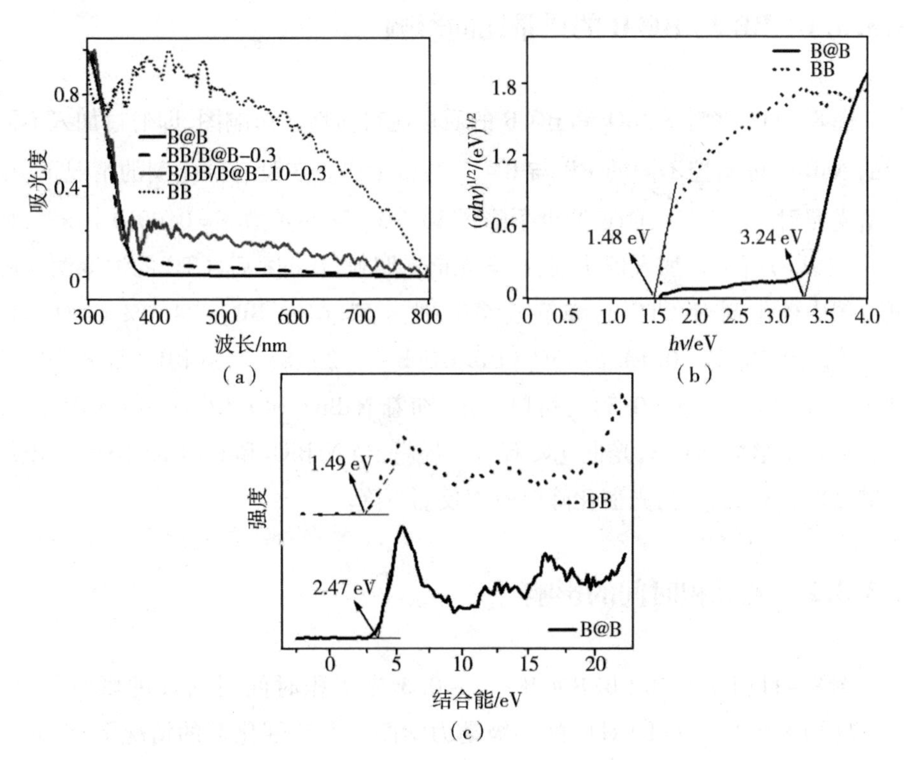

图 8－10　样品的(a)UV－vis DRS 图、(b)$(\alpha h\nu)^{1/2}$ 与能量的关系图和(c)VB－XPS 图

表 8－3 B@B 和 BB 的 E_{CB}、E_{VB} 和 E_g

样品	E_g/eV	E_{CB}/eV	E_{VB}/eV
B@B	3.24	-0.77	2.47
BB	1.48	0.01	1.49

8.3.3 光催化性能

通过全光谱光照射下抗生素 CTC 的光催化降解来评价所制备样品的光催化性能。同时探讨了光沉积时间、有无 MOF 结构、不同水质（去离子水、自来水、江水和雪水）和不同无机盐（KCl、Na_2SO_4、Na_2CO_3 和 $CaCl_2$）对光催化活性的影响。此外，还选择了不同种类的抗生素（CTC、CIP、MNZ 和 AMX）来研究光催化剂的广泛适用性。

8.3.3.1 BB 与 B@B 的质量比的影响

图 8－11(a)为 $NaBiO_3$ 和 B@B 的质量比对活性的影响图，即通过加入不同量的 $NaBiO_3$ 可调控不同的 BB 与 B@B 的质量比。在没有催化剂的情况下，全光谱光照射 90 min 后，CTC 浓度下降了 13.7%，速率常数 $k = 0.0019\ \mathrm{min}^{-1}$，如图 8－11(c)所示。加入催化剂，在全光谱光照射 90 min 后，CTC 的浓度明显降低。图中催化剂对 CTC 的降解效率分别为 52.4%（BB）、74.6%（B@B）、73.4%（BB/B@B－0.1）、82.5%（BB/B@B－0.2）、85.7%（BB/B@B－0.3）和 75.0%（BB/B@B－0.5）。可以看出，随着 $NaBiO_3$ 和 BiOCl@Bi－MOF 的质量比从 0.1 增加到 0.3，光催化降解效率提高，当 $NaBiO_3$ 和 BiOCl@MOF 的质量比继续增大到 0.5 时，光催化降解效率反而下降。

8.3.3.2 光沉积时间的影响

图 8－11(b)为 B/BB/B@B－n－0.3 光沉积时间对活性的影响图，图 8－11(c)为图 8－11(b)对应的一级动力学图。在有催化剂的情况下，全光谱光照射 90 min 后，CTC 的浓度明显降低。各催化剂对 CTC 的降解效率（速率常

数)分别为 52.4%(0.0105 min^{-1},BB)、74.6%(0.0191 min^{-1},B@B)、85.7%(0.0218 min^{-1},BB/B@B-0.3)、57.8%(0.0108 min^{-1},B/BB/B@B-5-0.3)、94.6%(0.0315 min^{-1},B/BB/B@B-10-0.3)和 82.8%(0.0199 min^{-1},B/BB/B@B-60-0.3)。可以发现,随着光沉积时间从 5 min 增加到 10 min,光催化降解效率及速率常数增大。在光沉积时间为 10 min 时,B/BB/B@B-10-0.3达到了最大的降解效率和速率常数。当光沉积时间进一步增大到 60 min时,光催化降解效率及速率常数反而降低。因此,在所有制备的样品中,B/BB/B@B-10-0.3 表现出最高的光催化降解效率和最大的速率常数。此外,在全光谱光照射 90 min 时,B/BB/B@B-10-0.3,CTC 降解的最大速率常数为 0.0315 min^{-1},分别是 BB 和 B@B 的 3 倍和 1.6 倍。表明本书制备的 B/BB/B@B-10-0.3 催化剂在处理废水中的抗生素方面具有优异的光催化性能。

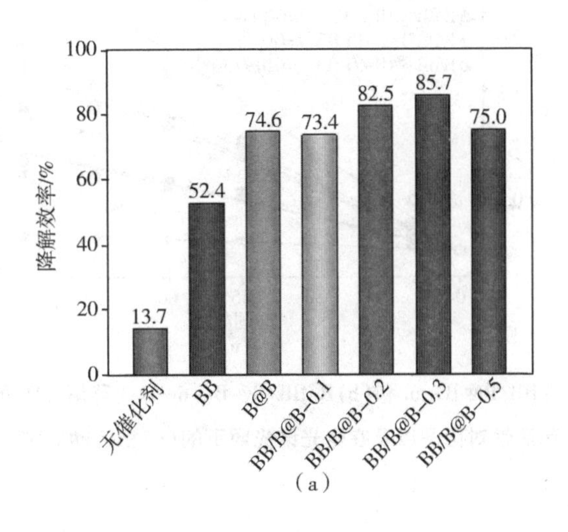

(a)

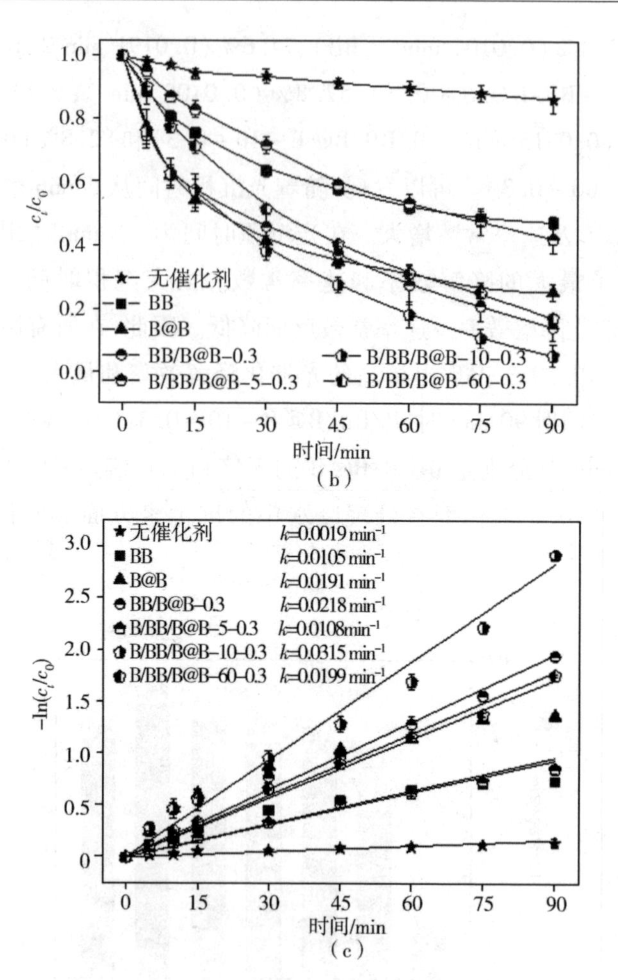

图 8-11 (a)BB/B@B-m 和(b)B/BB/B@B-n-0.3 降解 CTC 的光催化效率和活性对比图以及在全光谱光照下的(c)相应动力学图

8.3.3.3 Bi-MOF 前驱体对活性的影响

图 8-12(a)为 B@B、B/BB/B@B-10-0.3 与不含有 MOF 结构的 BiOCl、B/BB/B-10-0.3 的全光谱光催化降解 CTC 的对比图。图 8-12(b)为图 8-12(a)对应的一级动力学图。全光谱光照射 90 min 后,各催化剂对 CTC 的降解效率(速率常数)分别为 74.6%(0.0191 min^{-1},B@B)、94.6%(0.0315 min^{-1},

B/BB/B@B－10－0.3)、41.7%(0.0063 min^{-1}, BiOCl)和 62.3%(0.0124 min^{-1},B/BB/B－10－0.3)。可以看出,B/BB/B@B－10－0.3 的速率常数是无 MOF 结构的 B/BB/B－10－0.3 的 2.5 倍,B@B 的速率常数是无 MOF 结构的 BiOCl 的 3.0 倍。这也就意味着,Bi－MOF 的存在大大提高了材料的光催化降解效率。如图 8－12(c)、(d)所示,从 B/BB/B@B－10－0.3 和 B/BB/B－10－0.3 在 90 min 内降解 CTC 的 UV－vis 吸收曲线图可以看出,CTC 的吸光度随反应时间的增加而降低,这与图 8－12(a)的结果一致。

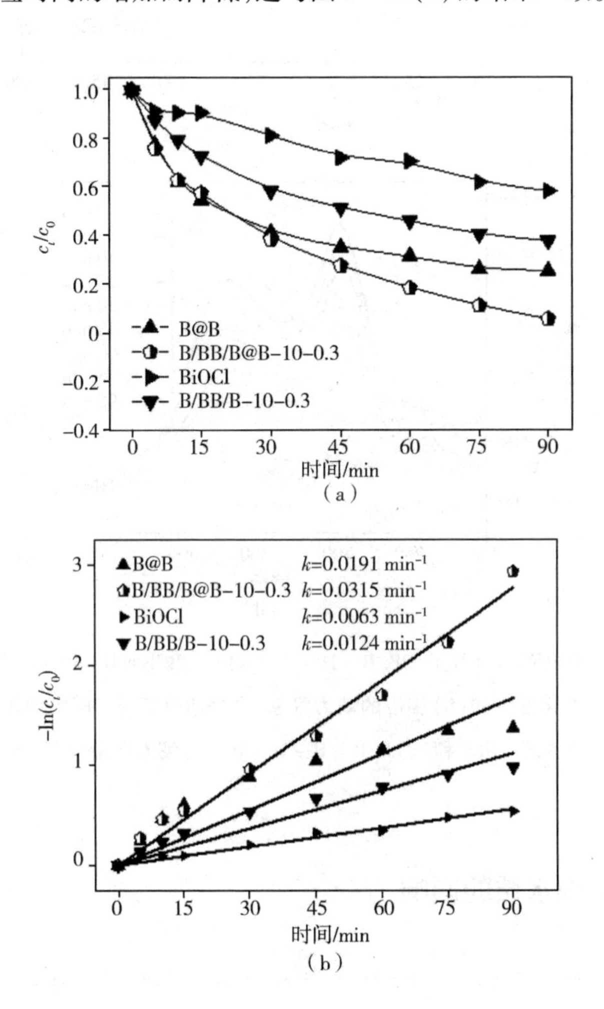

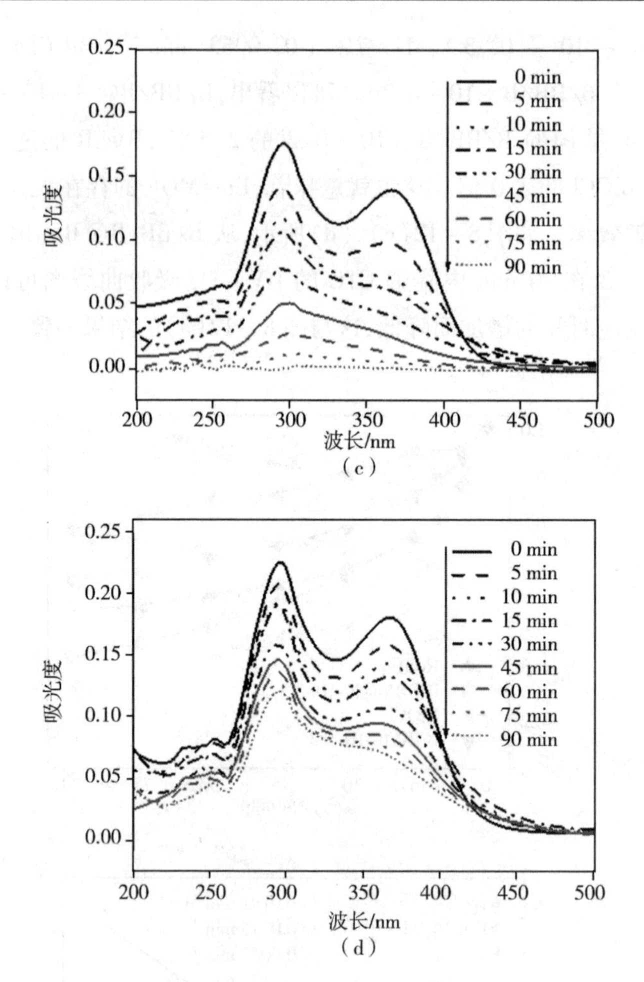

图 8-12　(a)BiOCl、B@B、B/BB/B-10-0.3 和 B/BB/B@B-10-0.3 降解 CTC 的光催化活性和(b)相应的动力学图;全光谱光照下,不同时间的(c)B/BB/B@B-10-0.3 和(d)B/BB/B-10-0.3 降解 CTC 的 UV-vis 吸收曲线图

8.3.3.4　不同水质的影响

为了研究 B/BB/B@B-10-0.3 光催化剂在各种实际水环境对 CTC 的降解效率,取自来水、江水和雪水,并将结果与去离子水进行比较,如图8-13(a)所示。从图中可以看出,在全光谱光照 90 min 后,B/BB/B@B-10-0.3 在不同水体中对 CTC 降解效率遵循以下顺序：94.6%（去离子水）> 78.2%（雪水）> 61.2%（自来水）> 60.7%（江水）。与去离子水相比，其他水质中 CTC 降解效率降低的原因是有机物、共存的阴离子和阳离子对 CTC 降解抑制，以及不同水源中的 pH 值差异会消耗光生自由基，进一步抑制 CTC 的降解。尽管如此，B/BB/B@B－10－0.3 在不同水体中仍具有良好的光催化能力，表明 B/BB/B@B－10－0.3 可有效应用于实际的污水处理。

8.3.3.5 不同无机盐的影响

为了进一步确定不同种类的离子对 B/BB/B@B－10－0.3 光催化活性的影响，将浓度均为 0.05 mol/L 的 KCl、Na_2SO_4、Na_2CO_3 和 $CaCl_2$ 分别添加到 CTC 溶液中，并将结果与去离子水进行比较，如图 8－13(b) 所示。KCl 在光催化过程中对 CTC 降解有轻微的影响，这可能是由于 KCl 水溶液是中性的，在体系中添加适当量的 KCl 并没有较大程度改变反应环境，这一观点被 Li 等人的研究所证实。$CaCl_2$ 对光催化过程有轻微促进作用。然而，Na_2SO_4 和 Na_2CO_3 在光催化过程中对 CTC 的降解有较强的抑制作用。一方面，Na_2CO_3 中 CO_3^{2-} 可作为自由基清除剂，在复合材料表面产生的自由基可立即被共存的 CO_3^{2-} 捕获，从而降低光催化活性。另一方面，Na_2CO_3 和 Na_2SO_4 吸附到了复合材料表面并占据了活性位点，使光催化活性降低。

8.3.3.6 不同抗生素的影响

选择四种不同种类抗生素，在全光谱光照射下，对 B/BB/B@B－10－0.3 进行光催化降解实验，进一步研究 B/BB/B@B－10－0.3 的广泛适用性。从图 8－13(c) 可知，全光谱光照射 90 min 后，CTC、CIP、AMX 和 MNZ 的降解效率分别为 94.6%、93.8%、36.3% 和 62.1%。Gao 等人认为抗生素降解效率存在明显差异的原因可能与抗生素的化学结构以及催化剂与抗生素之间的相互作用有关。最重要的是，制备的 B/BB/B@B－10－0.3 催化剂对 CTC、CIP 和 MNZ 均具有较高的光催化活性，表明 B/BB/B@B－10－0.3 对抗生素的降解具有较好的广泛适用性。

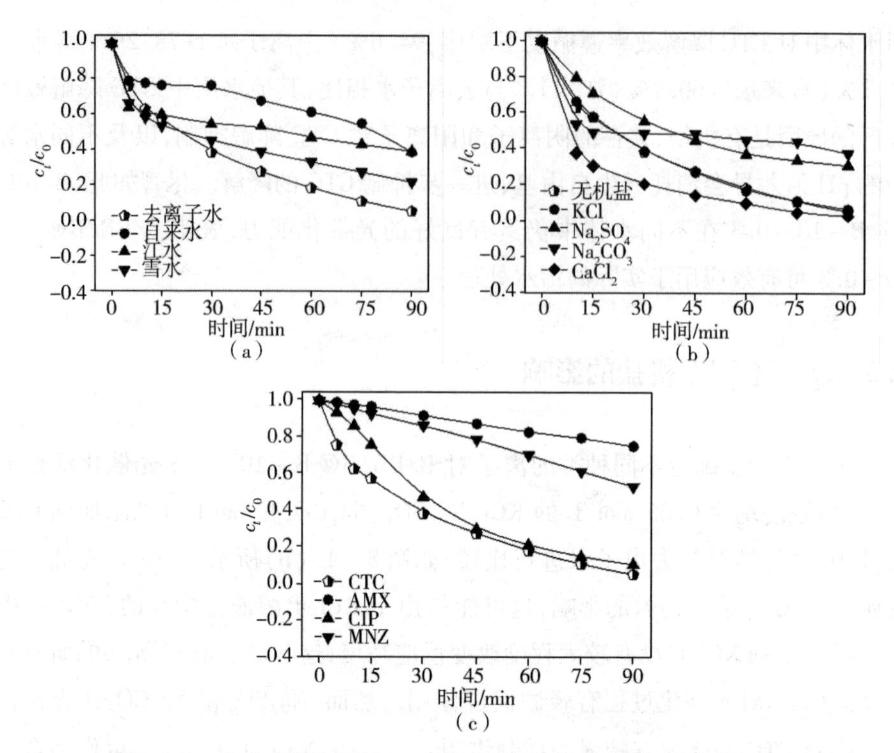

图 8-13 在全光谱光照下，B/BB/B@B-10-0.3 对(a)不同水源、(b)不同无机盐($c_{无机盐}$=0.05 mol/L)和(c)不同类型的抗生素的光催化降解图

随后，为了研究 B/BB/B@B-10-0.3 的稳定性，选择 CTC 作为模型分子，进行了五次循环测试。如图 8-14(a)所示，经过五次循环实验，B/BB/B@B-10-0.3 复合材料对 CTC 的降解效率仍然达到 91.5%。催化剂在降解 CTC 的过程中略有失活，这可能是由于在洗涤催化剂的过程中，残留的有机污染物覆盖了催化剂表面的活性位点。通过循环前后样品的 XRD 测试可以看出，循环前后样品的 XRD 谱图变化不大，衍射角 2θ 几乎没有变化，仅 32.5°和 54.1°处的衍射峰强度略有变化，如图 8-14(b)所示。

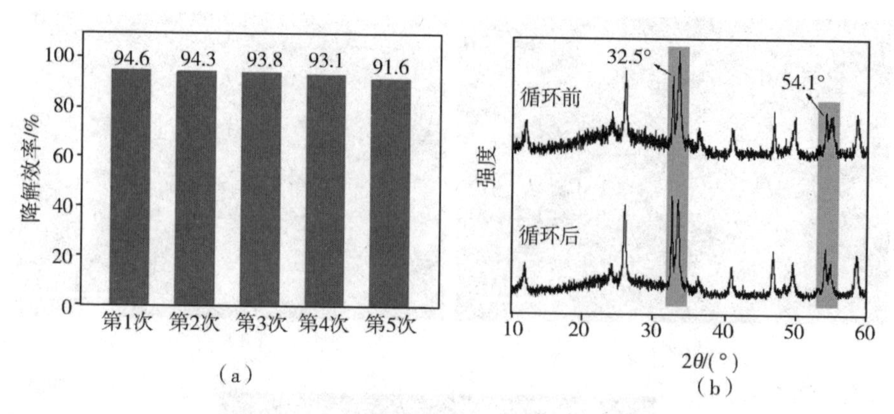

图 8 - 14 在全光谱光照下,(a) B/BB/B@ B - 10 - 0.3 对 CTC 的循环光催化降解效率;(b) B/BB/B@ B - 10 - 0.3 循环降解实验前后的 XRD 谱图对比

此外,循环后的催化剂 B/BB/B@ B - 10 - 0.3 的 SEM 图和 SEM - EDS 图像与原始的 B/BB/B@ B - 10 - 0.3 相比没有显著差异,如图 8 - 15(a)所示。通过以上结果,表明该复合光催化剂对 CTC 光催化降解的效率、晶体结构和形貌均具有良好的稳定性。

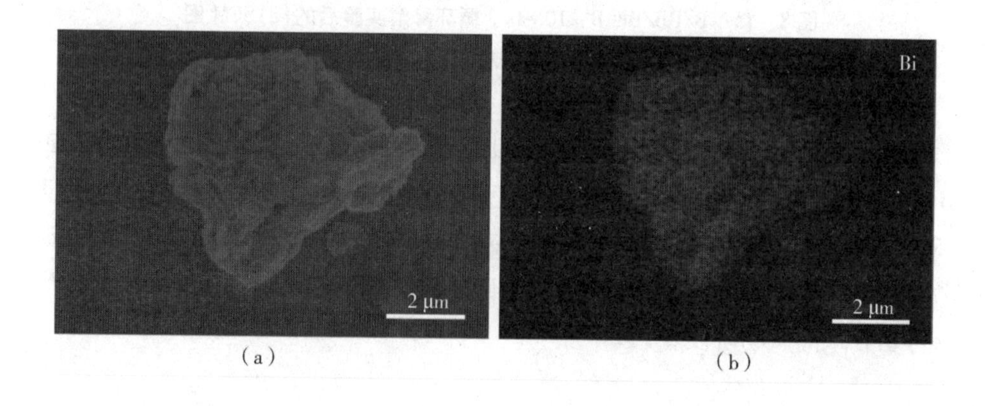

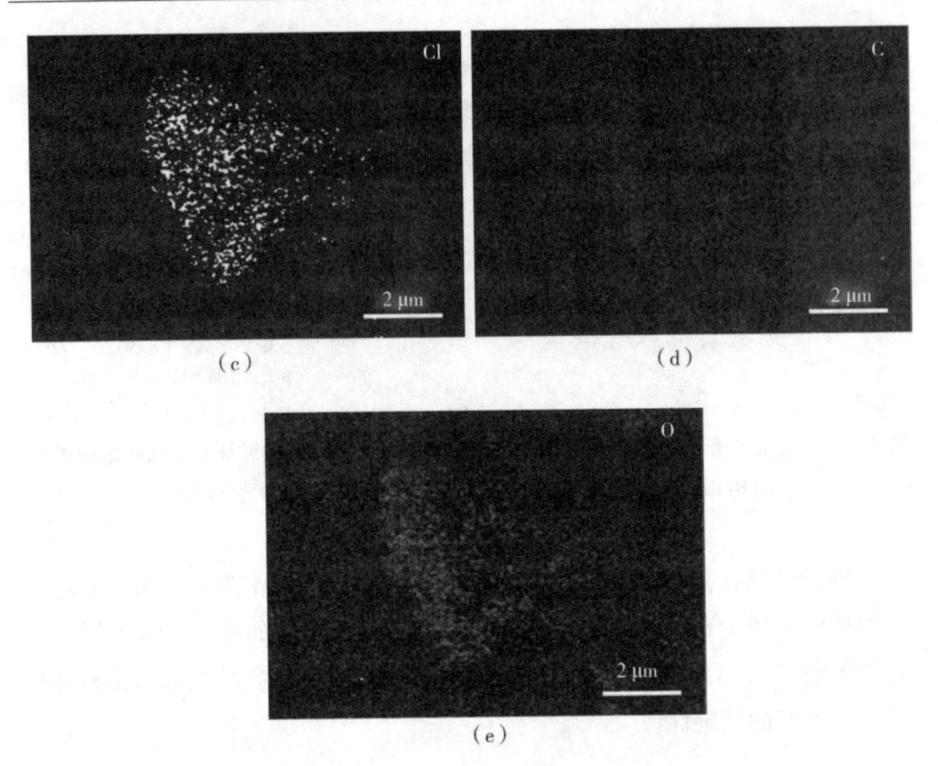

(c) (d)

(e)

图 8-15 B/BB/B@B-10-0.3 循环降解实验后的(a)SEM 图以及(b)Bi、(c)Cl、(d)C 和(e)O 的 SEM-EDS 图

为了评估 B/BB/B@B-10-0.3 对有机污染物的矿化能力,对 B/BB/B@B-10-0.3 光降解的 CTC 溶液进行了 TOC 测试。如图 8-16 所示,在光照 120 min 后,光催化剂 B/BB/B@B-10-0.3 对 CTC 的矿化率为 33.9%。降解效率和矿化率之间的显著差异表明,在目前的实验条件下,CTC 的降解产物大多停留在中间产物阶段。

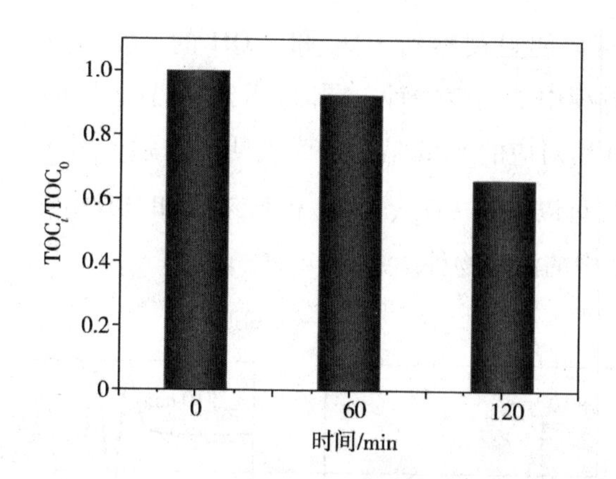

图 8-16　在全光谱光照下，B/BB/B@B-10-0.3 光催化降解 CTC 过程中 TOC 的变化情况

8.3.4　光催化机理讨论

8.3.4.1　自由基和空穴捕获实验

在光催化降解反应中，有机污染物通常在活性物质的作用下被降解。为了研究催化剂降解 CTC 体系中的主要活性物种，引入 i-PrOH(1 mmol/L)、BQ(0.5 mmol/L)和 EDTA-2Na(1 mmol/L)三种常见的捕获剂，分别捕获 · OH、· O_2^- 和 h^+ 活性物种。从图 8-17(a)可以观察到，当 i-PrOH 和 EDTA-2Na 进入光催化反应体系时，CTC 的降解效率分别从 94.6% 下降到 89.0% 和 76.5%。然而，当 BQ 进入光催化反应体系时，CTC 的降解效率从 94.6% 下降到 19.5%。因此，根据捕获实验可知，B/BB/B@B-10-0.3 对光催化降解 CTC 体系中，· O_2^- 起主要作用，h^+ 和 · OH 的作用也不能被忽视。

为了进一步确认 · O_2^- 和 · OH 这两种活性物种，进行了 EPR 试验，结果如图 8-17(b)和 8-17(c)所示。从图中可以看出，黑暗条件下没有观察到 · O_2^- 和 · OH 的 EPR 信号，而在可见光照射下出现明显的 · O_2^- 和 · OH 的 EPR 信号，说明光是产生活性物质的必需条件。在可见光照射 5 min 后，B/BB/B@

B－10－0.3 中可以明显观察到 $\cdot O_2^-$ 和 ·OH 的 EPR 信号，这说明 $\cdot O_2^-$ 和 ·OH均为降解过程中的活性物种。同时，当光照时间从 5 min 增加到 10 min 时，$\cdot O_2^-$ 和 ·OH 所对应的 EPR 信号的强度明显增强。因此，结合捕获实验和 EPR 的测试结果，可以推断 $\cdot O_2^-$、·OH 和 h^+ 都是 B/BB/B@ B－10－0.3 全光谱降解 CTC 体系中的活性物种。

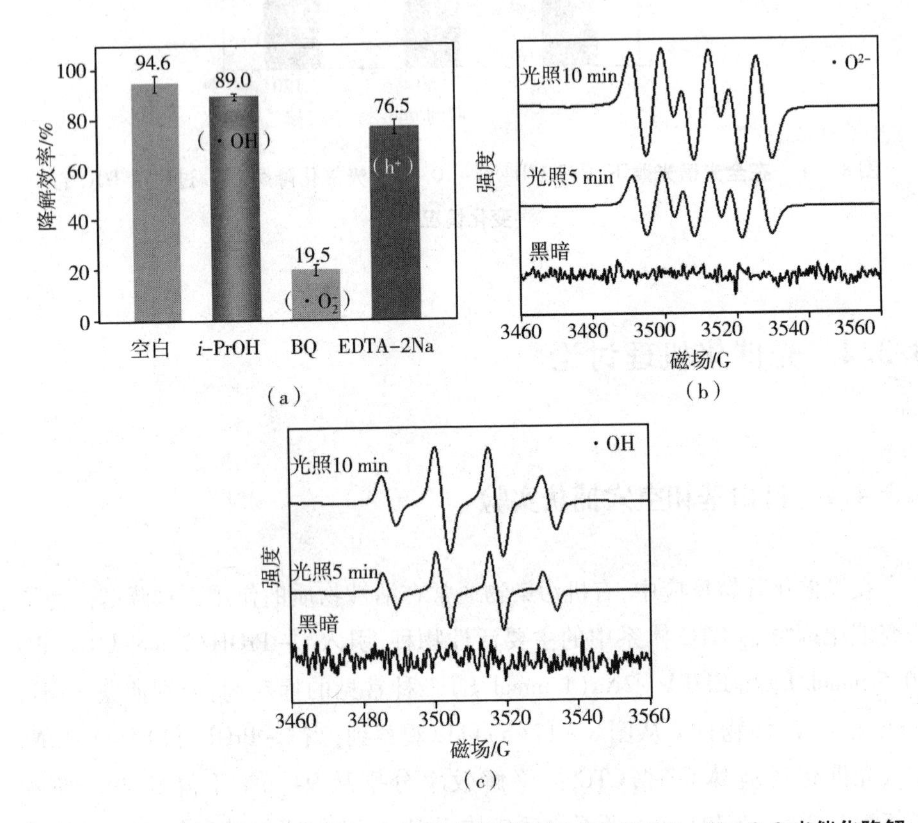

图 8－17 在全光谱光照条件下，(a)不同捕获剂对 B/BB/B@ B－10－0.3 光催化降解 CTC 的影响；在可见光照射下，B/BB/B@ B－10－0.3 在不同时间下的自由基 (b) $\cdot O_2^-$ 和(c) ·OH 的 EPR 谱图

8.3.4.2 光电化学测试

为了研究样品中光生载流子的转移和分离，对所制备的光催化剂进行了光

电化学测试。图 8 - 18(a)和 8 - 18(b)为样品的 PL 图,其激发波长为 300 nm。从图中可以得知,B@ B 的 PL 强度最高,表明具有最高的光生电子 - 空穴对重组效率,这将导致较低的光催化活性,这与催化实验结果一致。与 B@ B 和 BB/B@ B - 0.3 相比,B/BB/B@ B - 10 - 0.3 的 PL 强度最低,表明多组分复合材料的形成使其光生载流子的重组效率大幅度降低。同时,复合材料的 PL 发射峰发生偏移,这进一步表明了光生载流子被有效转移。此外,B/BB/B@ B - 10 - 0.3 的 PL 强度比 B/BB/B - 10 - 0.3 更低。也就意味着,MOF 的引入、BB 的负载和 Bi 的原位析出使 B/BB/B@ B 的光生电子 - 空穴对分离效率明显提高。值得注意的是,BB 较弱的发射峰可归因于其具有丰富的非化学计量引起的 OVs,这与 Wang 等人的研究一致。与 BB 相比,B/BB/B@ B - 10 - 0.3(BB/B@ B - 0.3)表现出较高的 PL 强度,表明 BB 与 B@ B 有部分重组。这意味着 B/BB/B@ B - 10 - 0.3 复合材料中电子 - 空穴对的迁移途径是一种间接 Z 型机制理论而不是传统 I 型异质结能带理论。

为了进一步探究样品的电子 - 空穴对分离能力,对样品进行了瞬态光电流响应测试,如图 8 - 18(c)所示。从图中可以看出,在周期性开关的光源照射下,各催化剂产生的光电流密度均遵循以下顺序:B/BB/B@ B - 10 - 0.3 > BB/B@ B - 0.3 > B@ B > B/BB/B - 10 - 0.3 > BB。在所有样品中,所制备的 B/BB/B@ B - 10 - 0.3 复合材料表现出最高的光电流响应密度,代表其具有最高的电子 - 空穴对分离效率,这与降解实验结果一致。值得注意的是,B/BB/B@ B - 10 - 0.3复合材料的光电流响应密度明显高于不含有 MOF 的复合材料,表明复合材料中 MOF 的存在抑制各组分重组,提高光生载流子的分离效率。这与降解实验的结果一致。EIS 可以进一步确定样品中光生电荷转移电阻的大小,结果如图 8 - 18(d)所示。各催化剂的 EIS Nyquist 准半径遵循以下顺序:B/BB/B@ B - 10 - 0.3 < BB/B@ B - 0.3 < B@ B < BB < B/BB/B - 10 - 0.3。可以发现,B/BB/B@ B - 10 - 0.3 显示出最小的 Nyquist 半径,且明显小于不含有 MOF 的 B/BB/B - 10 - 0.3,这意味着 MOF 结构的存在可较大程度地降低电荷转移电阻,并且促进电荷的迁移。

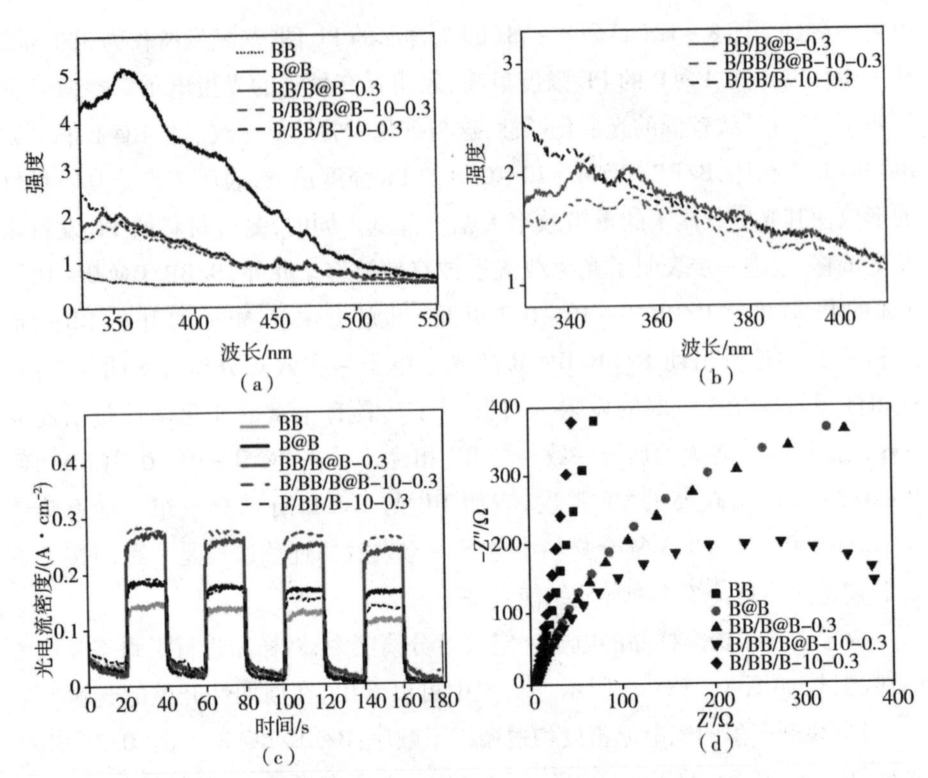

图 8-18 样品的(a)PL 谱、(b)PL 谱的放大图、(c)瞬态光电流响应图以及(d)EIS 图

根据 PL、瞬态光电流响应测试和 EIS 结果，与其他样品，特别是与无 MOF 结构的 B/BB/B-10-0.3 相比，具有 MOF 结构的 B/BB/B@B-10-0.3 具有较低的 PL 强度、最高的光电流密度和最小的电荷转移电阻。结果表明具有 MOF 结构的 B/BB/B@B-10-0.3 复合材料的电荷迁移能力最强，电子-空穴对分离效率最高。

根据能带结构、活性物种捕获实验和 EPR 测试，提出了一种可能的光生载流子转移路径，如图 8-19 所示。从能带结构来看，B/BB/B@B-10-0.3 纳米异质结似乎是一种传统的 I 型异质结，如图 8-19(a)所示。如图所示，在全光谱光照射下，催化剂 BB、Bi 和 B@B 会同时产生电子-空穴对。由于 BB 的 CB 高于金属 Bi 和 B@B，同时 BB 的 VB 低于 B@B，所以光激发的 e^- 可以从 B@B 的 CB 迁移到 Bi(-0.17 eV)，再以其为桥梁迁移到 BB 的 CB，而光生 h^+ 可以从 B@B 的 VB 转移到 BB 的 VB。然而，由于 BB 的 E_{CB}(-0.05 eV)比 $E_{O_2/\cdot O_2^-}$ 的氧化还原电位（-0.33 eV）更正，BB 上积累的 e^- 不具有足够高的还原电位，不能将 O_2 还原为 $\cdot O_2^-$。同时，由于 BB 的 E_{VB}（1.49 eV）比 $E_{\cdot OH/OH^-}$（1.99 eV）的电位更负，BB 上的 h^+ 很难将 OH^- 氧化为 · OH 自由基。因此，传统的 I 型异质结电荷迁移机制并不能充分阐明 B/BB/B@B-10-0.3 纳米复合材料的光催化机制，而间接 Z 型机制可更合理地描述光生电荷转移机制。

如图 8-19(b) 所示，在间接 Z 型 B/BB/B@B-10-0.3 异质结中，在全光谱光的照射下，B@B、Bi 和 BB 可以吸附光子，产生 e^- 和 h^+。由于 Bi^0 的 E_F 高于 B@B 的 CB，B@B 的 CB 中的部分 e^- 被转移到金属 Bi^0 中。然后，BB 的 CB 中的 e^- 通过金属和半导体界面的肖特基结与金属 Bi^0 中的 h^+ 重新结合，这与金属 Ag 相似。残留在 B@B 的 CB 中的光生 e^- 可以还原 O_2 生成 $\cdot O_2^-$，因为其氧化还原电位比 $E_{O_2/\cdot O_2^-}$（-0.33 eV）更负。同时，Bi^0（-0.17 eV）上的光生 e^- 可以还原 O_2 生成 · OH，由于 E_{O_2/H_2O_2}（0.695 eV）的相对正的氧化还原电位，光生 e^- 可还原 O_2 生成 H_2O_2。然后，H_2O_2 可以通过捕获一个 e^- 转化为 · OH。此外，B@B 的 VB 中的 h^+ 转移到 BB 的 VB，利用其强氧化性直接氧化污染物。这一结果与 EPR 和活性物种捕获实验一致。因此，间接 Z 型体系的构建可以提供一种可行的半导体接触方式，从而实现良好的光催化能力。

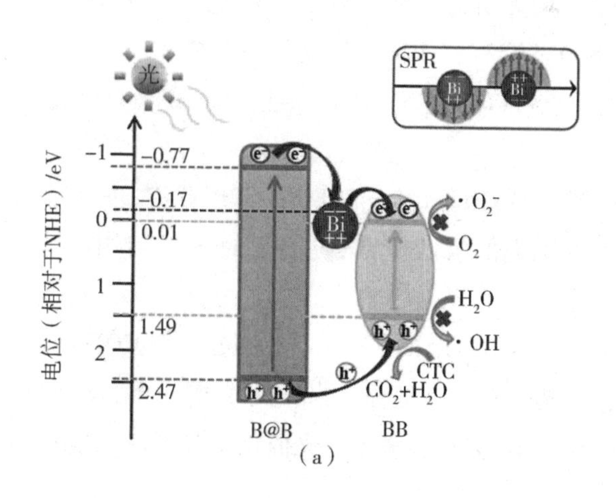

(a)

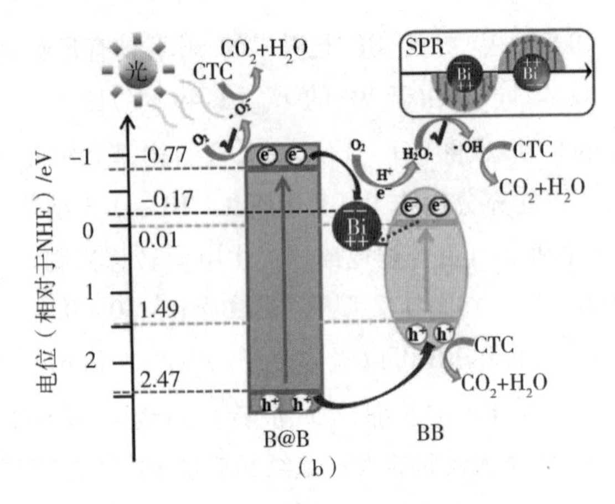

图 8-19 (a) Ⅰ型和(b)间接 Z 型 B/BB/B@B-10-0.3 光催化系统的光催化机理示意图

以有机污染物 CTC 为模型分子，评价 B/BB/B@B-10-0.3 复合材料在全光谱光照射下的光催化活性。与 BiOCl@Bi-MOF、BiO_{2-x}-$Bi_2O_2CO_3$ 和无 MOF 结构的 Bi/BiO_{2-x}-$Bi_2O_2CO_3$/BiOCl-10-0.3 相比，B/BB/B@B-10-0.3 对 CTC 的光催化活性增强，其原因如下。

(1) MOF 结构的保留为复合材料提供了支撑，使其具有更大的比表面积和更丰富的活性位点。这有利于增加催化剂与有机污染物的接触面积，从而促进光催化反应，该观点可以通过 N_2 吸附-脱附试验和全光谱光照射下的光催化降解实验得到证实。

(2) BiO_{2-x}-$Bi_2O_2CO_3$ 的引入和 Bi 的 SPR 效应，进一步拓宽了 B/BB/B@B-10-0.3 对可见光的吸收范围，提高了对光的利用率，这可以由 UV-vis DRS 结果证实。

(3) 组分 BiO_{2-x}-$Bi_2O_2CO_3$、Bi 和 BiOCl@Bi-MOF 结构构筑了紧密接触的 Z 型异质结，使其具有更高的光生载流子分离效率，从而有效提高光催化活性。这可通过光电化学实验和全光谱光催化实验验证，如图 8-18 所示。

8.3.4.3 中间体识别

LC/MS 技术被用来识别 B/BB/B@B-10-0.3 光催化降解 CTC 系统的中

间产物。从图 8－20 中可以看出，CTC 的光催化降解可能有多种方式。

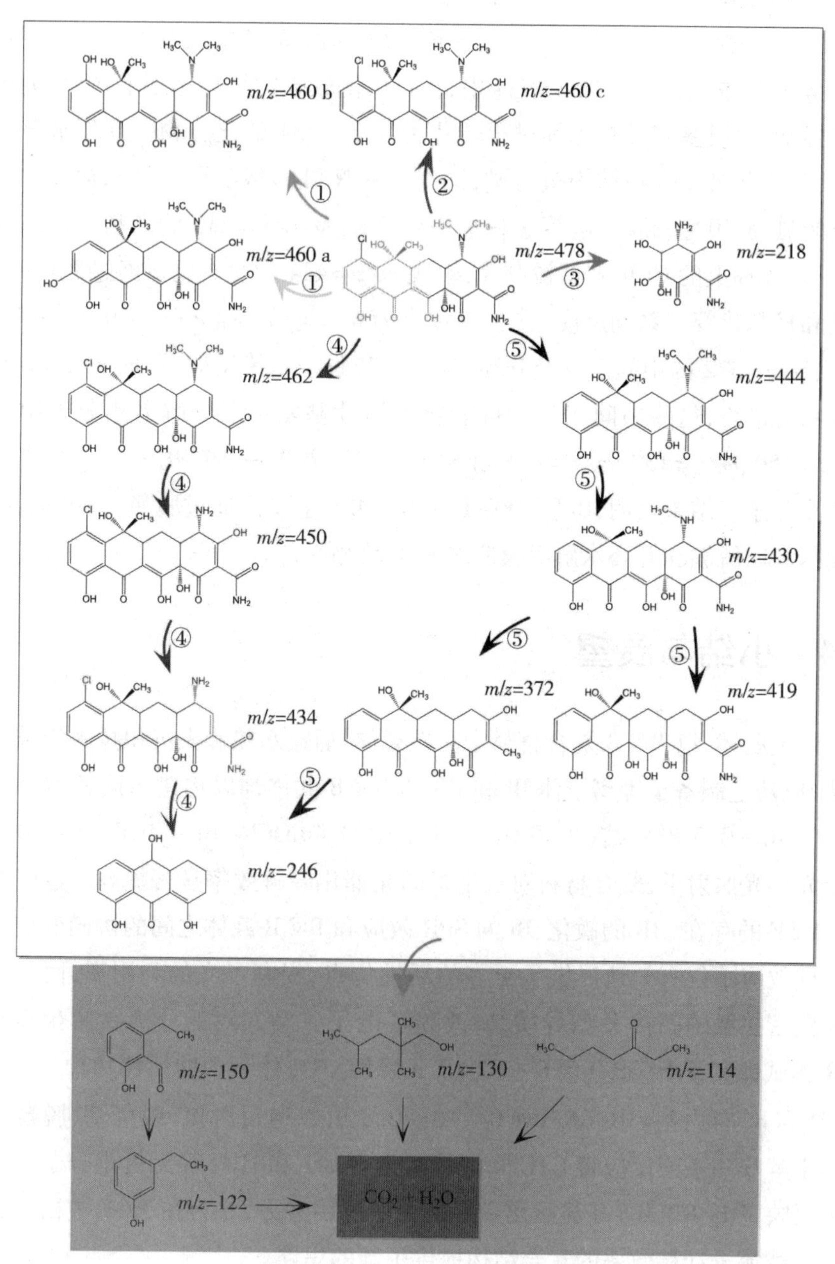

图 8－20　B/BB/B@ B－10－0.3 在全光谱光照下降解 CTC 的可能转化途径

在路径①中,CTC 通过羟基化和脱氯过程转化为 $m/z=460$ a 和 $m/z=460$ b。对于路径②而言,CTC 骨架上的 C 原子可能发生脱水,产生 $m/z=460$ c。在路径③中,CTC 分子通过开环水解、脱甲基和脱羟基等一系列过程得到 $m/z=218$ 的化合物。在路径④中,在自由基较强的氧化作用下,CTC 分子通过脱羟基、脱甲基和羟基化等过程转化为 $m/z=434$ 的化合物。开环水解反应后,其环状碳氢化合物结构被打破,同时,C—N 键的裂解导致氨基被去除。再通过脱氯、脱甲醛和脱羟基等过程进一步降解为 $m/z=246$ 的产物。在路径⑤中,CTC 苯环上的 Cl 更容易被取代,生成 $m/z=444$ 的化合物。经过脱甲基、脱氨基和羟基化等一系列反应,进一步转化为 $m/z=372$ 和 $m/z=419$ 的化合物。随后,$m/z=372$ 的中间产物经开环、脱甲基和脱羟基等反应,形成 $m/z=246$ 的化合物。最终,这些中间产物均可能会被活性基团逐渐分解为小分子中间体($m/z=150$、$m/z=130$、$m/z=114$ 和 $m/z=122$),并进一步矿化为 CO_2 和 H_2O 等无机小分子。结果表明,B/BB/B@B-10-0.3 主要是通过脱氯、去甲基、脱酰胺、脱羟基、脱碳和开环水解等反应对 CTC 降解。

8.4 小结与展望

综上所述,以 B@B 复合材料为活性载体,通过水热和光沉积技术相结合的方法,成功地制备了等离子体 Bi 和 BB 与 B@B 共修饰以构建间接 Z 型 B/BB/B@B-10-0.3 异质结($Bi/BiO_{2-x}-Bi_2O_2CO_3/BiOCl$@Bi-MOF-10-0.3)。在全光谱光照射下,复合材料对抗生素的光催化降解效率显著提高。这归因于 Bi-MOF 的存在、BB 的敏化、Bi 的 SPR 效应和 B@B 载体之间的协同效应。这种协同效应不仅有效地提供了更多的活性位点,提高了光的利用率,而且通过构建紧密接触的间接 Z 型异质结,改善了电子-空穴对的分离。捕获实验和 EPR 测试证实了 B/BB/B@B-10-0.3 降解 CTC 体系中的活性物种为 $\cdot O_2^-$、$\cdot OH$ 和 h^+ 自由基。B/BB/B@B-10-0.3 可以通过脱氯、脱甲基、脱羟基和开环水解等一系列反应将 CTC 降解并矿化为 CO_2 和 H_2O 等无机小分子。上述结果反映了 B/BB/B@B 显示出良好的工业应用潜力,并为在 MOF 中构建具有增强的载流子迁移效率的复合结构提供了新的思路。

参考文献

[1] FUJISHIMA I, HONDA K. Photoelectrolysis of water using titanium oxide[J]. Nature, 1972, 238: 37 - 38.

[2] KOE W S, LEE J W, CHONG W C, et al. An overview of photocatalytic degradation: photocatalysts, mechanisms, and development of photocatalytic membrane[J]. Environmental Science and Pollution Research, 2020, 27: 2522 - 2565.

[3] WANG Y J, WANG Q S, ZHAN X Y, et al. Visible light driven type II heterostructures and their enhanced photocatalysis properties: a review[J]. Nanoscale, 2013, 5: 8326 - 8339.

[4] YU J G, LOW J X, XIAO W, et al. Enhanced photocatalytic CO_2 - reduction activity of anatase TiO_2 by coexposed {001} and {101} facets[J]. Journal of the American Chemical Society, 2014, 136(25): 8839 - 8842.

[5] BARD A J. Photoelectrochemistry and heterogeneous photo - catalysis at semiconductors[J]. Journal of Photochemistry, 1979, 10(1): 59 - 75.

[6] GEÄTZEL M. Photoelectrochemical cells[J]. Nature, 2001, 414: 338 - 344.

[7] FU J W, XU Q L, LOW J X, et al. Ultrathin 2D/2D WO_3/g - C_3N_4 step - scheme H_2 - production photocatalyst[J]. Applied Catalysis B: Environmental, 2019, 243: 556 - 565.

[8] LOW J X, JIANG C J, CHENG B, et al. A review of direct Z - scheme photocatalysts[J]. Small Methods, 2017, 1(5): 1700080.

[9] KONG D Z, FAN H H, YIN D, et al. $AgFeO_2$ nanoparticle/$ZnIn_2S_4$ microsphere p - n heterojunctions with hierarchical nanostructures for efficient visible - light - driven H_2 evolution[J]. ACS Sustainable Chemistry &

Engineering, 2021, 9(7): 2673 - 2683.

[10] WANG J C, ZHANG L, FANG W X, et al. Enhanced photoreduction CO_2 activity over direct Z - scheme α - Fe_2O_3/Cu_2O heterostructures under visible light irradiation[J]. ACS Applied Materials & Interfaces, 2015, 7(16): 8631 - 8639.

[11] BAWAKED S M, SATHASIVAM S, BHACHU D S, et al. Aerosol assisted chemical vapor deposition of conductive and photocatalytically active tantalum doped titanium dioxide films[J]. Journal of Materials Chemistry A, 2014, 2(32): 12849 - 12856.

[12] WU D, YE L Q, YUE S T, et al. Alkali - induced *in situ* fabrication of Bi_2O_4 decorated BiOBr nanosheets with excellent photocatalytic performance[J]. The Journal of Physical Chemistry C, 2016, 120(14): 7715 - 7727.

[13] WANG X L, LI C. Roles of phase junction in photocatalysis and photoelectrocatalysis[J]. The Journal of Physical Chemistry C, 2018, 122(37): 21083 - 21096.

[14] XU M, YANG J K, SUN C Y, et al. Performance enhancement strategies of Bi - based photocatalysts: a review on recent progress[J]. Chemical Engineering Journal, 2020, 389: 124402.

[15] HASSAN J Z, RAZA A, QUMAR U, et al. Recent advances in engineering strategies of Bi - based photocatalysts for environmental remediation[J]. Sustainable Materials and Technologies, 2022, 33: e00478.

[16] TIAN N, HU C, WANG J J, et al. Layered bismuth - based photocatalysts[J]. Coordination Chemistry Reviews, 2022, 463: 214515.

[17] ZHANG L Y, YANG J J, HAN Y L. Novel adsorption - photocatalysis integrated bismuth tungstate modified layered mesoporous titanium dioxide (Bi_2WO_6/LM - TiO_2) composites[J]. Optical Materials, 2022, 130: 112581.

[18] WALSH A, YAN Y F, HUDA M N, et al. Band edge electronic structure of $BiVO_4$: elucidating the role of the Bi s and V d orbitals[J]. Chemistry of Materials, 2009, 21(3): 547 - 551.

[19] CHANKHANITTHA T, SOMAUDON V, PHOTIWAT T, et al. Preparation,

characterization, and photocatalytic study of solvothermally grown CTAB - capped Bi_2WO_6 photocatalyst toward photodegradation of Rhodamine B dye [J]. Optical Materials, 2021, 117: 111183.

[20] YU J Q, KUDO A. Hydrothermal synthesis of nanofibrous bismuth vanadate [J]. Chemistry Letters, 2005, 34(6): 850 - 851.

[21] TIAN G H, CHEN Y J, ZHOU W, et al. Facile solvothermal synthesis of hierarchical flower - like Bi_2MoO_6 hollow spheres as high performance visible - light driven photocatalysts [J]. Journal of Materials Chemistry, 2011, 21(3): 887 - 892.

[22] TAYLOR P, LOPATA V J. Stability and solubility relationships between some solids in the system PbO - CO_2 - H_2O[J]. Canadian Journal of Chemistry, 1984, 62(3): 395 - 402.

[23] GREAVES C, BLOWER S K. Structural relationships between $Bi_2O_2CO_3$ and $\beta - Bi_2O_3$[J]. Materials Research Bulletin, 1988, 23(7): 1001 - 1008.

[24] CHENG H F, HUANG B B, YANG K S, et al. Facile template - free synthesis of $Bi_2O_2CO_3$ hierarchical microflowers and their associated photocatalytic activity[J]. ChemPhysChem, 2010, 11(10): 2167 - 2173.

[25] TSUNODA Y, SUGIMOTO W, SUGAHARA Y. Intercalation behavior of *n* - alkylamines into a protonated form of a layered perovskite derived from aurivillius phase $Bi_2SrTa_2O_9$ [J]. Chemistry of Materials, 2003, 15(3): 632 - 635.

[26] LIU Y Y, WANG Z Y, HUANG B B, et al. Preparation, electronic structure, and photocatalytic properties of $Bi_2O_2CO_3$ nanosheet [J]. Applied Surface Science, 2010, 257(1): 172 - 175.

[27] PLUBPHON N, THONGTEM S, PHURUANGRAT A, et al. Microwave - assisted synthesis and enhanced photocatalytic performance of $Bi_2O_2CO_3$ nanoplates[J]. Inorganic Chemistry Communications, 2021, 134: 109004.

[28] ZHOU Y, WANG H Y, SHENG M, et al. Environmentally friendly room temperature synthesis and humidity sensing applications of nanostructured $Bi_2O_2CO_3$ [J]. Sensors and Actuators B: Chemical, 2013, 188:

1312 - 1318.

[29] CHENG G, YANG H M, RONG K F, et al. Shape - controlled solvothermal synthesis of bismuth subcarbonate nanomaterials [J]. Journal of Solid State Chemistry, 2010, 183(8): 1878 - 1883.

[30] CHEN L, HUANG R, YIN S F, et al. Flower - like $Bi_2O_2CO_3$: facile synthesis and their photocatalytic application in treatment of dye - containing wastewater [J]. Chemical Engineering Journal, 2012, 193/194: 123 - 130.

[31] YUAN W W, WU J X, ZHANG X D, et al. *In situ* transformation of bismuth metal - organic frameworks for efficient selective electroreduction of CO_2 to formate [J]. Journal of Materials Chemistry A, 2020, 8 (46): 24486 - 24492.

[32] WANG Z W, WANG H, ZENG Z T, et al. Metal - organic frameworks derived $Bi_2O_2CO_3$/porous carbon nitride: a nanosized Z - scheme systems with enhanced photocatalytic activity [J]. Applied Catalysis B: Environmental, 2020, 267: 118700.

[33] LI Z S, HUANG G H, LIU K, et al. Hierarchical BiOX (X = Cl, Br, I) microrods derived from Bismuth - MOFs: *In situ* synthesis, photocatalytic activity and mechanism [J]. Journal of Cleaner Production, 2020, 272: 122892.

[34] DING C H, MA Z Y, HAN C Q, et al. Large - scale preparation of BiOX (X = Cl, Br) ultrathin nanosheets for efficient photocatalytic CO_2 conversion [J]. Journal of the Taiwan Institute of Chemical Engineers, 2017, 78: 395 - 400.

[35] DI J, XIA J X, LI H M, et al. Bismuth oxyhalide layered materials for energy and environmental applications [J]. Nano Energy, 2017, 41: 172 - 192.

[36] SHARMA K, DUTTA V, SHARMA S, et al. Recent advances in enhanced photocatalytic activity of bismuth oxyhalides for efficient photocatalysis of organic pollutants in water: a review [J]. Journal of Industrial and Engineering Chemistry, 2019, 78: 1 - 20.

[37] LV J X, HU Q S, CAO C J, et al. Modulation of valence band maximum edge

and photocatalytic activity of BiOX by incorporation of halides [J]. Chemosphere, 2018, 191: 427 - 437.

[38] MENG L Y, QU Y, JING L Q. Recent advances in BiOBr - based photocatalysts for environmental remediation[J]. Chinese Chemical Letters, 2021, 32(11): 3265 - 3276.

[39] GAO R, KODAIMATI M S, YAN D P. Recent advances in persistent luminescence based on molecular hybrid materials [J]. Chemical Society Reviews, 2021, 50(9): 5564 - 5589.

[40] ZHONG R Q, LIAO H W, DENG Q L, et al. Preparation of a novel composite photocatalyst BiOBr/ZIF - 67 for enhanced visible - light photocatalytic degradation of RhB[J]. Journal of Molecular Structure, 2022, 1259: 132768.

[41] LI L N, CHEN T H, LIU Z S, et al. Novel BiO_{2-x} photocatalyst: typical hierarchical architecture and commendable activity [J]. Materials Letters, 2018, 212: 267 - 270.

[42] LI J, WU X Y, PAN W F, et al. Vacancy - rich monolayer BiO_{2-x} as a highly efficient UV, visible, and near - infrared responsive photocatalyst[J]. Angewandte Chemie International Edition, 2018, 57(2): 491 - 495.

[43] LIU Z S, WANG J X. Face - to - face BiOCl/BiO_{2-x} heterojunction composites with highly efficient charge separation and photocatalytic activity [J]. Journal of Alloys and Compounds, 2020, 832: 153771.

[44] JIA Y F, ZHAO T T, LIU D M, et al. Hydrothermal synthesis of BiO_{2-x} - $(BiO)_2CO_3$ composite and their photocatalytic performance with visible light radiation[J]. Materials Letters, 2019, 238: 281 - 285.

[45] WU S S, XU Z F, ZHANG J L, et al. Recent progress on metallic bismuth - based photocatalysts: synthesis, construction, and application in water purification[J]. Solar RRL, 2021, 5(11): 2100668.

[46] HOFFMAN C A, MEYER J R, BARTOLI F J, et al. Semimetal - to - semiconductor transition in bismuth thin films[J]. Phys Rev B, 1993, 48 (15): 11431.

[47] VELASCO－ARIAS D，ZUMETA－DUBÉ I，DÍAZ D，et al. Stabilization of strong quantum confined colloidal bismuth nanoparticles，one－pot synthesized at room conditions[J]. The Journal of Physical Chemistry C，2012，116(27)，14717－14727.

[48] TOUDERT J，SERNA R，JIMÉNEZ DE CASTRO M. Exploring the optical potential of nano－Bismuth：tunable surface plasmon resonances in the near ultraviolet－to－near infrared range[J]. The Journal of Physical Chemistry C，2012，116(38)，20530.

[49] CHEN Q，CHENG X R，LONG H M，et al. A short review on recent progress of Bi/semiconductor photocatalysts：the role of Bi metal[J]. Chinese Chemical Letters，2020，31(10)：2583－2590.

[50] ZHANG L L，WANG Z Q，HU C，et al. Enhanced photocatalytic performance by the synergy of Bi vacancies and Bi^0 in Bi^0－$Bi_{2-}\delta MoO_6$[J]. Applied Catalysis B：Environmental，2019，257：117785.

[51] ZHANG X J，YU S，LIU Y，et al. Photoreduction of non－noble metal Bi on the surface of Bi_2WO_6 for enhanced visible light photocatalysis[J]. Applied Surface Science，2017，396：652－658.

[52] NIE J L，GAO J Z，SHEN Q，et al. Flower－like $Bi^0/CeO_{2-\delta}$ plasmonic photocatalysts with enhanced visible－light－induced photocatalytic activity for NO removal[J]. Science China Materials，2020，63(11)：2272－2280.

[53] XIE X Q，HASSAN Q U，LU H，et al. *In situ* construction of oxygen－vacancy－rich Bi^0@Bi_2WO_{6-x} microspheres with enhanced visible light photocatalytic for NO removal[J]. Chinese Chemical Letters，2021，32(6)：2038－2042.

[54] DONG F，XIONG T，YAN S，et al. Facets and defects cooperatively promote visible light plasmonic photocatalysis with Bi nanowires@ BiOCl nanosheets[J]. Journal of Catalysis，2016，344：401－410.

[55] SARKAR A，GHOSH A B，SAHA N，et al. Enhanced photocatalytic performanceof morphologically tuned Bi_2S_3 NPs in the degradation of organic pollutants under visible light irradiation[J]. Journal of Colloid and Interface

Science, 2016, 483: 49 – 59.

[56] YE L Q, WANG H, JIN X L, et al. Synthesis of olive – green few – layered BiOI for efficient photoreduction of CO_2 into solar fuels under visible/near – infrared light[J]. Solar Energy Materials and Solar Cells, 2016, 144: 732 – 739.

[57] BAI Y, YANG P, WANG P Q, et al. Solid phase fabrication of Bismuth – rich $Bi_3O_4Cl_xBr_{1-x}$ solid solution for enhanced photocatalytic NO removal under visible light[J]. Journal of the Taiwan Institute of Chemical Engineers, 2018, 82: 273 – 280.

[58] CUÉLLAR E L, MARTÍNEZ – DE LA CRUZ A, RODRÍGUEZ K H L, et al. Preparation of γ – Bi_2MoO_6 thin films by thermal evaporation deposition and characterization for photocatalytic applications[J]. Catalysis Today, 2011, 166(1): 140 – 145.

[59] JOO J B, LEE I, DAHL M, et al. Controllable synthesis of mesoporous TiO_2 hollow shells: toward an efficient photocatalyst[J]. Advanced Functional Materials, 2013, 23(34): 4246 – 4254.

[60] XIAO L B, LIN R B, WANG J, et al. A novel hollow – hierarchical structuredBi_2WO_6 with enhanced photocatalytic activity for CO_2 photoreduction [J]. Journal of Colloid and Interface Science, 2018, 523: 151 – 158.

[61] REGMI C, KSHETRI Y K, PANDEY R P, et al. Understanding the multifunctionality in Cu – doped $BiVO_4$ semiconductor photocatalyst[J]. Journal of Environmental Sciences, 2019, 75: 84 – 97.

[62] QIN Q, GUO Y N, ZHOU D D, et al. Facile growth and composition – dependent photocatalytic activity of flowerlike $BiOCl_{1-x}Br_x$ hierarchical microspheres[J]. Applied Surface Science, 2016, 390: 765 – 777.

[63] ZHONG Y, WU C L, FENG Y M, et al. Enriched surface oxygen vacancies of BiOCl boosting efficient charge separation, whole visible – light absorption, and photo to thermal conversion[J]. Applied Surface Science, 2022, 585: 152656.

[64] WU D, WANG B, WANG W, et al. Visible – light – driven BiOBr

nanosheets for highly facet - dependent photocatalytic inactivation of *Escherichia coli* [J]. Journal of Materials Chemistry A, 2015, 3 (29): 15148 - 15155.

[65] LI B X, SHAO L Z, ZHANG B S, et al. Understanding size - dependent properties of BiOCl nanosheets and exploring more catalysis [J]. Journal of Colloid and Interface Science, 2017, 505: 653 - 663.

[66] LIN H X, XU Y, WANG B, et al. Postsynthetic modification of metal - organic frameworks for photocatalytic applications [J]. Small Structures, 2022, 3(5): 2100176.

[67] SUN K, QIAN Y Y, JIANG H L. Metal - organic frameworks for photocatalytic water splitting and CO_2 reduction [J]. Angewandte Chemie International Edition, 2023, 62(15): e202217565.

[68] SILVA C G, CORMA A, GARCÍA H. Metal - organic frameworks as semiconductors[J]. J Mater Chem, 2010, 20(16), 3141 - 3156.

[69] XU C Y, LIU H, LI D D, et al. Direct evidence of charge separation in a metal - organic framework: efficient and selective photocatalytic oxidative coupling of amines via charge and energy transfer [J]. Chemical Science, 2018, 9: 3152 - 3158.

[70] ZHANG C X, XIE C F, GAO Y Y, et al. Charge separation by creating band bending in metal - organic frameworks for improved photocatalytic hydrogen evolution[J]. Angewandte Chemie, 2022, 134(28): e202204108.

[71] SANTACLARA J G, NASALEVICH M A, CASTELLANOS S, et al. Organic linker defines the excited - state decay of photocatalytic MIL - 125(Ti) - type materials[J]. ChemSusChem, 2016, 9(4): 388 - 395.

[72] LIU J, GOETJEN T A, Wang Q N, et al. MOF - enabled confinement and related effects for chemical catalyst presentation and utilization[J]. Chemical Society Reviews, 2022, 51(3): 1045 - 1097.

[73] UDOURIOH G A, SOLOMON M M, MATTHEWS - AMUNE C O, et al. Current trends in the synthesis, characterization and application of metal - organic frameworks[J]. Reaction Chemistry & Engineering, 2023, 8(2):

278 - 310.

[74] ROJAS - BUZO S, BOHIGUES B, LOPES C W, et al. Tailoring Lewis/Brønsted acid properties of MOF nodes via hydrothermal and solvothermal synthesis: simple approach with exceptional catalytic implications [J]. Chemical Science, 2021, 12: 10106 - 10115.

[75] LIU H, ZHAO Y Y, ZHOU C, et al. Microwave - assisted synthesis of Zr - based metal - organic framework (Zr - fum - fcu - MOF) for gas adsorption separation[J]. Chem Phys Lett, 2021, 780: 138906.

[76] AMARO - GAHETE J, KLEE R, ESQUIVEL D, et al. Fast ultrasound - assisted synthesis of highly crystalline MIL - 88A particles and their application as ethylene adsorbents[J]. Ultrasonics Sonochemistry, 2019, 50, 59 - 66.

[77] 唐艺旻,赵冰,高立娣,等. 咪唑磺酸盐 β - CD 电色谱固定相在混合手性药物拆分中的应用[J]. 化学研究与应用, 2023, 35(6): 1433 - 1437.

[78] WANG Q X, LI G. Bi(Ⅲ) MOFs: syntheses, structures and applications [J]. Inorganic Chemistry Frontiers, 2021, 8(3): 572 - 589.

[79] LIU B S, PEI L, ZHAO X D, et al. Synergistic dual - pyrazol sites of metal - organic framework for efficient separation and recovery of transition metals from wastewater [J]. Chemical Engineering Journal, 2021, 410: 128431.

[80] FEYAND M, MUGNAIOLI E, VERMOORTELE F, et al. Automated diffraction tomography for the structure elucidation of twinned, sub - micrometercrystals of a highly porous, catalytically active bismuth metal - organicframework [J]. Angewandte Chemie International Edition, 2012, 51 (41): 10373 - 10376.

[81] ZHANG B Y, XU H, WANG M M, et al. Bismuth(Ⅲ) - based metal - organic framework for tetracycline removal via adsorption and visible light catalysis processes [J]. Journal of Environmental Chemical Engineering, 2022, 10(5): 108469.

[82] GUO J, XUE X M, YU H B, et al. Metal - organic frameworks based on infinite secondary building units: recent progress and future outlooks [J].

Journal of Materials Chemistry A, 2022, 10(37): 19320 - 19347.

[83] YUE C Y, CHEN L, ZHANG H, et al. Metal - organic framework - based materials: emerging high - efficiency catalysts for the heterogeneous photocatalytic degradation of pollutants in water[J]. Environmental Science: Water Research & Technology, 2023, 9(3): 669 - 695.

[84] NGUYEN V H, PHAM A L H, NGUYEN V H, et al. Facile synthesis of bismuth(Ⅲ) based metal - organic framework with difference ligands using microwave irradiation method [J]. Chemical Engineering Research and Design, 2022, 177: 321 - 330.

[85] DU H Y, ZHANG X C, HE X K, et al. Influence of Gd^{3+} ions substitution on the structure and properties of Bi - BTC for photocatalysts[J]. Integrated Ferroelectrics, 2021, 213(1): 67 - 74.

[86] LIU M C, YE P, WANG M, et al. 2D/2D Bi - MOF - derived BiOCl/MoS_2 nanosheets S - scheme heterojunction for effective photocatalytic degradation [J]. Journal of Environmental Chemical Engineering, 2022, 10(5): 108436.

[87] DONG S H, WANG L Y, LOU W Y, et al. Bi - MOFs with two different morphologies promoting degradation of organic dye under simultaneous photo - irradiation and ultrasound vibration treatment[J]. Ultrasonics Sonochemistry, 2022, 91: 106223.

[88] DING L, DING Y P, BAI F H, et al. *In situ* growth of $Cs_3Bi_2Br_9$ quantum dots on Bi - MOF nanosheets via cosharing bismuth atoms for CO_2 capture and photocatalytic reduction [J]. Inorganic Chemistry, 2023, 62(5): 2289 - 2303.

[89] NGUYEN V H, NGUYEN T D, NGUYEN T V. Microwave - assisted solvothermal synthesis and photocatalytic activity of bismuth(Ⅲ) based metal - organic framework[J]. Topics in Catalysis, 2020, 63: 1109 - 1120.

[90] HUSSAIN M Z, YANG Z X, HUANG Z, et al. Recent advances in metal - organic frameworks derived nanocomposites for photocatalytic applications in energy and environment[J]. Advanced Science, 2021, 8(14): 2100625.

[91] LI Y J, TANG Y M, QIN S L, et al. Preparation and characterization of a new open – tubular capillary column for enantioseparation by capillary electrochromatography[J]. Chirality, 2019, 31(4): 283 – 292.

[92] ZHANG X, JIANG S, SUN L X, et al. Synthesis and structure of a 3D supramolecular layered Bi – MOF and its application in photocatalytic degradationof dyes[J]. Journal of Molecular Structure, 2022, 1270: 133895.

[93] XIAO Y J, GUO X Y, LIU J X, et al. Development of a bismuth – based metal – organic framework for photocatalytic hydrogen production[J]. Chinese Journal of Catalysis, 2019, 40(9): 1339 – 1344.

[94] ZHANG Y F, LIU H X, GAO F X, et al. Application of MOFs and COFs for photocatalysis in CO_2 reduction, H_2 generation, and environmental treatment [J]. EnergyChem, 2022, 4(4): 100078.

[95] YUE X Y, CHENG L, LI F, et al. Highly strained Bi – MOF on bismuth oxyhalide support with tailored intermediate adsorption/desorption capability for robust CO_2 photoreduction[J]. Angewandte Chemie International Edition, 2022, 61(40): e202208414.

[96]张聪敏. 铈与铋系光催化材料的制备改性和固氮性能研究[D]. 哈尔滨: 哈尔滨工业大学, 2020.

[97] KOU J H, LU C H, WANG J, et al. Selectivity enhancement in heterogeneous photocatalytic transformations[J]. Chemical Reviews, 2017, 117(3): 1445 – 1514.

[98] MA F Y, YANG Q L, WANG Z J, et al. Enhanced visible – light photocatalytic activity and photostability of Ag_3PO_4/Bi_2WO_6 heterostructures toward organic pollutant degradation and plasmonic Z – scheme mechanism [J]. RSC Advances, 2018, 8(28): 15853 – 15862.

[99] HUANG Y K, KANG S F, YANG Y, et al. Facile synthesis of Bi/Bi_2WO_6 nanocomposite with enhanced photocatalytic activity under visible light[J]. Applied Catalysis B: Environmental, 2016, 196: 89 – 99.

[100] CHEN X J, DAI Y Z, WANG X Y. Methods and mechanism for improvement of photocatalytic activity and stability of Ag_3PO_4: a review[J].

Journal of Alloys and Compounds, 2015, 649: 910 - 932.

[101] YI Z G, YE J H, KIKUGAWA N, et al. An orthophosphate semiconductor with photooxidation properties under visible - light irradiation[J]. Nature Materials, 2010, 9: 559 - 564.

[102] ZHANG X Y, ZHANG H X, XIANG Y Y, et al. Synthesis of silver phosphate/graphene oxide composite and its enhanced visible light photocatalytic mechanism and degradation pathways of tetrabromobisphenol A[J]. Journal of Hazardous Materials, 2018, 342: 353 - 363.

[103] LIN X, HOU J, JIANG S S, et al. A Z - scheme visible - light - driven $Ag/Ag_3PO_4/Bi_2MoO_6$ photocatalyst: synthesis and enhanced photocatalytic activity[J]. RSC Advances, 2015, 5(127): 104815 - 104821.

[104] SHI W L, GUO F, YUAN S L. *In situ* synthesis of Z - scheme $Ag_3PO_4/CuBi_2O_4$ photocatalysts and enhanced photocatalytic performance for the degradation of tetracycline under visible light irradiation [J]. Applied Catalysis B: Environmental, 2017, 209: 720 - 728.

[105] LI Q Y, WANG F L, HUA Y X, et al. Deposition - precipitation preparation of $Ag/Ag_3PO_4/WO_3$ nanocomposites for efficient visible - light degradation of rhodamine B under strongly acidic/alkaline conditions[J]. Journal of Colloid and Interface Science, 2017, 506: 207 - 216.

[106] JONJANA S, PHURUANGRAT A, THONGTEM T, et al. Decolorization of rhodamine B photocatalyzed by Ag_3PO_4/Bi_2WO_6 nanocomposites under visible radiation[J]. Materials Letters, 2018, 218: 146 - 149.

[107] DI J, XIA J X, GE Y P, et al. Novel visible - light - driven $CQDs/Bi_2WO_6$ hybrid materials with enhanced photocatalytic activity toward organic pollutants degradation and mechanism insight[J]. Applied Catalysis B: Environmental, 2015, 168/169: 51 - 61.

[108] CUI X, ZHENG Y F, ZHOU H, et al. The effect of synthesis temperature on the morphologies and visible light photocatalytic performance of Ag_3PO_4[J]. Journal of the Taiwan Institute of Chemical Engineers, 2016, 60: 328 - 334.

[109] WANG L, CHAI Y Y, REN J, et al. Ag_3PO_4 nanoparticles loaded on 3D

flower - like spherical MoS_2: a highly efficient hierarchical heterojunction photocatalyst[J]. Dalton Transactions, 2015, 44(33): 14625 - 14634.

[110] QIAN X F, YUE D T, TIAN Z Y, et al. Carbon quantum dots decorated Bi_2WO_6 nanocomposite with enhanced photocatalytic oxidation activity for VOCs[J]. Applied Catalysis B: Environmental, 2016, 193: 16 - 21.

[111] JO W K, LEE J Y, NATARAJAN T S. Fabrication of hierarchically structured novel redox - mediator - free $ZnIn_2S_4$ marigold flower/Bi_2WO_6 flower - like direct Z - scheme nanocomposite photocatalysts with superior visible light photocatalytic efficiency [J]. Physical Chemistry Chemical Physics, 2016, 18(2): 1000 - 1016.

[112] CAI T, LIU Y T, WANG L L, et al. Silver phosphate - based Z - scheme photocatalytic system with superior sunlight photocatalytic activities and anti - photocorrosion performance[J]. Applied Catalysis B: Environmental, 2017, 208: 1 - 13.

[113] KAUR A, KANSAL S K. Bi_2WO_6 nanocuboids: an efficient visible light active photocatalyst for the degradation of levofloxacin drug in aqueous phase [J]. Chemical Engineering Journal, 2016, 302, 194 - 203.

[114] TANG H, FU Y H, CHANG S F, et al. Construction of Ag_3PO_4/Ag_2MoO_4 Z - scheme heterogeneous photocatalyst for the remediation of organic pollutants[J]. Chinese Journal of Catalysis, 2017, 38(2): 337 - 347.

[115] SUDHAIK A, KHAN A A P, RAIZADA P, et al. Strategies based review on near - infrared light - driven bismuth nanocomposites for environmental pollutants degradation[J]. Chemosphere,2022, 291: 132781.

[116] JIANG L B, ZHOU S Y, YANG J J, et al. Near - infrared light responsive TiO_2 for efficient solar energy utilization[J]. Advanced Functional Materials, 2022, 32(12): 2108977.

[117] LIU J, MA N K, WU W, et al. Recent progress on photocatalytic heterostructures with full solar spectral responses[J]. Chemical Engineering Journal, 2020, 393: 124719.

[118] MA F Y, WANG K, ZHANG Y, et al. *In - situ* construction of Bi_2S_3/

Bi_2MoO_6 hollow microsphere with regulable oxygen vacancies for full - spectrum photocatalytic performance[J]. Journal of Alloys and Compounds, 2022, 921: 166146.

[119] HUANG Y M, YU Y, YU Y F, et al. Oxygen vacancy engineering in photocatalysis[J]. Solar RRL, 2020, 4(8): 2000037.

[120] HAO L, HUANG H W, ZHANG Y H, et al. Oxygen vacant semiconductor photocatalysts [J]. Advanced Functional Materials, 2021, 31 (25): 2100919.

[121] HUANG C J, MA S S, ZONG Y Q, et al. Microwave - assisted synthesis of 3D Bi_2MoO_6 microspheres with oxygen vacancies for enhanced visible - light photocatalytic activity [J]. Photochemical & Photobiological Sciences, 2020, 19: 1697 - 1706.

[122] QIN Y X, LIU S C, SHEN X, et al. Enhanced gas sensing performance of Bi_2MoO_6 with introduction of oxygen vacancy: coupling of experiments and first - principles calculations[J]. Journal of Alloys and Compounds, 2022, 894: 162534.

[123] LIU Z, TIAN J, YU C L, et al. Solvothermal fabrication of Bi_2MoO_6 nanocrystals with tunable oxygen vacancies and excellent photocatalytic oxidation performance in quinoline production and antibiotics degradation [J]. Chinese Journal of Catalysis, 2022, 43(2): 472 - 484.

[124] WANG W N, ZHANG C Y, ZHANG M F, et al. Precisely photothermal controlled releasing of antibacterial agent from Bi_2S_3 hollow microspheres triggered by NIR light for water sterilization [J]. Chemical Engineering Journal, 2020, 381: 122630.

[125] LAN M, WANG Y T, DONG X L, et al. Controllable fabrication of sulfur - vacancy - rich Bi_2S_3 nanorods with efficient near - infrared light photocatalytic for nitrogen fixation[J]. Applied Surface Science, 2022, 591: 153205.

[126] DAI W L, YU J J, LUO S L, et al. WS_2 quantum dots seeding in Bi_2S_3 nanotubes: a novel Vis - NIR light sensitive photocatalyst with low - resistance junction interface for CO_2 reduction [J]. Chemical Engineering

Journal, 2020, 389: 123430.

[127] WU X L, ZHANG Q T, SU C L. Bi_2MoO_6/Bi_2S_3 S – scheme heterojunction for efficient photocatalytic oxygen evolution [J]. FlatChem, 2021, 27: 100244.

[128] PENG P, CHEN Z, LI X M, et al. Biomass – derived carbon quantum dots modified Bi_2MoO_6/Bi_2S_3 heterojunction for efficient photocatalytic removal of organic pollutants and Cr(Ⅵ)[J]. Separation and Purification Technology, 2022, 291: 120901.

[129] ZHANG Y Y, GUO L, WANG Y X, et al. *In – situ* anion exchange based Bi_2S_3/OV – Bi_2MoO_6 heterostructure for efficient ammonia production: a synchronized approach to strengthen NRR and OER reactions[J]. Journal of Materials Science & Technology, 2022, 110: 152 – 160.

[130] XU X M, MENG L J, DAI Y X, et al. Bi spheres SPR – coupled Cu_2O/Bi_2MoO_6 with hollow spheres forming Z – scheme $Cu_2O/Bi/Bi_2MoO_6$ heterostructure for simultaneous photocatalytic decontamination of sulfadiazine and Ni(Ⅱ)[J]. Journal of Hazardous Materials, 2020, 381: 120953.

[131] YU G D, LIU A L, JIN H L, et al. Urchin – shaped $Bi_2S_3/Cu_2S/Cu_3BiS_3$ composites with enhanced photothermal and CT imaging performance[J]. The Journal of Physical Chemistry C, 2018, 122(7): 3794 – 3800.

[132] XUE X L, CHEN R P, YAN C Z, et al. Efficient photocatalytic nitrogen fixation under ambient conditions enabled by the heterojunctions of n – type Bi_2MoO_6 and oxygen – vacancy – rich p – type BiOBr [J]. Nanoscale, 2019, 11(21): 10439 – 10445.

[133] WANG D J, SHEN H D, GUO L, et al. Ag/Bi_2MoO_{6-x} with enhanced visible – light – responsive photocatalytic activities via the synergistic effect of surface oxygen vacancies and surface plasmon[J]. Applied Surface Science, 2018, 436: 536 – 547.

[134] YE L Q, DENG K J, XU F, et al. Increasing visible – light absorption for photocatalysis with black BiOCl[J]. Physical Chemistry Chemical Physics, 2012, 14(1): 82 – 85.

[135] GENG H M, YING P Z, LI K, et al. Epitaxial $In_2S_3/ZnIn_2S_4$ heterojunction nanosheet arrays on FTO substrates for photoelectrochemical water splitting [J]. Applied Surface Science, 2021, 563: 150289.

[136] LI Z F, WU Z H, ZHANG S M, et al. Defect state of indium - doped bismuth molybdate nanosheets for enhanced photoreduction of chromium (Ⅵ) under visible light illumination[J]. Dalton Transactions, 2018, 47 (24): 8110 - 8120.

[137] JIA T, WU J, JI Z H, et al. Surface defect engineering of Fe - doped $Bi_7O_9I_3$ microflowers for ameliorating charge - carrier separation and molecular oxygen activation [J]. Applied Catalysis B: Environmental, 2021, 284: 119727.

[138] YAN L, WANG Y F, SHEN H D, et al. Photocatalytic activity of Bi_2WO_6/Bi_2S_3 heterojunctions: the facilitation of exposed facets of Bi_2WO_6 substrate [J]. Applied Surface Science, 2017, 393: 496 - 503.

[139] JING T, DAI Y, WEI W, et al. Near - infrared photocatalytic activity induced by intrinsic defects in Bi_2MO_6 (M = W, Mo) [J]. Physical Chemistry Chemical Physics, 2014, 16(34): 18596 - 18604.

[140] WANG J M, ZHANG X, WU J, et al. Preparation of Bi_2S_3/carbon quantum dot hybrid materials with enhanced photocatalytic properties under ultraviolet - , visible - and near infrared - irradiation [J]. Nanoscale, 2017, 9(41): 15873 - 15882.

[141] KE J, LIU J, SUN H Q, et al. Facile assembly of $Bi_2O_3/Bi_2S_3/MoS_2$ *n - p* heterojunction with layered *n* - Bi_2O_3 and *p* - MoS_2 for enhanced photocatalyticwater oxidation and pollutant degradation[J]. Applied Catalysis B: Environmental, 2017, 200: 47 - 55.

[142] XU X, DING X, YANG X L, et al. Oxygen vacancy boosted photocatalytic decomposition of ciprofloxacin over Bi_2MoO_6: oxygen vacancy engineering, biotoxicity evaluation and mechanism study [J]. Journal of Hazardous Materials, 2019, 364: 691 - 699.

[143] DI J, ZHAO X X, LIAN C, et al. Atomically - thin Bi_2MoO_6 nanosheets

with vacancy pairs for improved photocatalytic CO_2 reduction[J]. Nano Energy, 2019, 61: 54 - 59.

[144] WANG L S, YIN H S, WANG S, et al. Ni^{2+} - assisted catalytic one - step synthesis of Bi/BiOCl/$Bi_2O_2CO_3$ heterojunction with enhanced photocatalytic activity under visible light[J]. Applied Catalysis B: Environmental, 2022, 305: 121039.

[145] LI B, CHENG Y, ZHENG R X, et al. Improving the photothermal therapy efficacy and preventing the surface oxidation of bismuth nanoparticles through the formation of a bismuth@ bismuth selenide heterostructure[J]. Journal of Materials Chemistry B, 2020, 8(38): 8803 - 8808.

[146] HUA C H, WANG J W, DONG X L, et al. *In situ* plasmonic Bi grown on I^- doped Bi_2WO_6 for enhanced visible - light - driven photocatalysis to mineralize diverse refractory organic pollutants [J]. Separation and Purification Technology, 2020, 250: 117119.

[147] XU J J, YUE J P, NIU J F, et al. Fabrication of Bi_2WO_6 quantum dots/ultrathin nanosheets 0D/2D homojunctions with enhanced photocatalytic activity under visible light irradiation[J]. Chinese Journal of Catalysis, 2018, 39(12): 1910 - 1918.

[148] ZHANG Y, MA F Y, LING M H, et al. Facile *in - situ* construction of granular - polyhedral Ag_2O - Ag_2CO_3/lamellar $Bi_2O_2CO_3$ - Bi_2MoO_6 spherical heterojunction with enhanced photocatalytic activity towards pollutants [J]. Journal of Inorganic and Organometallic Polymers and Materials, 2022, 32: 3864 - 3879.

[149] LI S J, MO L Y, LIU Y P, et al. Ag_2CO_3 decorating BiOCOOH microspheres with enhanced full - spectrum photocatalytic activity for the degradation of toxic pollutants[J]. Nanomaterials, 2018, 8(11): 914.

[150] ZHANG J L, LIU Z D, MA Z. Facile formation of $Bi_2O_2CO_3$/Bi_2MoO_6 nanosheets for visible light - driven photocatalysis[J]. ACS Omega, 2019, 4(2): 3871 - 3880.

[151] RAN H, LU J L, WANG Z, et al. Two - dimensional $Bi_2O_2CO_3$/δ - Bi_2O_3/

Ag_2O heterojunction for high performance of photocatalytic activity [J]. Applied Surface Science, 2020, 525: 146613.

[152] XU Y S, ZHANG W D. Anion exchange strategy for construction of sesame - biscuit - like $Bi_2O_2CO_3/Bi_2MoO_6$ nanocomposites with enhanced photocatalytic activity [J]. Applied Catalysis B: Environmental, 2013, 140/141: 306 - 316.

[153] LIU J, LI Y, LI Z W, et al. *In situ* growing of $Bi/Bi_2O_2CO_3$ on Bi_2WO_6 nanosheets for improved photocatalytic performance [J]. Catalysis Today, 2018, 314: 2 - 9.

[154] ZHAO K, ZHANG Z S, FENG Y L, et al. Surface oxygen vacancy modified Bi_2MoO_6/MIL - 88B (Fe) heterostructure with enhanced spatial charge separationat the bulk & interface [J]. Applied Catalysis B: Environmental, 2020, 268, 118740.

[155] HUANG Y C, FAN W J, LONG B, et al. Visible light $Bi_2S_3/Bi_2O_3/Bi_2O_2CO_3$ photocatalyst for effective degradation of organic pollutions [J]. Applied Catalysis B: Environmental, 2016, 185, 68 - 76.

[156] LIANG C, GUO H, ZHANG L, et al. Boosting molecular oxygen activation ability in self - assembled plasmonic p - n semiconductor photocatalytic heterojunction of WO_3/Ag@ Ag_2O [J]. Chemical Engineering Journal, 2019, 372: 12 - 25.

[157] PEMG S J, LI L L, TAN H T, et al. Monodispersed Ag nanoparticles loaded on the PVP - assisted synthetic $Bi_2O_2CO_3$ microspheres with enhanced photocatalytic and supercapacitive performances [J]. Journal of Materials Chemistry A, 2013, 1(26): 7630 - 7638.

[158] ZHOU H, ZHONG S T, SHEN M, et al. Composite soft template - assisted construction of a flower - like β - $Bi_2O_3/Bi_2O_2CO_3$ heterojunction photocatalystfor the enhanced simulated sunlight photocatalytic degradation of tetracycline [J]. Ceramics International, 2019, 45(12): 15036 - 15047.

[159] WU Z, ZENG D B, LIU X Q, et al. Hierarchical δ - $Bi_2O_3/Bi_2O_2CO_3$ composite microspheres: phase transformation fabrication, characterization

and high photocatalytic performance [J]. Research on Chemical Intermediates, 2018, 44: 5995 - 6010.

[160] TIAN J, LIU R Y, LIU Z, et al. Boosting the photocatalytic performance of Ag_2CO_3 crystals in phenol degradation *via* coupling with trace N - CQDs [J]. Chinese Journal of Catalysis, 2017, 38(12): 1999 - 2008.

[161] HU J S, LI J, CUI J F, et al. Surface oxygen vacancies enriched FeOOH/ Bi_2MoO_6 photocatalysis - fenton synergy degradation of organic pollutants [J]. Journal of Hazardous Materials, 2020, 384: 121399.

[162] LIU H Y, LIANG C, NIU C G, et al. Facile assembly of g - C_3N_4/Ag_2CO_3/ graphene oxide with a novel dual Z - scheme system for enhanced photocatalytic pollutant degradation [J]. Applied Surface Science, 2019, 475: 421 - 434.

[163] WU L P, WANG X Y, WANG W G, et al. Fabrication of amorphous TiO_2 shell layer on Ag_2CO_3 surface with enhanced photocatalytic activity and photostability [J]. Journal of Alloys and Compounds, 2019, 806: 603 - 610.

[164] FENG Y L, ZHANG Z S, ZHAO K, et al. Photocatalytic nitrogen fixation: Oxygen vacancy modified novel micro - nanosheet structure $Bi_2O_2CO_3$ with band gap engineering [J]. Journal of Colloid and Interface Science, 2021, 583: 499 - 509.

[165] YU H L, WU Q X, WANG J, et al. Simple fabrication of the Ag - Ag_2O - TiO_2 photocatalyst thin films on polyester fabrics by magnetron sputtering and its photocatalytic activity [J]. Applied Surface Science, 2020, 503: 144075.

[166] CHEN Y X, YANG J L, ZENG L X, et al. Recent progress on the removal of antibiotic pollutants using photocatalytic oxidation process [J]. Critical Reviews in Environmental Science and Technology, 2022, 52(8): 1401 - 1448.

[167] BAI X, CHEN W Y, WANG B, et al. Photocatalytic degradation of some typical antibiotics: recent advances and future outlooks [J]. International

Journal of Molecular Sciences, 2022, 23(15): 8130.

[168] WU Y Y, JI H D, LIU Q M, et al. Visible light photocatalytic degradation of sulfanilamide enhanced by Mo doping of BiOBr nanoflowers[J]. Journal of Hazardous Materials, 2022, 424: 127563.

[169] ZHU S R, LIU P F, WU M K, et al. Enhanced photocatalytic performance of $BiOBr/NH_2$ - MIL - 125(Ti) composite for dye degradation under visible light[J]. Dalton Transactions, 2016, 45(43): 17521 - 17529.

[170] HU Q S, CHEN Y, LI M, et al. Construction of NH_2 - UiO - 66/BiOBr composites with boosted photocatalytic activity for the removal of contaminants[J]. Colloids and Surfaces A: Physicochemical and Engineering Aspects, 2019, 579: 123625.

[171] ZHU Z J, HUANG H W, LIU L Z, et al. Chemically bonded α - Fe_2O_3/ Bi_4MO_8Cl dot - on - plate Z - scheme junction with strong internal electric field for selective photo - oxidation of aromatic alcohols[J]. Angewandte Chemie International Edition, 2022, 61(26): e202203519.

[172] SHEN R C, ZHANG L, LI N, et al. W - N bonds precisely boost Z - scheme interfacial charge transfer in g - C_3N_4/WO_3 heterojunctions for enhanced photocatalytic H_2 evolution[J]. ACS Catalysis, 2022, 12(16): 9994 - 10003.

[173] GU W X, LI Q, ZHU H Y, et al. Facile interface engineering of hierarchical flower spherical - like Bi - metal - organic framework microsphere/Bi_2MoO_6 heterostructure for high - performance visible - light photocatalytic tetracycline hydrochloride degradation[J]. Journal of Colloid and Interface Science, 2022, 606: 1998 - 2010.

[174] HE R, WANG Z Z, DENG F, et al. Tunable Bi - bridge S - scheme Bi_2S_3/ BiOBr heterojunction with oxygen vacancy and SPR effect for efficient photocatalytic reduction of Cr(Ⅵ) and industrial electroplating wastewater treatment[J]. Separation and Purification Technology, 2023, 311: 123176.

[175] WANG R, WU J, MAO X, et al. Bi spheres decorated g - C_3N_4/BiOI Z - scheme heterojunction with SPR effect for efficient photocatalytic removal el-

emental mercury[J]. Applied Surface Science, 2021, 556: 149804.

[176] ZHAO S H, YANG Y, BI F K, et al. Oxygen vacancies in the catalyst: efficient degradation of gaseous pollutants [J]. Chemical Engineering Journal, 2023, 454: 140376.

[177] LI X B, LIU Q, DENG F, et al. Double – defect – induced polarization enhanced O_V – $BiOBr/Cu_{2-x}S$ high – low junction for boosted photoelectrochemical hydrogen evolution [J]. Applied Catalysis B: Environmental, 2022, 314: 121502.

[178] SHAN Y, ZHANG G X, SHI Y X, et al. Synthesis and catalytic application of defective MOF materials[J]. Cell Reports Physical Science, 2023, 4(3): 101301.

[179] WANG G Z, LIU Y Y, HUANG B B, et al. A novel metal – organic framework based on bismuth and trimesic acid: synthesis, structure and properties[J]. Dalton Transactions, 2015, 44(37): 16238 –16241.

[180] KOO J Y, LEE C M, JOO T H, et al. Bismuth organic frameworks exhibiting enhanced phosphorescence [J]. Communications Chemistry, 2021, 4: 167.

[181] FENG Y B, JIANG X H, SUN L L, et al. Efficient degradation of tetracycline in actual water systems by 2D/1D g – C_3N_4/BiOBr Z – scheme heterostructure through a peroxymonosulfate – assisted photocatalytic process [J]. Journal of Alloys and Compounds, 2023, 938: 168698.

[182] WANG M J, CHEN J F, HU L J, et al. Heterogeneous interfacial photocatalysis for the inactivation of *Karenia mikimotoi* by Bi_2O_3 loaded onto a copper metal organic framework (Bi_2O_3@ Cu – MOF) under visible light [J]. Chemical Engineering Journal, 2023, 456: 141154.

[183] SHOJA A, HABIBI – YANGJEH A, MOUSAVI M, et al. BiOBr and BiOCl decorated on TiO_2 QDs: impressively increased photocatalytic performance for the degradation of pollutants under visible light[J]. Advanced Powder Technology, 2020, 31(8): 3582 –3596.

[184] HE Y, LI J Y, LI K L, et al. Bi quantum dots implanted 2D C – doped

BiOCl nanosheets: enhanced visible light photocatalysis efficiency and reaction pathway [J]. Chinese Journal of Catalysis, 2020, 41 (9): 1430 - 1438.

[185] KÖPPEN M, DHAKSHINAMOORTHY A, INGE A K, et al. Synthesis, transformation, catalysis, and gas sorption investigations on the bismuth metal - organic framework CAU - 17[J]. European Journal of Inorganic Chemistry, 2018, 2018(30): 3496 - 3503.

[186] WU J M, LI K Y, YANG S Y, et al. *In - situ* construction of BiOBr/ Bi_2WO_6 S - scheme heterojunction nanoflowers for highly efficient CO_2 photoreduction: regulation of morphology and surface oxygen vacancy[J]. Chemical Engineering Journal, 2023, 452: 139493.

[187] ZHAO W J, QIN J Z, TENG W, et al. Catalytic photo - redox of simulated air into ammonia over bimetallic MOFs nanosheets with oxygen vacancies [J]. Applied Catalysis B: Environmental, 2022, 305: 121046.

[188] XU M L, JIANG X J, LI J R, et al. Self - assembly of a 3D hollow BiOBr@ Bi - MOF heterostructure with enhanced photocatalytic degradation of dyes [J]. ACS Applied Materials & Interfaces, 2021, 13(47): 56171 - 56180.

[189] JIA Y F, LI S P, GAO J Z, et al. Highly efficient $(BiO)_2CO_3$ - BiO_{2-x} - graphene photocatalysts: Z - Scheme photocatalytic mechanism for their enhanced photocatalytic removal of NO [J]. Applied Catalysis B: Environmental, 2019, 240: 241 - 252.

[190] LI H Y, GONG H M, JIN Z L. Phosphorus modified Ni - MOF - 74/$BiVO_4$ S - scheme heterojunction for enhanced photocatalytic hydrogen evolution [J]. Applied Catalysis B: Environmental, 2022, 307: 121166.

[191] ZHANG Y, MA F Y, LING M H, et al. In - situ constructed indirect Z - type heterojunction by plasma Bi and BiO_{2-x} - $Bi_2O_2CO_3$ co - modified with BiOCl@ Bi - MOF for enhanced photocatalytic efficiency toward antibiotics [J]. Chemical Engineering Journal, 2023, 464: 142762.